美好时光
Happy Time

第 1 章 电子相册动画——美好时光

第 2 章 图形转场动画——春天来了

第3章 文字排版动画——微课片头

第4章 条纹背景动画——文字变换

第5章 矢量图形动画——卡通小人

第6章 专业调色工具——美化视频

第7章 图片排版动画——照片墙

第8章 视频合成效果——在草莓园

平面设计与制作

突破平面

Premiere Pro 2022 视频动画与特效制作

来阳 / 编著

清華大学出版社
北京

内 容 简 介

本书定位于Premiere软件后期综合运用制作领域，通过多个实例全面系统地讲解了Premiere中文版的动画及调色技巧。全书共8章，涉及的案例有电子相册、个性化转场效果、文字排版动画、条纹背景动画、矢量图形动画、照片墙、视频合成效果等，均为非常典型的影视后期动画表现案例。本书内容丰富、章节独立，读者可直接阅读自己感兴趣或与工作相关的动画技术章节进行学习。本书提供的素材包括所有案例的工程文件、视频、照片及作者本人录制的教学视频文件，但是不包含背景音频文件。

本书注重联系实际工作应用，非常适合作为高校和培训机构相关专业的课程培训教材，也可以作为Premiere软件自学人员的参考用书。本书所有内容均采用Premiere Pro 2022中文版进行编写。

图书在版编目(CIP)数据

突破平面Premiere Pro 2022视频动画与特效制作 / 来阳编著. —北京：清华大学出版社，2022.9

（平面设计与制作）

ISBN 978-7-302-61729-7

Ⅰ. ①突…　Ⅱ. ①来…　Ⅲ. ①视频编辑软件　Ⅳ. ① TP317.53

中国版本图书馆CIP数据核字(2022)第157350号

责任编辑： 陈绿春
封面设计： 潘国文
版式设计： 方加青
责任校对： 徐俊伟
责任印制： 朱雨萌

出版发行： 清华大学出版社
网　　址： http://www.tup.com.cn，http://www.wqbook.com
地　　址： 北京清华大学学研大厦A座　　**邮　　编：** 100084
社 总 机： 010-83470000　　**邮　　购：** 010-62786544
投稿与读者服务： 010-62776969，c-service@tup.tsinghua.edu.cn
质 量 反 馈： 010-62772015，zhiliang@tup.tsinghua.edu.cn
印 装 者： 三河市铭诚印务有限公司
经　　销： 全国新华书店
开　　本： 188mm×260mm　　**印　　张：** 10.75　　**插　　页：** 2　　**字　　数：** 379千字
版　　次： 2022年11月第1版　　**印　　次：** 2022年11月第1次印刷
定　　价： 69.00元

产品编号：097624-01

前言 PREFACE

如今，市面上有关讲解Premiere软件技术的图书种类繁多，但是使用该软件进行综合案例讲解的图书却很少。为了填补这方面的图书空缺，我将尽自己最大的努力将我在工作中所接触到的案例融入到这本书里，希望读者通过阅读本书，能够掌握Premiere软件在实际工作中的更多应用技巧。

本书共8章，遵循“由简至难，循序渐进”的写作原则。这8章内容每一个章节都是一个独立的案例，所以，读者也可按照自己的喜好直接阅读感兴趣的章节来进行学习制作。

第1章讲述了如何使用我们拍摄的静态照片素材来制作动态电子相册的工作流程。此外，作为本书的第1章，在配套的教学视频中还对涉及的工具做了尽可能详细的讲解。

第2章详细讲解了如何使用图形工具来制作多个个性化转场效果，通过动态图形模板的保存功能，我们可以将这些转场动画存储起来，以备应用到将来的其他项目中。

第3章通过制作一个微课片头动画来为读者讲解如何使用Premiere软件制作文字排版动画效果，学习完本章内容后，读者可以举一反三，为年终述职、项目总结等类似内容制作开场动画。

第4章的案例主要为读者讲解了如何使用图形工具来制作一些特殊的条纹背景动画。

第5章制作了一个简单的卡通场景和一个可以做出简单动作的卡通角色，来为读者详细讲解图形工具的复杂应用技巧。

第6章详细讲解了Premiere软件的专业调色工具——“Lumetri颜色”效果的常用参数设置技巧，最后通过一个实例演示了如何将设置好的调色参数保存为预设文件，以备应用到未来的其他项目中。

第7章通过制作照片墙效果来讲解如何通过新建多个序列来进行动画的制作。

第8章讲解了在Premiere软件中使用图片素材和视频素材的常用技巧。

写作是一件快乐的事儿，在本书的出版过程中，清华大学出版社的编辑做了很多工作，在此表示诚挚的谢意。由于时间仓促及本人的能力限制，书中难免有疏漏之处，还请各位读者朋友及时批评指正！

本书的配套素材和视频教学文件请扫描下面的二维码进行下载，如果在下载过程中碰到问题，请联系陈老师，邮箱：chenlch@tup.tsinghua.edu.cn。

由于作者水平有限，书中疏漏之处在所难免。如果有任何技术问题请扫描下面的二维码联系相关技术人员解决。

配套素材

视频教学

技术支持

来　阳

2022年9月

CONTENTS 目录

第 1 章　电子相册动画——美好时光

第 2 章　图形转场动画——春天来了

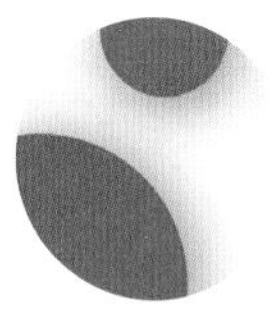

第 3 章　文字排版动画——微课片头

第 4 章　条纹背景动画——文字变换

第5章 矢量图形动画——卡通小人

第6章 专业调色工具——美化视频

第7章 图片排版动画——照片墙

第8章 视频合成效果——在草莓园

第 1 章

电子相册动画——美好时光

1.1 效果展示

中文版Premiere Pro软件是Adobe公司出品的一款易于上手的非线性视频编辑软件，使用该软件可以快速地将人们拍摄的照片及影像进行剪辑处理，使之成为一个完整的动态视频。如果读者目前正处于刚刚接触该软件的时期，那么建议先从本书的第1章开始学习。在本实例中，首先讲解如何将几张静态的照片导入到该软件来制作一个带有简单动画效果的电子相册，涉及的知识点主要有新建项目、新建序列、导入素材、调整所有图片的持续时长、文字消失动画、图片缩放动画、图片平移动画、转场效果、声音剪辑、视频输出等，图1-1所示为本章讲解的电子相册完成效果。

美好时光
Happy Time

图1-1

1.2 新建项目

01 启动Premiere Pro 2022软件，执行菜单栏中的“文件”|“新建”|“项目”命令，在“新建项目”对话框中，输入项目的“名称”为“电子相册”，如图1-2所示。

图1-2

02 在“项目”面板中，双击空白区域，导入“照片一.JPG”“照片二.JPG”“照片三.JPG”“照片四.JPG”“照片五.JPG”“照片六.JPG”“照片七.JPG”素材，如图1-3所示。

图1-3

03 单击“新建项”按钮，在弹出的菜单中执行“序列”命令，如图1-4所示。

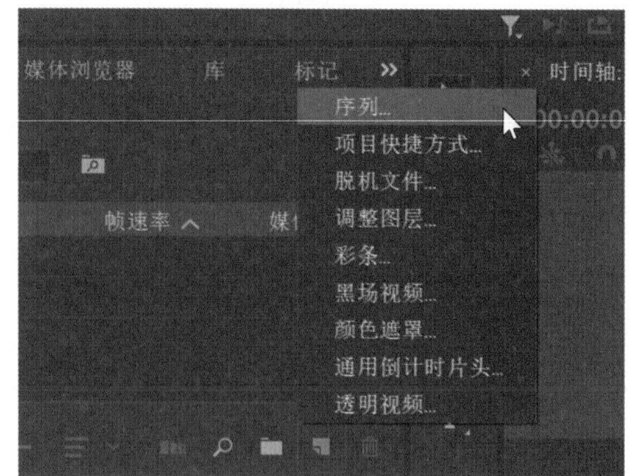

图1-4

技巧与提示

新建项目的快捷键是Ctrl+Alt+N，新建序列的快捷键是Ctrl+N。

04 在弹出的“新建序列”对话框中，选择“AVCHD 720p25”预设，创建一个序列，如图1-5所示。

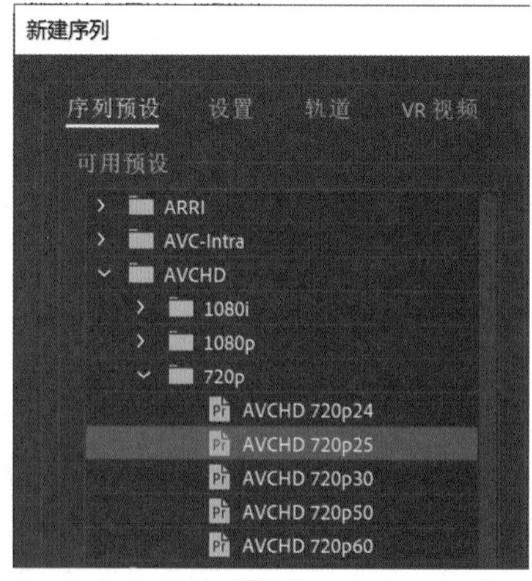

图1-5

05 将“项目”面板中的图片素材依次添加到“时间轴”面板中“序列01”上的V1视频轨道上，如图1-6所示。

06 默认状态下，图片素材添加至视频轨道上的持续时间为5秒，也就是说现在我们已经有了一个总时间长度为35秒的视频剪辑。在“时间轴”面板中把这些图片剪辑通过框选的方式全部选中，如图1-7所示。右击并在弹出的快捷菜单中执行“速度/持续时间”命令，如图1-8所示。

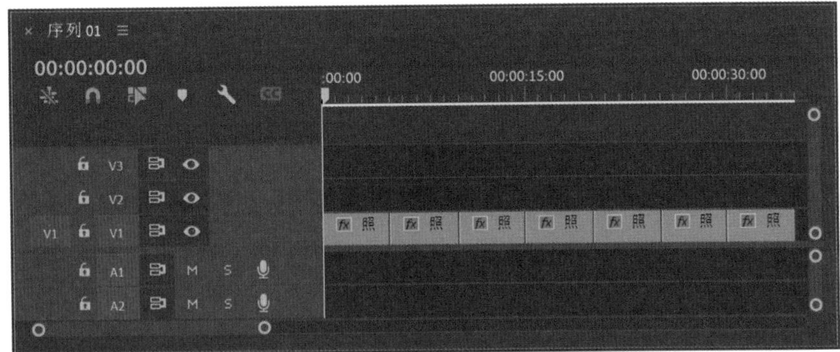

图1-6

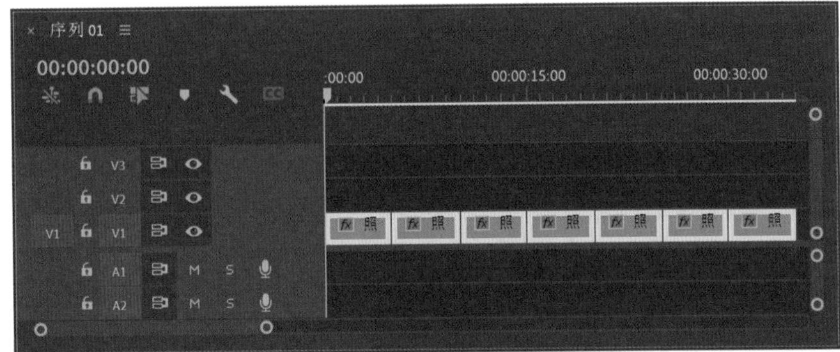

图1-7

启用
取消链接
编组
取消编组
同步
合并剪辑...
嵌套...
制作子序列
多机位
标签
速度/持续时间...
场景编辑检测...
帧定格选项...

图1-8

07 在弹出的“剪辑速度/持续时间”对话框中，设置“持续时间”为00:00:03:00，也就是3秒，如图1-9所示。

◎技巧与提示·○

“持续时间”的显示格式为00:00:00:00，代表的意思为小时：分：秒：帧。如果要设置“播放器指示位置”为00:00:03:00，也就是3秒，可以输入3.0。如果输入3，则“持续时间”会变为00:00:00:03。如果希望“持续时间”为01:10:00:22，则可以输入1.10..22。

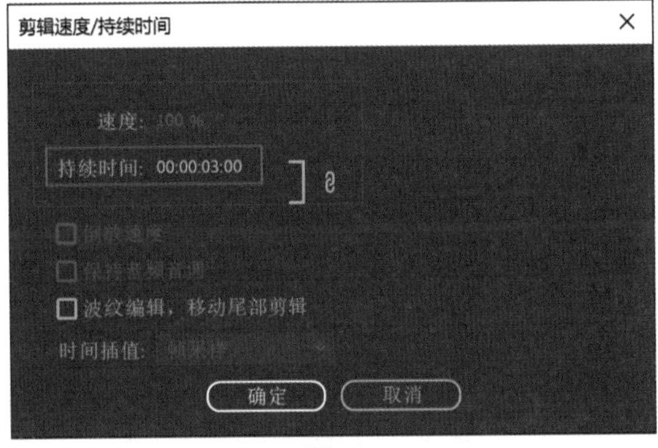

图1-9

08 设置完成后，观察“时间轴”面板，可以看到每一个图片剪辑的持续时间都缩短了，如图1-10所示。

09 将光标移动至两段剪辑的中间，右击，并在弹出的快捷菜单中执行“波纹删除”命令，如图1-11所示，这样将消除两段剪辑中间的空隙。当然，也可以手动调整这些剪辑的位置，使其首尾相连。设置完成后，图片剪辑的排列效果如图1-12所示。

10 在“时间轴”面板中，调整V1轨道的高度如图1-13所示，这样还可以显示出每一段剪辑的缩略图。

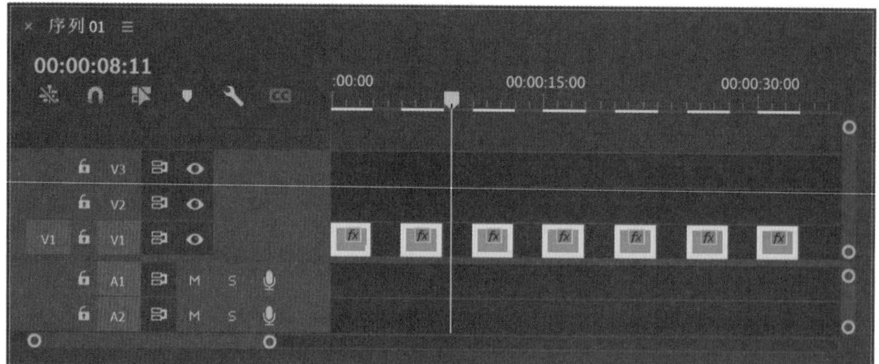

图1-10

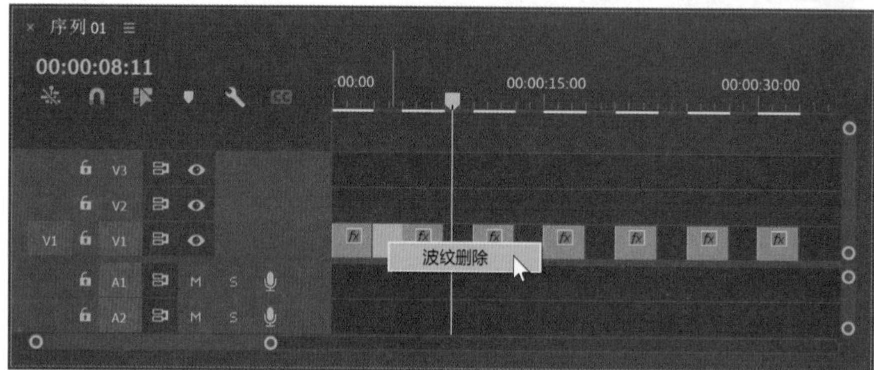

图1-11

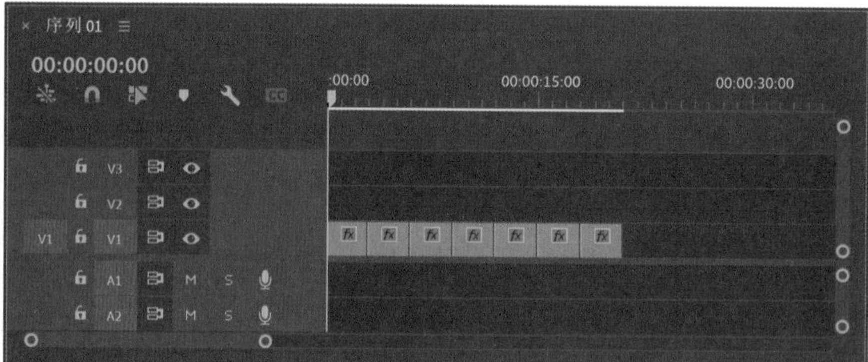

图1-12

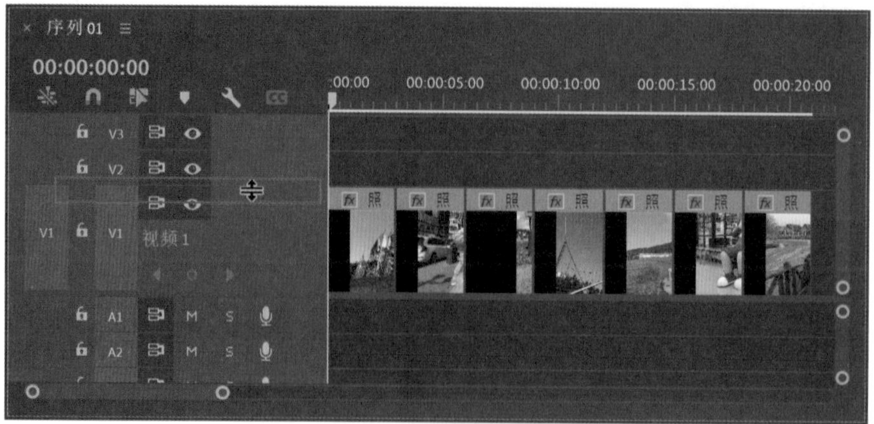

图1-13

> ◎技巧与提示

在制作实例时，时刻记得按快捷键Ctrl+S来保存项目。

1.3　使用摄影机模糊效果制作动画

01 设置“播放指示器位置”为00:00:00:00，“节目监视器”面板中的画面显示结果如图1-14所示。可以看到照片没有全部显示在“节目监视器”面板中，这是因为照片素材的尺寸要远大于我们创建的序列显示尺寸。

图1-14

02 在“效果控件”面板中，设置“缩放”为32，如图1-15所示。

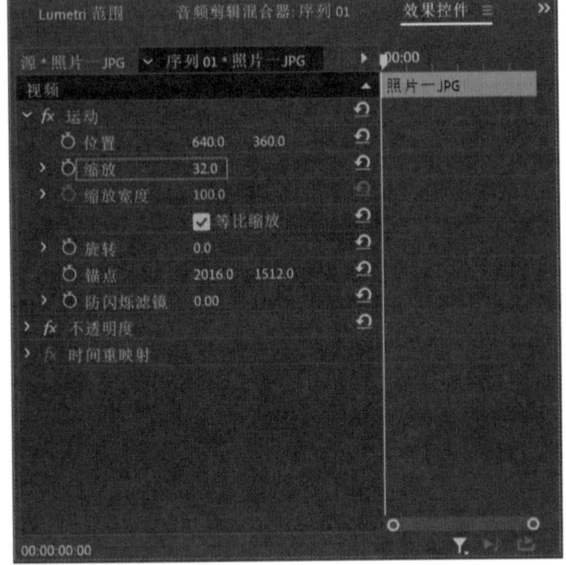

图1-15

> ◎技巧与提示

Premiere Pro中文版软件的参数显示会精确到小数点后一位，但是我们在输入数值时按整数进行输入即可，例如输入32，软件会自动显示为32.0。

03 调整完成图片的大小后，观察“时间轴”面板，可以看到该图片剪辑左上角的fx背景色显示为黄色，如图1-16所示。

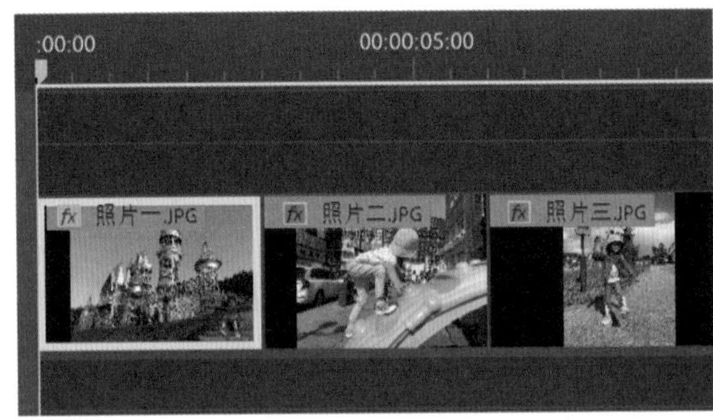

图1-16

04 在“效果”面板中找到“Camera Blur”（摄影机模糊）效果，如图1-17所示，将其添加至序列01中的“照片一.JPG”图片剪辑上。添加完成后，“节目监视器”面板中的图像显示结果如图1-18所示。

图1-17

05 观察“时间轴”面板，可以看到添加了视频效果后的图片剪辑左上角的fx背景色显示为绿色，如图1-19所示。

图1-18

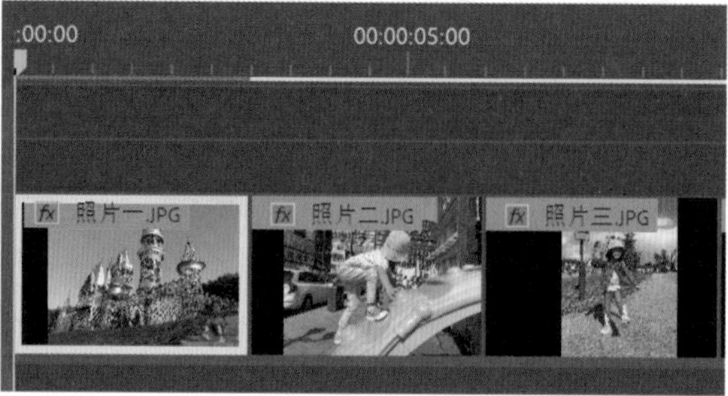

图1-19

06 设置“播放指示器位置”为00:00:01:00，在“效果控件”面板中，设置“Percent Blur”（模糊百分比）为50，并单击该参数前面的“切换动画”按钮，为其设置关键帧，如图1-20所示。

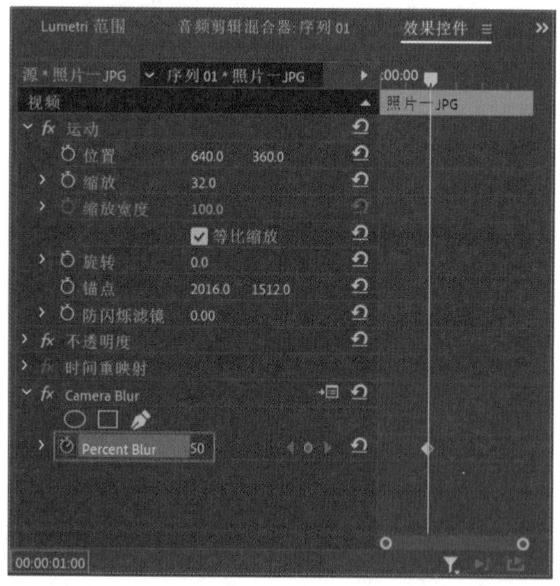

图1-20

07 设置“播放指示器位置”为00:00:02:00，在“效果控件”面板中，设置“Percent Blur”（模糊百分比）为0，如图1-21所示。这样就制作完成了一段图片由模糊变清晰的动画效果。

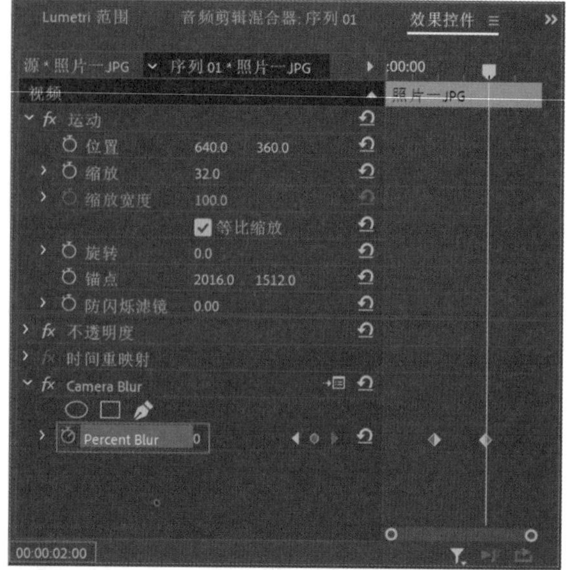

图1-21

08 按空格键可播放动画，照片由模糊变清晰的动画效果如图1-22所示。

图1-22

图1-22（续）

1.4　使用文字工具制作文字动画

01 单击“工具”面板中的“文字工具”T按钮，如图1-23所示。

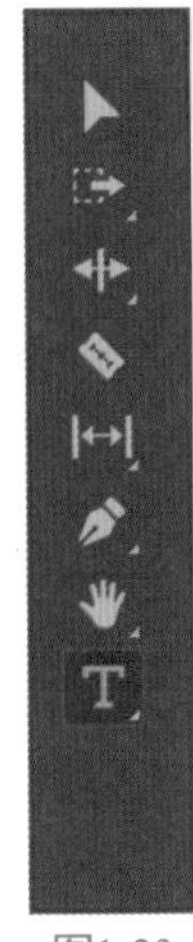

图1-23

02 在“节目监视器”面板中输入文本，并使用“选择工具”调整文本的位置至图1-24所示。

03 观察“时间轴”面板，可以看到文本作为一段新的剪辑被自动添加至V2轨道中，如图1-25所示。

图1-24

图1-25

04 在“效果控件”面板中，设置文本的字体为“微软雅黑”，“字体大小”为200，单击“居中对齐文本”按钮和“仿粗体”按钮T，如图1-26所示。

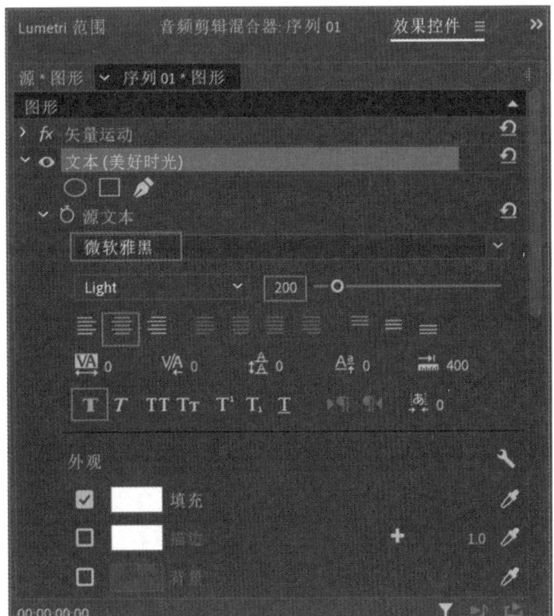

图1-26

05 调整完成后，文本的视图显示结果如图1-27所示。

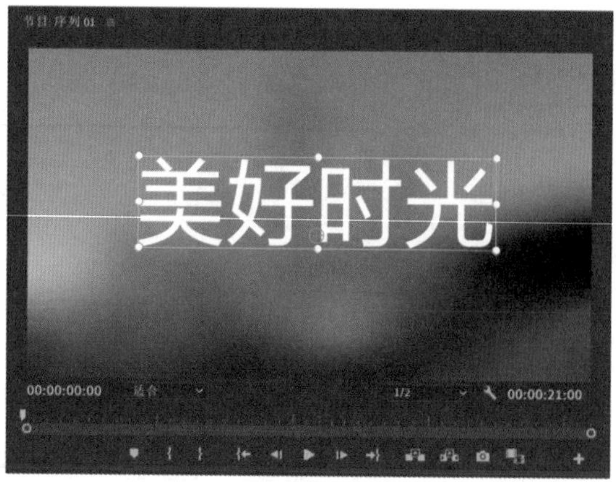

图1-27

06 将光标移动至“节目监视器”面板，右击，并在弹出的快捷菜单中执行“安全边距”命令，如图1-28所示。

图1-28

07 根据“节目监视器”面板中显示出来的安全边距再次调整文字的位置，至图像中央偏上位置处，如图1-29所示。

图1-29

08 以同样的步骤再添加一行英文文本，如图1-30所示。

09 在“效果控件”面板中，设置英文文本的字体为“Impact”，如图1-31所示。在“节目监视器”面板中调整英文文本的位置如图1-32所示。

图1-30

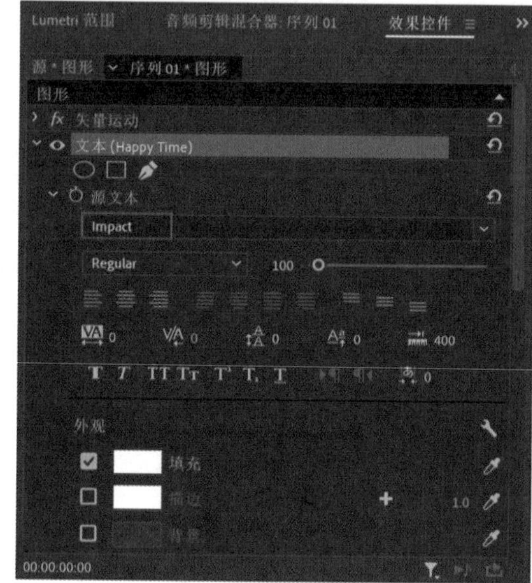

图1-31

图1-32

技巧与提示

本实例中所使用的字体均为Windows 10系统自带的字体，读者也可以上网搜索一些其他的字体用于动画的制作。

10 设置“播放指示器位置”为00:00:01:00，在“效果控件”面板中，单击“不透明度”参数前面的“切换动画”按钮为其设置关键帧，如图1-33所示。

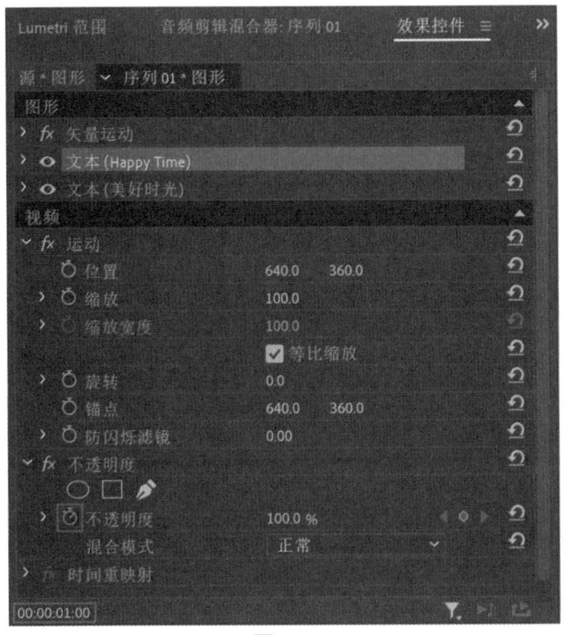

图1-33

11 设置“播放指示器位置”为00:00:02:00，在“效果控件”面板中，设置“不透明度”为0%，如图1-34所示。

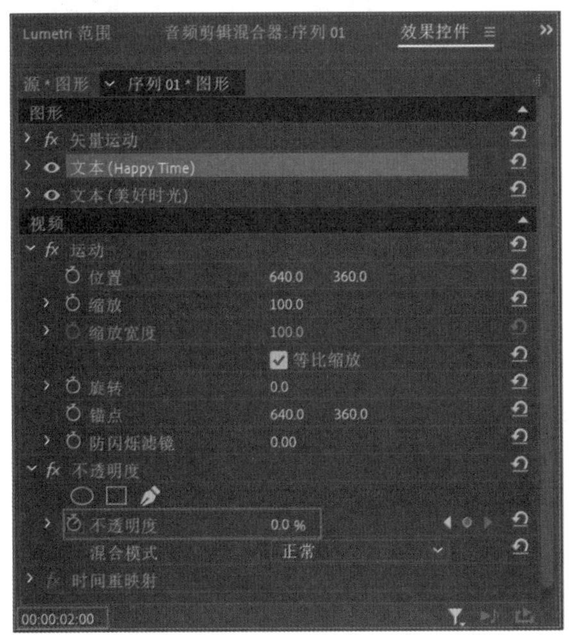

图1-34

12 设置完成后，按空格键播放视频动画，可以看到图片由模糊变清晰的过程中，图片上的文字也会慢慢虚化直至消失，如图1-35所示。

图1-35

1.5 使用运动效果制作缩放动画

01 设置“播放指示器位置”为00:00:03:00，“节目监视器”面板中的画面显示结果如图1-36所示。

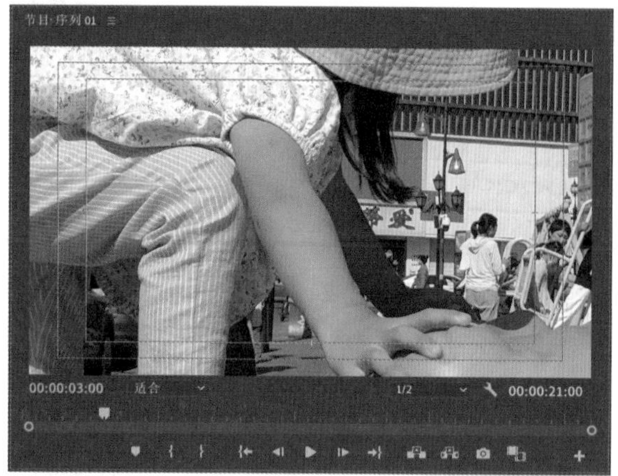

图1-36

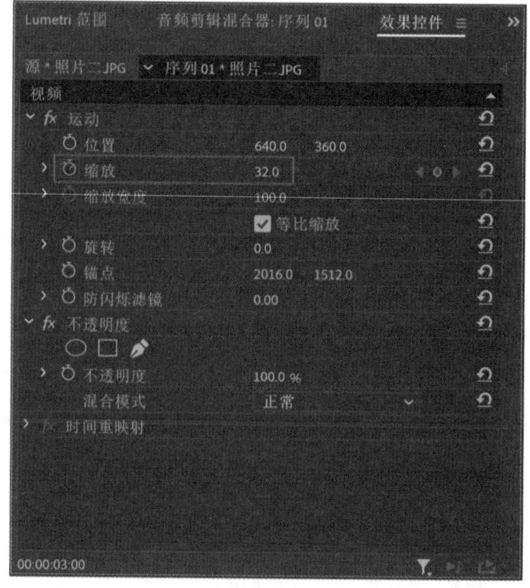

图1-37

02 在“效果控件”面板中，设置“照片二.JPG”图片剪辑的“缩放”为32，并为该参数设置关键帧，如图1-37所示。

03 设置“播放指示器位置”为00:00:05:24，在“效果控件”面板中，设置“缩放”为60，如图1-38所示。

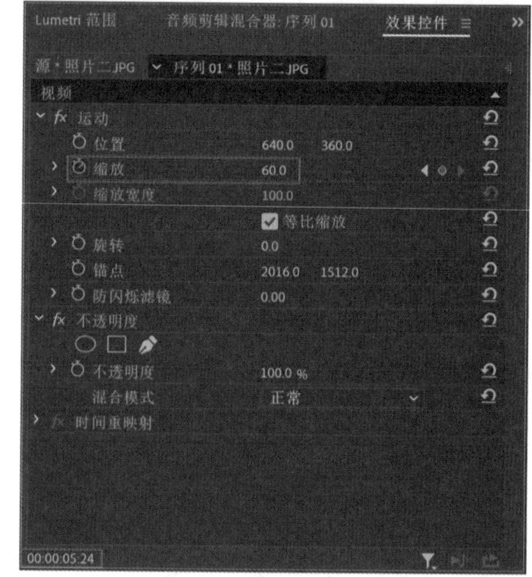

图1-38

04 设置完成后，按空格键播放视频动画，“照片二.JPG”图片剪辑缩放的动画效果如图1-39所示。

05 设置“播放指示器位置”为00:00:12:00，“节目监视器”面板中的画面显示结果如图1-40所示。

图1-39

图1-39（续）

图1-40

06 在“效果控件”面板中，为“照片五.JPG”图片剪辑的“缩放”参数设置关键帧，如图1-41所示。

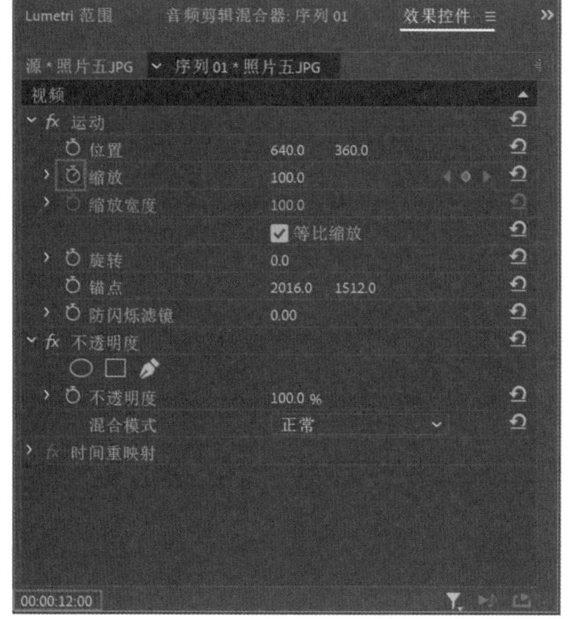

图1-41

07 设置“播放指示器位置”为00:00:14:24，在“效果控件”面板中，设置“缩放”为50，如图1-42所示。

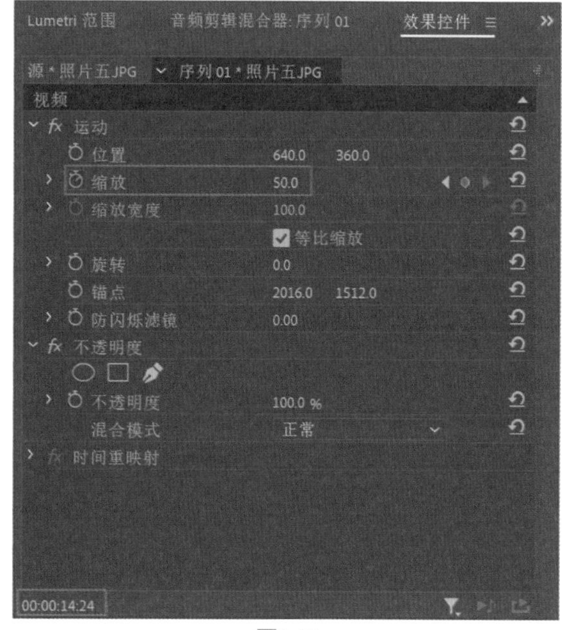

图1-42

08 设置完成后，按空格键播放视频动画，“照片五.JPG”图片剪辑缩放的动画效果如图1-43所示。

图1-43

图1-43（续）

09 设置“播放指示器位置”为00:00:18:00，“节目监视器”面板中的画面显示结果如图1-44所示。

图1-44

10 在“效果控件”面板中，设置“照片七.JPG”图片剪辑的“缩放”为33，并为“缩放”和“位置”设置关键帧，如图1-45所示。

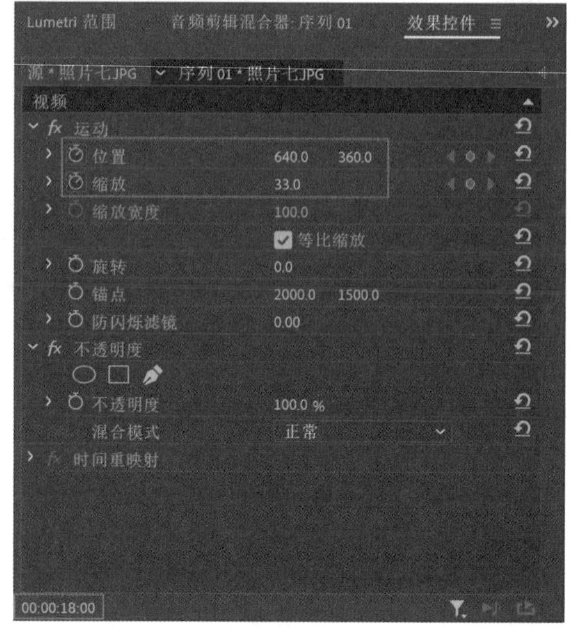

图1-45

11 设置“播放指示器位置”为00:00:20:24，在“效果控件”面板中，设置“缩放”为60，“位置”为（640,89），如图1-46所示。

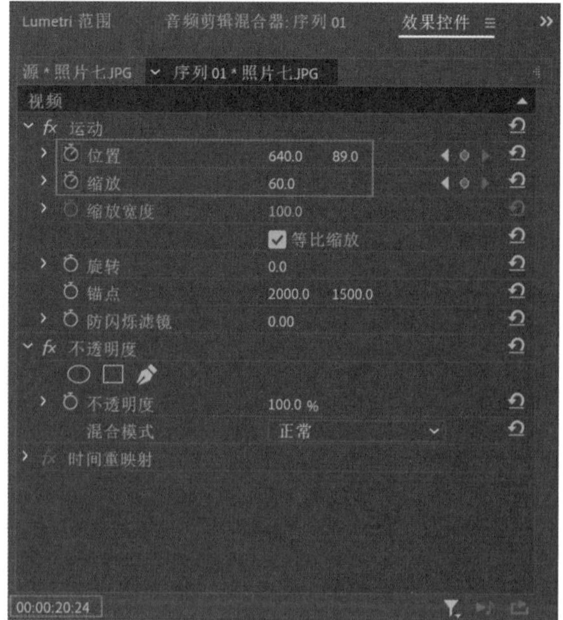

图1-46

12 设置完成后，按空格键播放视频动画，“照片七.JPG”图片剪辑缩放的动画效果如图1-47所示。

图1-47

技巧与提示

在制作电子相册动画时，相邻的照片最好不要出现重复的动画效果，缩放动画和平移动画穿插开会显得自然一些。

1.6　使用运动效果制作平移动画

01 设置“播放指示器位置”为00:00:06:00，“节目监视器”面板中的画面显示结果如图1-48所示。

图1-48

02 在“效果控件”面板中，设置“照片三.JPG”图片剪辑的“缩放”为43，“位置”为（640,460），并为“位置”参数设置关键帧，如图1-49所示。

Lumetri 范围　音频剪辑混合器: 序列 01　效果控件
源 * 照片三.JPG　序列 01 * 照片三.JPG
视频
运动
位置　640.0　460.0
缩放　43.0
缩放宽度　100.0
等比缩放
旋转　0.0
锚点　1512.0　2016.0
防闪烁滤镜　0.00
不透明度
不透明度　100.0 %
混合模式　正常
时间重映射
00:00:06:00

图1-49

03 设置“播放指示器位置”为00:00:08:24，在“效果控件”面板中，设置“位置”为（640,571），如图1-50所示。

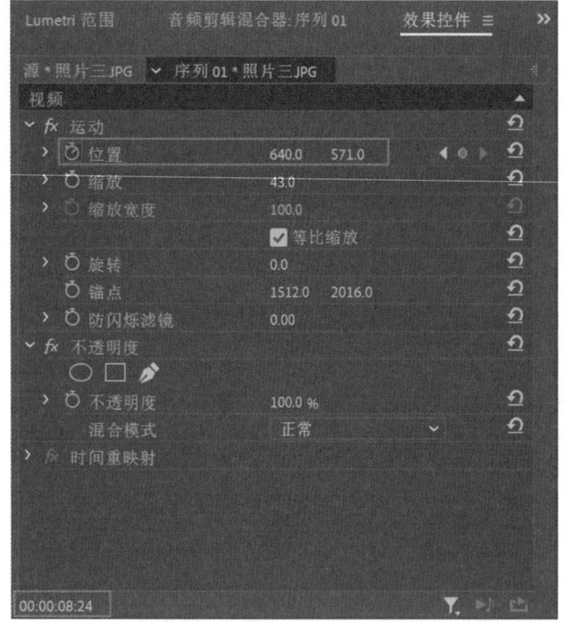

图1-50

04 设置完成后，按空格键播放视频动画，“照片三.JPG”图片剪辑竖向平移的动画效果如图1-51所示。

05 设置“播放指示器位置”为00:00:09:00，“节目监视器”面板中的画面显示结果如图1-52所示。

图1-51

图1-51（续）

图1-52

06 在“效果控件”面板中，设置“照片四.JPG”图片剪辑的“缩放”为66，“位置”为（383,746）并为“位置”参数设置关键帧，如图1-53所示。

07 设置“播放指示器位置”为00:00:11:24，在“效果控件”面板中，设置“位置”为（770,746），如图1-54所示。

08 设置完成后，按空格键播放视频动画，“照片四.JPG”图片剪辑横向平移的动画效果如图1-55所示。

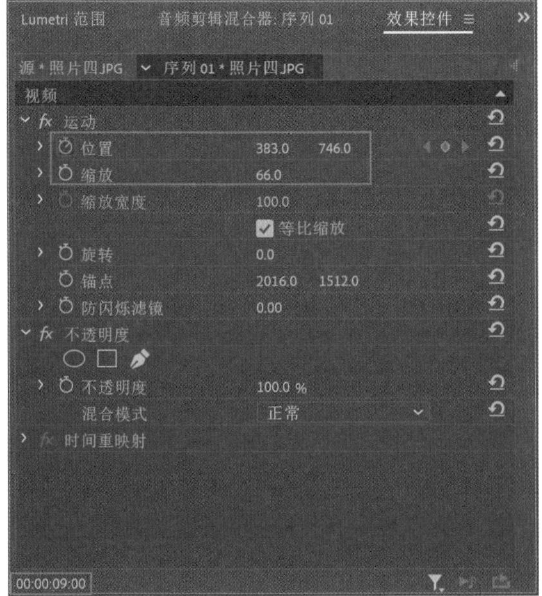

图1-53

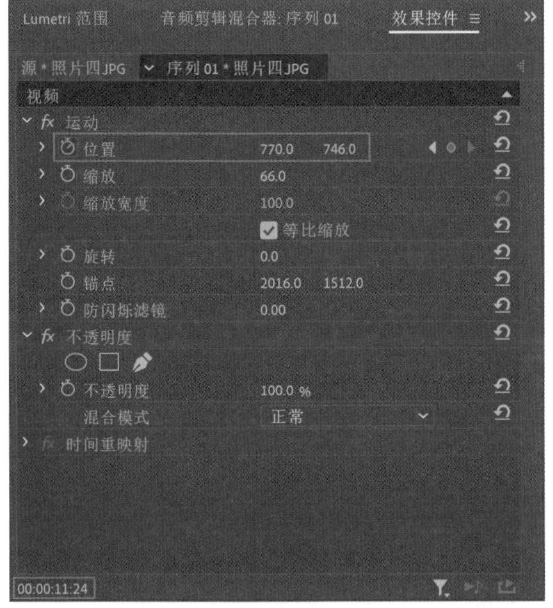

图1-54

图1-55

图1-55（续）

09 设置“播放指示器位置”为00:00:15:00，“节目监视器”面板中的画面显示结果如图1-56所示。

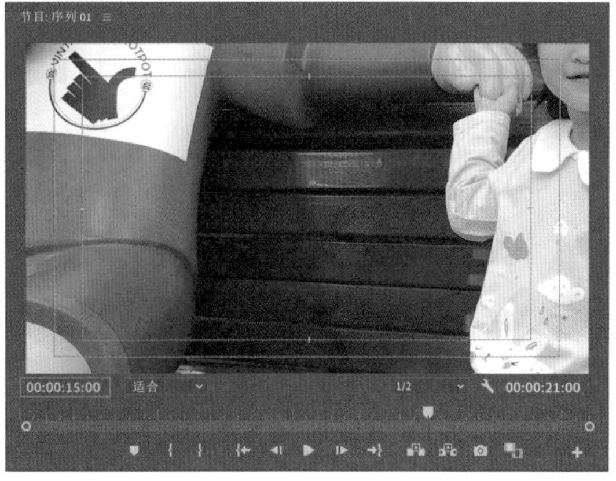

图1-56

10 在“效果控件”面板中，设置“照片六.JPG”图片剪辑的“缩放”为42，“位置”为（676,550），并为“位置”参数设置关键帧，如图1-57所示。

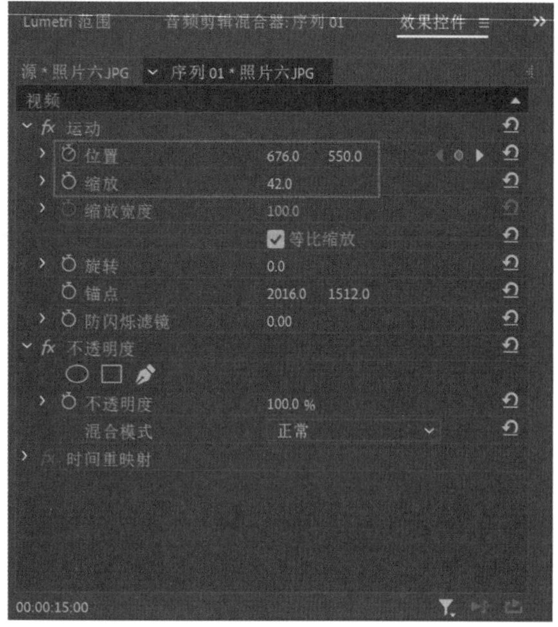

图1-57

11 设置“播放指示器位置”为00:00:17:24，在“效果控件”面板中，设置“位置”为（506,550），如图1-58所示。

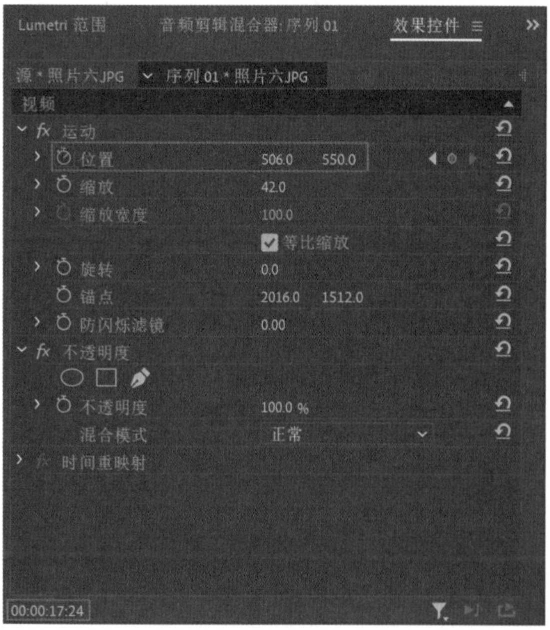

图1-58

12 设置完成后，按空格键播放视频动画，“照片六.JPG”图片剪辑横向平移的动画效果如图1-59所示。

13 设置完成后，观察“时间轴”面板，可以看到在序列01中的每一个图片剪辑上都制作了一小段动画效果，如图1-60所示。

图1-59

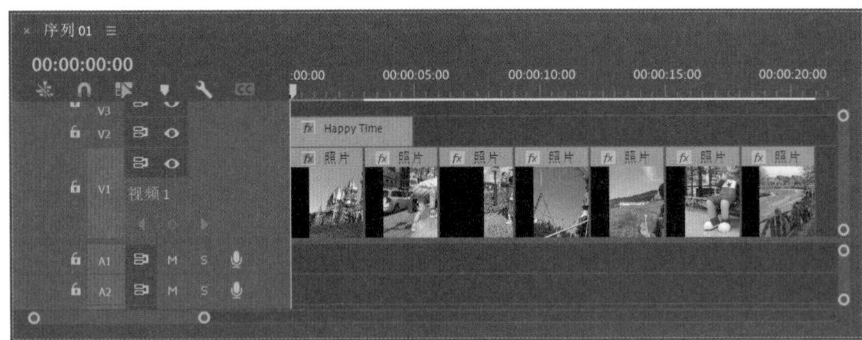

图1-60

14 在“节目监视器”面板中可以看到这段视频的总时长为21秒，如图1-61所示。

图1-61

15 接下来，开始为这段视频添加转场效果。

1.7　为剪辑添加转场效果

01 在“效果”面板中，找到“白场过渡”效果，如图1-62所示。

02 将其拖曳至“照片一.JPG”和“照片二.JPG”图片剪辑之间，如图1-63所示。

图1-62

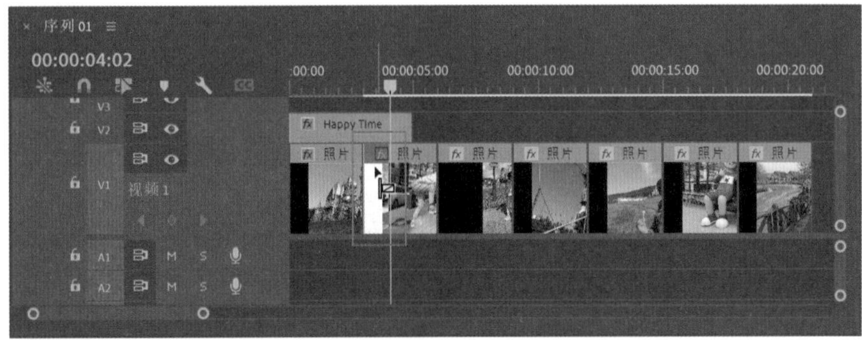

图1-63

03 添加完成后，在“时间轴”面板上按住Alt键不放，通过鼠标滚轮来控制图片剪辑的视图显示效果，如图1-64所示，即可看到“白场过渡”效果已经添加到了“照片一.JPG”和“照片二.JPG”图片剪辑之间。

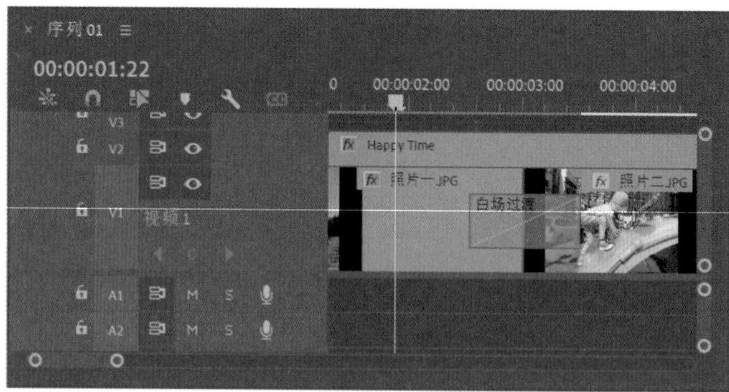

图1-64

04 播放视频动画，“照片一.JPG”和“照片二.JPG”图片剪辑之间的“白场过渡”转场效果如图1-65所示。

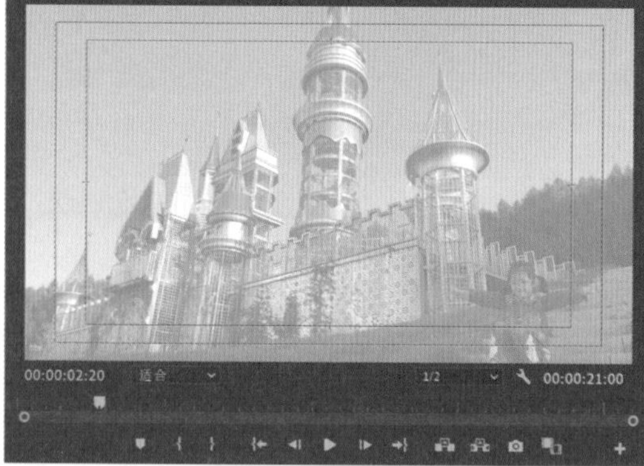

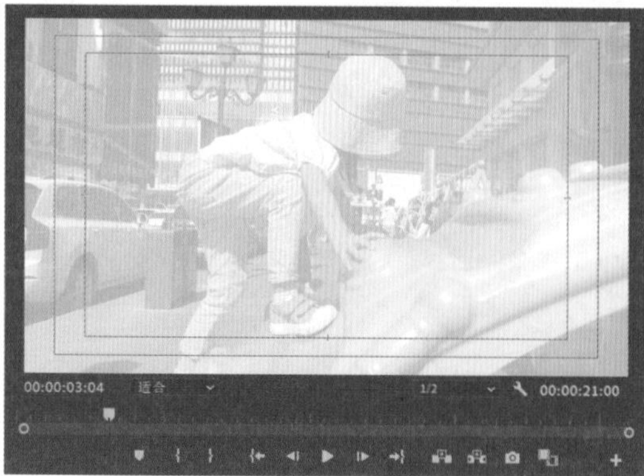

图1-65

图1-65（续）

05 在“效果”面板中，找到“交叉溶解”效果，如图1-66所示。

图1-66

06 将其添加至“照片二.JPG”和“照片三.JPG”图片剪辑之间，如图1-67所示。

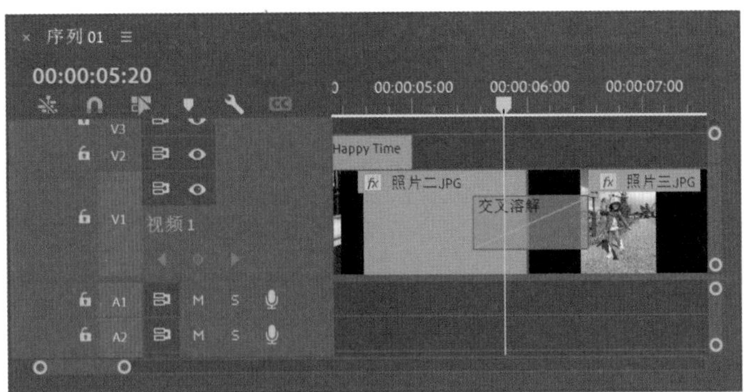

图1-67

07 播放视频动画，“照片二.JPG”和“照片三.JPG”图片剪辑之间的“交叉溶解”转场效果如图1-68所示。

图1-68

图1-68（续）

08 在“效果”面板中，找到“Iris Box”（盒形划像）效果，如图1-69所示。

图1-69

09 将其添加至“照片三.JPG”和“照片四.JPG”图片剪辑之间，如图1-70所示。

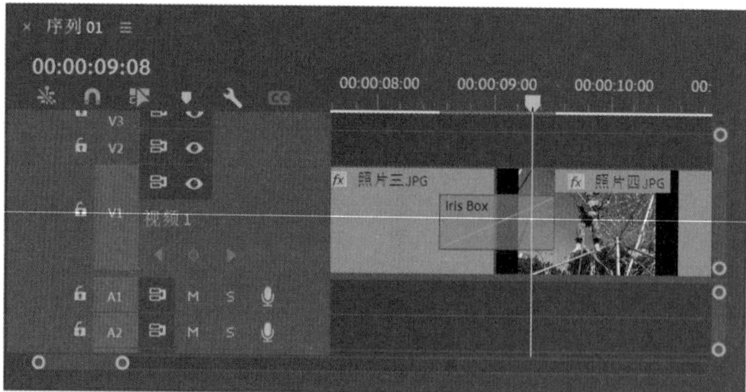

图1-70

10 播放视频动画，“照片三.JPG”和“照片四.JPG”图片剪辑之间的“Iris Box”（盒形划像）转场效果如图1-71所示。

图1-71

图1-71（续）

11 在“效果”面板中，找到“急摇”效果，如图1-72所示。

图1-72

12 将其添加至“照片四.JPG”和“照片五.JPG”图片剪辑之间，如图1-73所示。

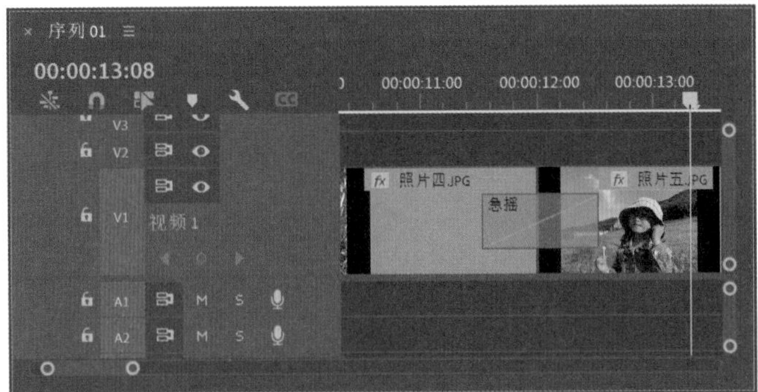

图1-73

13 播放视频动画，“照片四.JPG”和“照片五.JPG”图片剪辑之间的“急摇”转场效果如图1-74所示。

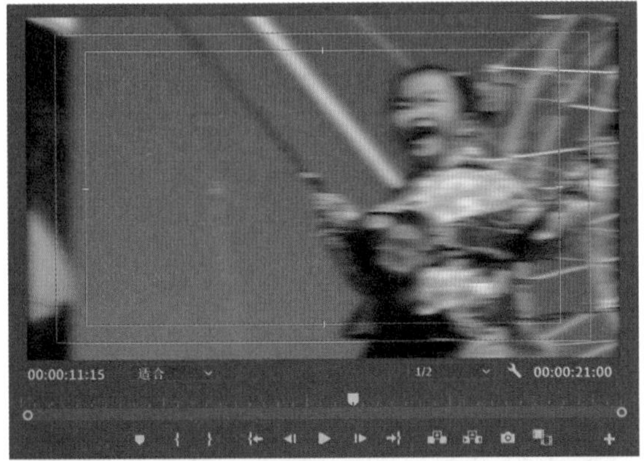

图1-74

图1-74（续）

14 在“效果”面板中，找到“Band Wipe”（带状擦除）效果，如图1-75所示。

图1-75

15 将其添加至“照片五.JPG”和“照片六.JPG”图片剪辑之间，如图1-76所示。

16 播放视频动画，“照片五.JPG”和“照片六.JPG”图片剪辑之间的“Band Wipe”（带状擦除）转场效果如图1-77所示。

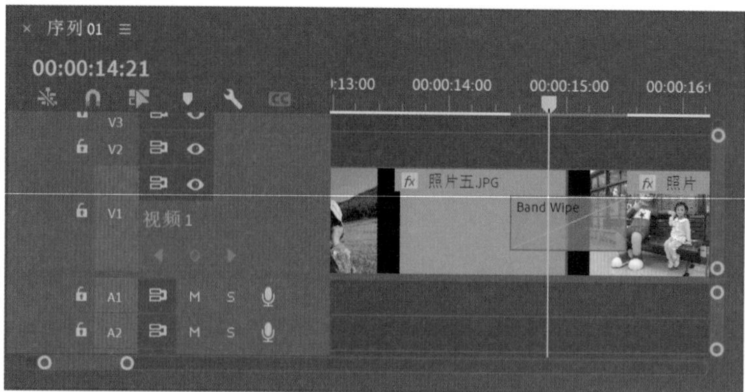

图1-76

17 在“效果”面板中，找到“Barn Doors”（双侧平推门）效果，如图1-78所示。

图1-77

图1-77（续）

图1-78

18 将其添加至“照片六.JPG”和“照片七.JPG”图片剪辑之间，如图1-79所示。

19 播放视频动画，“照片六.JPG”和“照片七.JPG”图片剪辑之间的“Barn Doors”（双侧平推门）转场效果如图1-80所示。

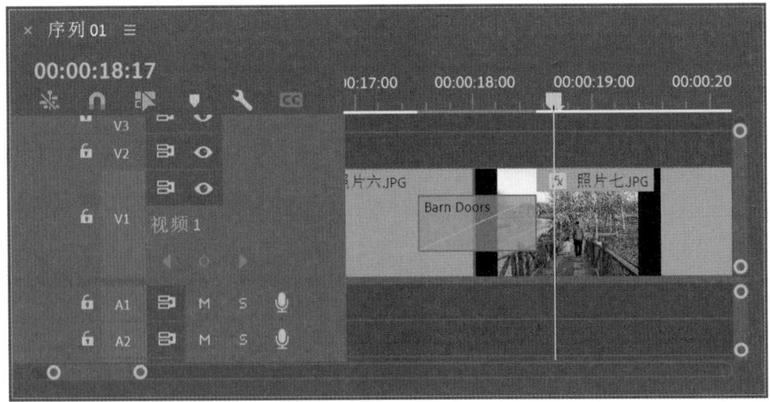

图1-79

图1-80

图1-80（续）

1.8　添加背景音乐

01 在“项目”面板中导入任意一段音频素材，当做视频的背景音乐，如图1-81所示。

图1-81

02 在“项目”面板中双击音频素材，可以在“源监视器”面板中打开该音频并查看该音频的时长，如图1-82所示。还可以在决定是否使用该音频之前试听音频效果。

03 听完这段音频后，可以将其拖曳至“时间轴”面板中序列01的A1音频轨道上，如图1-83所示。

04 单击“工具”面板中的“剃刀工具”按钮，如图1-84所示。

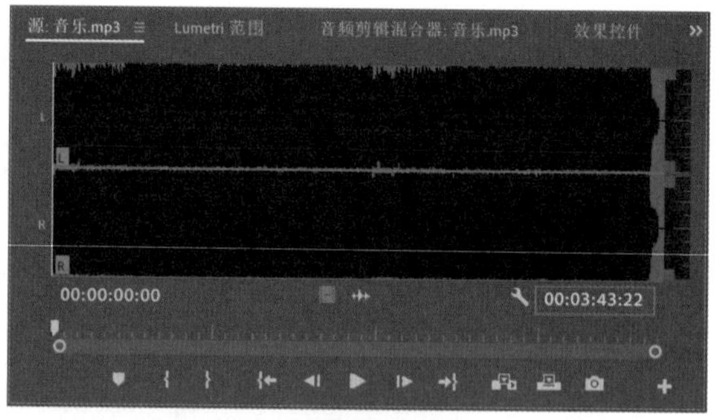

图1-82

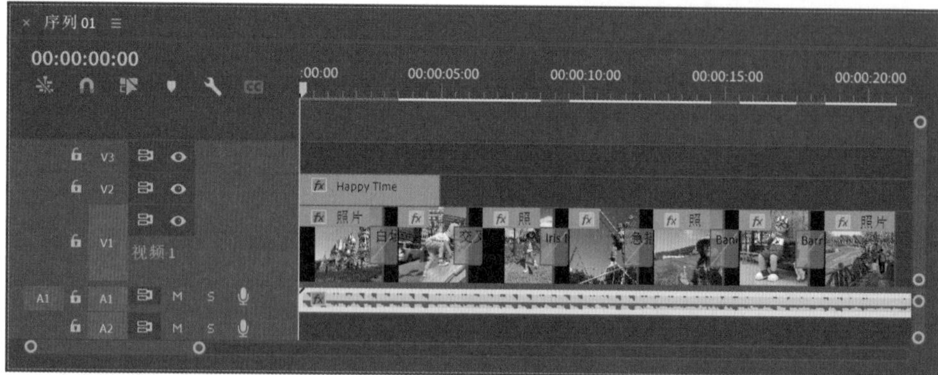

图1-83

图1-84

05 在“时间轴”面板中，将音频拆分为两段，如图1-85所示。

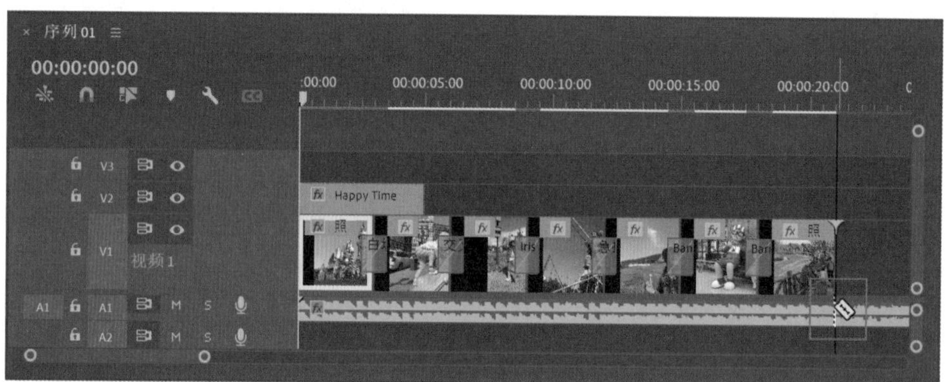

图1-85

06 在“时间轴”面板中将第2段音频选中，如图1-86所示。按Delete键删除第2段音频，只保留第1段与视频时长一致的音频，如图1-87所示。

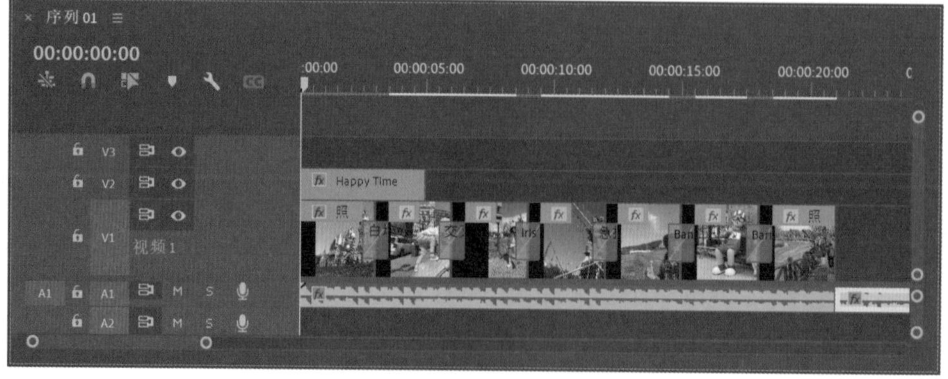

图1-86

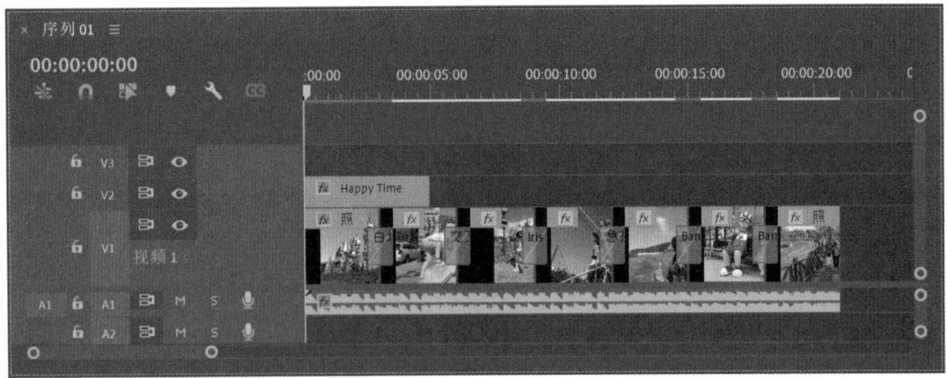

图1-87

07 按空格键播放视频，就可以在“节目监视器”面板中一边观看视频效果一边听背景音乐了，视频结束时，会明显听到背景音乐也突然停止。

08 在“效果”面板中找到“恒定功率”效果，如图1-88所示。

09 将其添加至A1音频轨道中背景音乐的结尾处，如图1-89所示。

10 在“效果控件”面板中，调整“恒定功率”效果的“持续时间”为00:00:02:00，也就是2秒，如图1-90所示。

图1-88

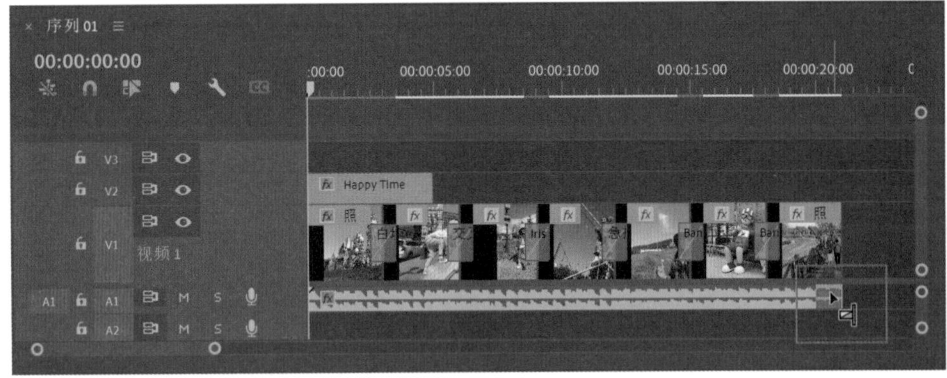

图1-89

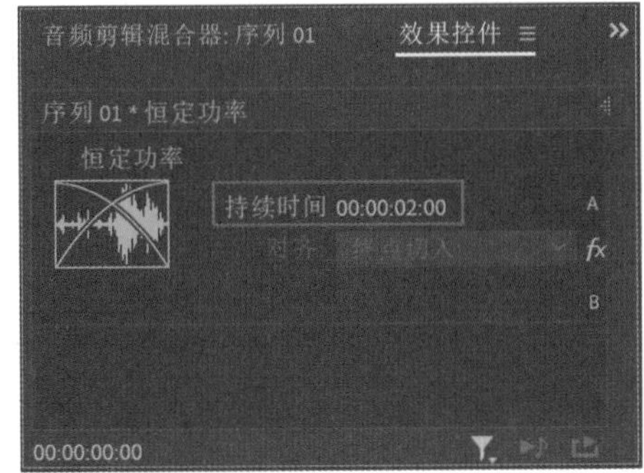

图1-90

11 设置完成后，再次播放视频，这一次可以听到，当视频快要结束时，背景音乐的声音会缓缓变小直至结束。

1.9　视频输出

01 执行菜单栏中的“文件”|“导出”|“媒体”命令，弹出“导出设置”对话框，如图1-91所示。

02 在“导出设置”对话框中，设置视频导出的“格式”为“H.264”，如图1-92所示。

03 在“导出设置”对话框的右侧下方可以查看生成的视频文件“估计文件大小”是多少，单击“导出”按钮，即可导出视频文件，如图1-93所示。

图1-91

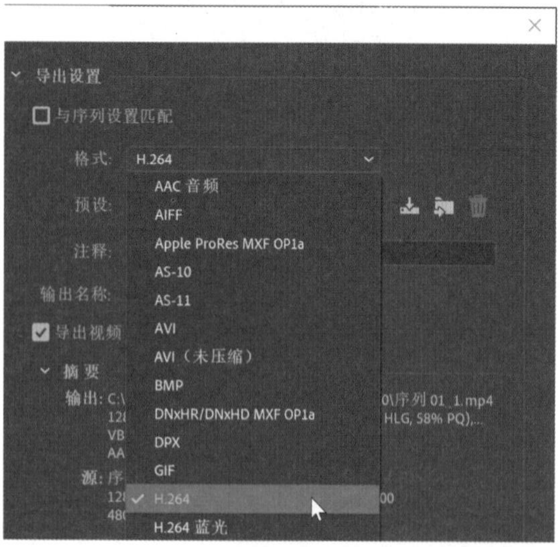

图1-92

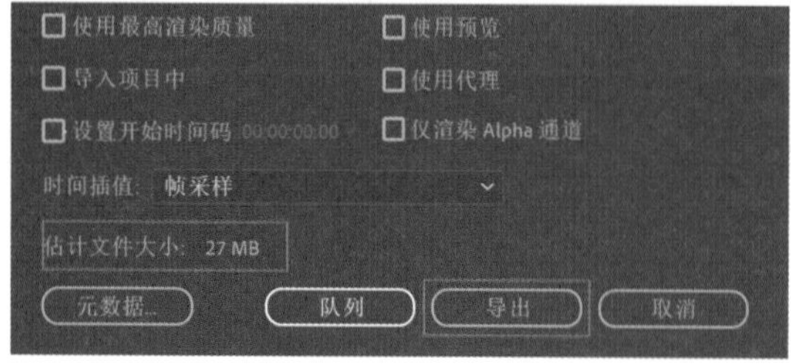

图1-93

04 在弹出的“编码 序列01”对话框中可以查看视频的“预计剩余时间”和进度，如图1-94所示。

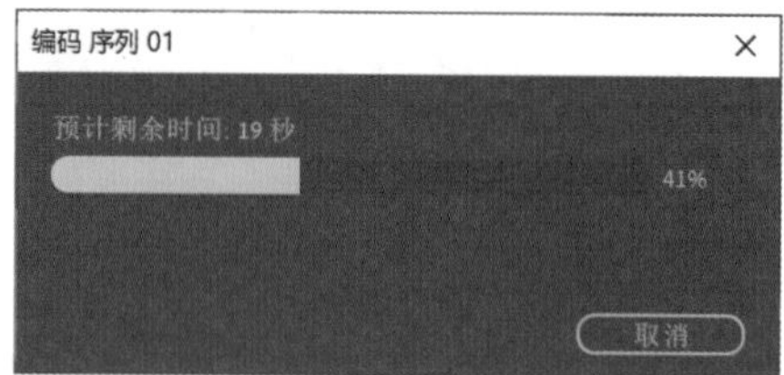

图1-94

05 视频导出结束后，就可以使用视频播放器来查看制作的视频效果，如图1-95所示。

图1-95

第 2 章

图形转场动画——春天来了

2.1 效果展示

中文版Premiere Pro 2022软件提供了多种视频过渡效果，帮助用户轻松制作不同镜头切换时的转场效果。当然，也可以自己来制作一些有趣的转场效果并且保存为mogrt格式的动态图形模板文件，为视频作品添加与众不同的转场效果。在本章中，作者精心选择了几个扁平化风格的图形转场动画进行讲解，虽然这几个图形转场动画看起来比较接近，但制作这些动画所使用的命令及思路大部分是不一样的，用户学习完成后可以举一反三，制作出更多有趣的图形转场动画效果。图2-1所示为本章讲解的转场动画效果。

图2-1

2.2 新建项目

01 启动Premiere Pro 2022软件，执行菜单栏中的“文件”|“新建”|“项目”命令，在“新建项目”对话框中，输入项目的“名称”为“春天来了”，如图2-2所示。

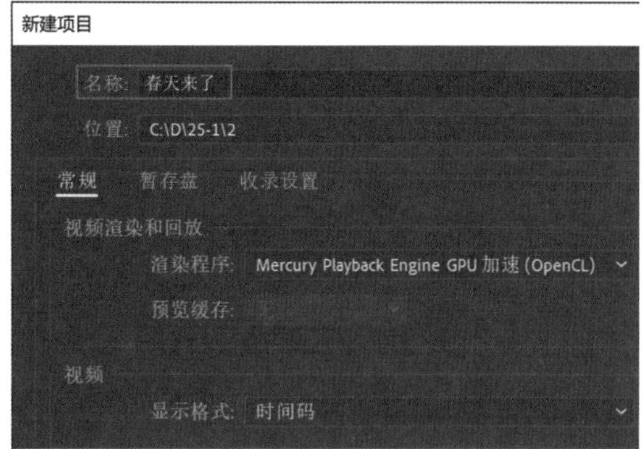

图2-2

02 在“项目”面板中，双击空白区域，导入“2-1.MOV”“2-2.MOV”“2-3.MOV”“2-4.MOV”“2-5.MOV”“2-6.MOV”素材，如图2-3所示。

图2-3

03 在“项目”面板中，单击“列表视图”按钮，可以将这些素材以列表的方式进行显示，如图2-4所示。

04 在“项目”面板中单击三条杠按钮，如图2-5所示。在弹出的菜单中执行“预览区域”命令，如图2-6所示。

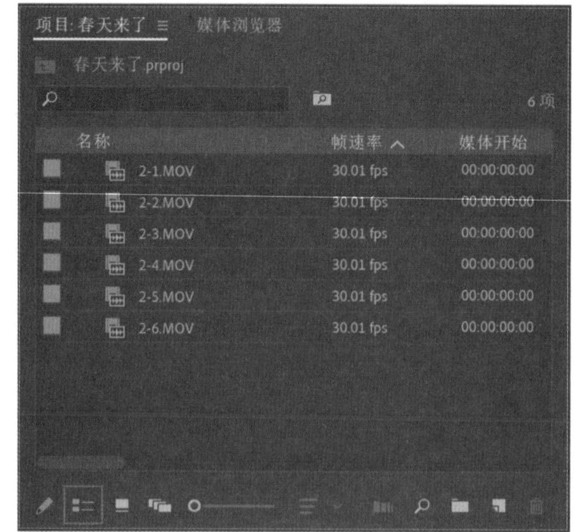

图2-4

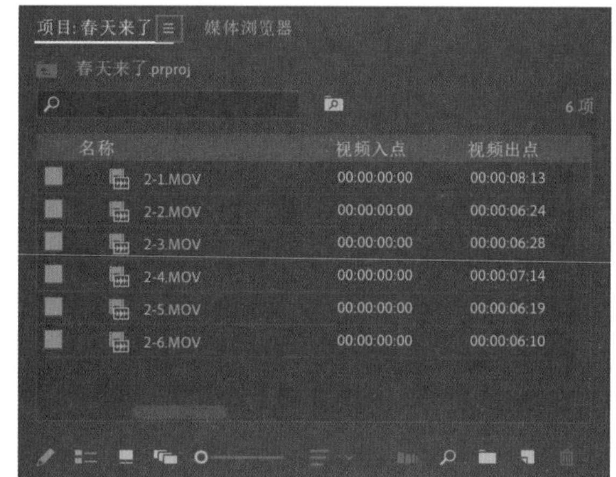

图2-5

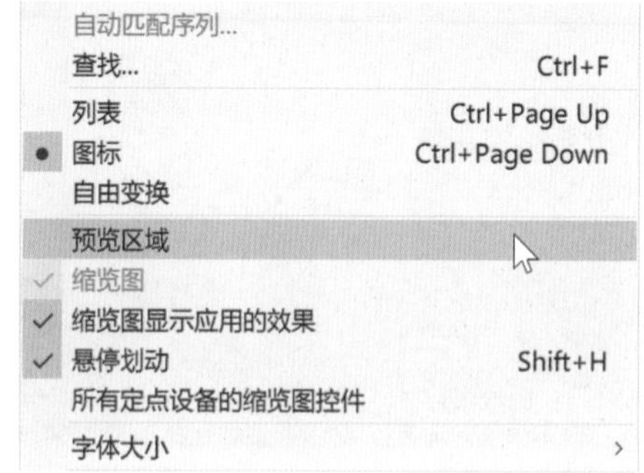

图2-6

05 这样可以在“项目”面板中查看选中视频素材的基本信息，如图2-7所示。

06 单击“新建项”按钮，在弹出的菜单中执行“序列”命令，如图2-8所示。

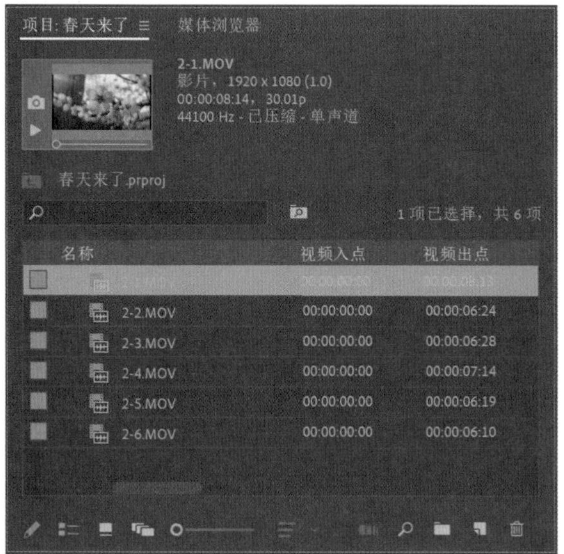

图2-7

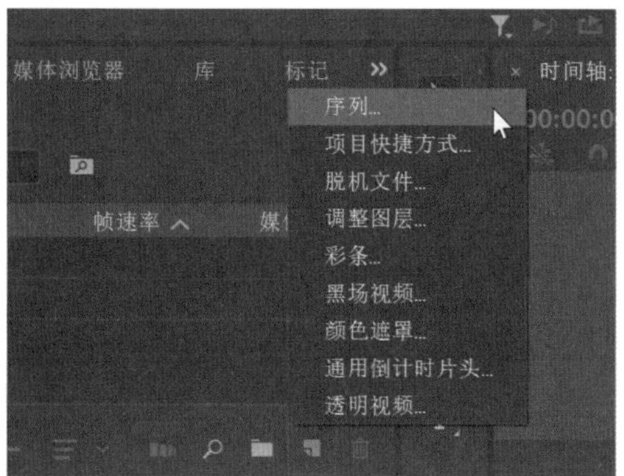

图2-8

07 在弹出的“新建序列”对话框中，选择“AVCHD 720p25”预设，创建一个序列，如图2-9所示。创建完成后，可以看到在“时间轴”面板中显示出来的序列01。

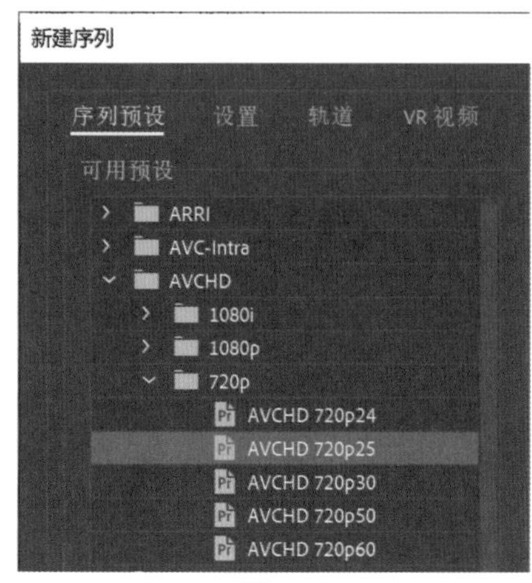

图2-9

08 单击“新建项”按钮，在弹出的菜单中执行“黑场视频”命令，如图2-10所示。在“项目”面板中创建一个黑场视频，如图2-11所示。

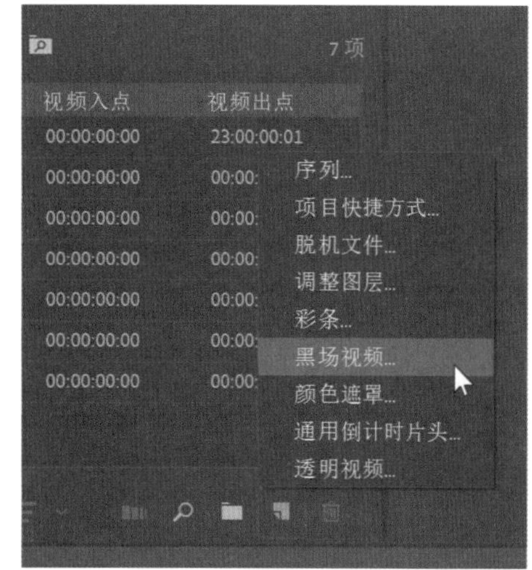

图2-10

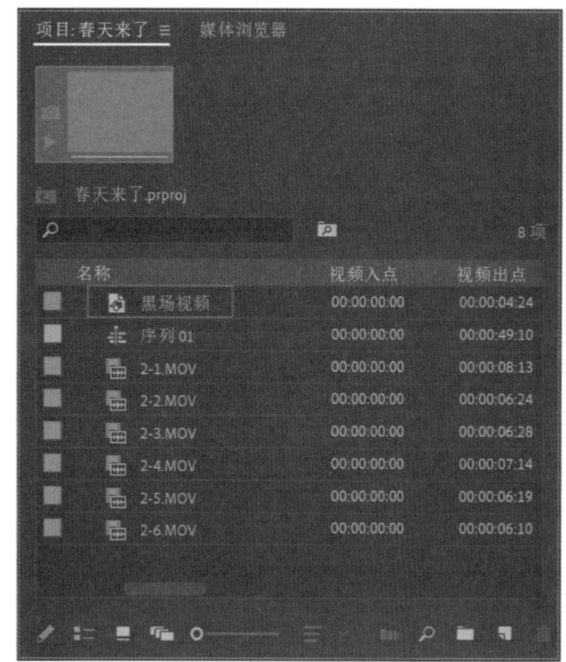

图2-11

09 将“项目”面板中的“黑场视频”“2-1.MOV”“2-2.MOV”“2-3.MOV”“2-4.MOV”“2-5.MOV”“2-6.MOV”素材依次添加到“时间轴”面板中“序列01”上的V1视频轨道上，如图2-12所示。需要注意是黑场视频需要添加两次。

10 在“节目监视器”面板中观察第1段视频，如图2-13所示。

图2-12

图2-13

11 在“效果控件”面板中调整“缩放”为67，如图2-14所示。

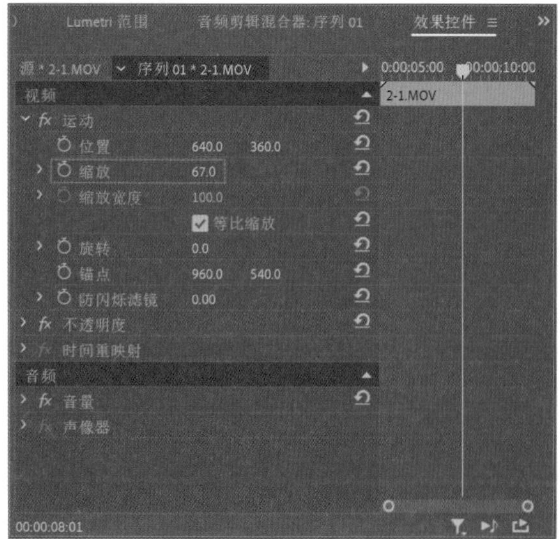

图2-14

12 再次观察“节目监视器”中的视频画面，如图2-15所示。

13 以同样的操作步骤对其他视频也逐一进行“缩放”操作，调整画面后就可以进行接下来的步骤。

图2-15

2.3 使用蒙版制作文字动画

01 首先制作一个简单的文字片头动画效果。在“工具”面板中单击“文字工具”按钮，如图2-16所示。

图2-16

02 在“节目监视器”面板中输入一段英文文本，如图2-17所示。

03 输入完成后，观察“时间轴”面板，可以看到文本被添加到了V2轨道上，如图2-18所示。

04 单击“工具”面板中的“选择工具”按钮，如图2-19所示。

05 将光标移动至“节目监视器”面板中，右击，并在弹出的快捷菜单中执行“安全边距”命令，如图2-20所示。

06 在“节目监视器”面板中调整文字的位置至图2-21所示。

图2-17

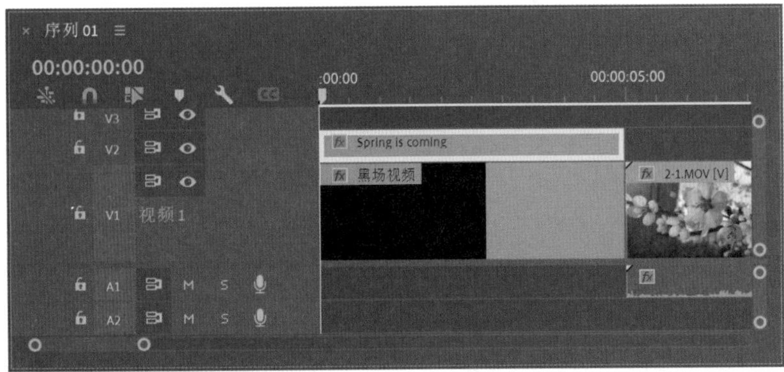

图2-18

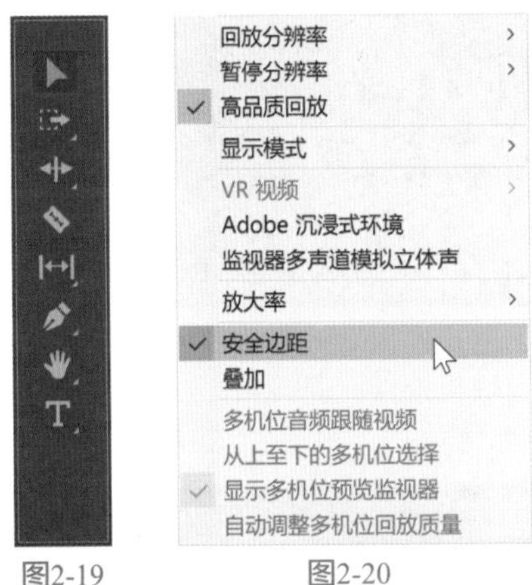

图2-19　　图2-20

图2-21

07 在“效果控件”面板中，设置文本的“字体”为“Arial”，“字体大小”为60，如图2-22所示。

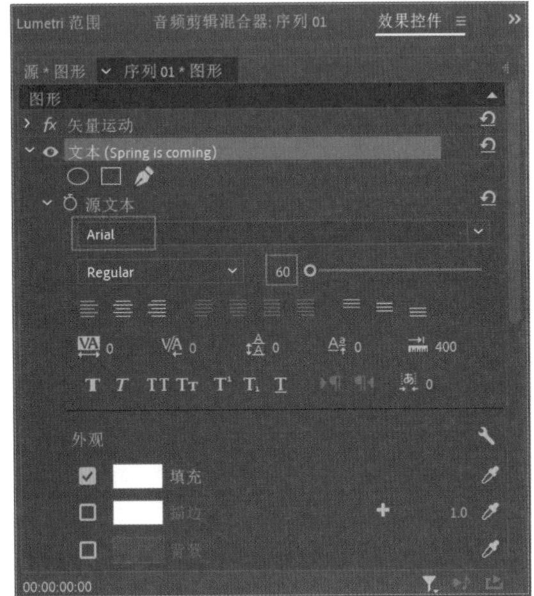

图2-22

08 单击“效果控件”面板中的“自由绘制贝塞尔曲线”按钮，如图2-23所示。

09 在“节目监视器”面板中绘制出图2-24所示的曲线。

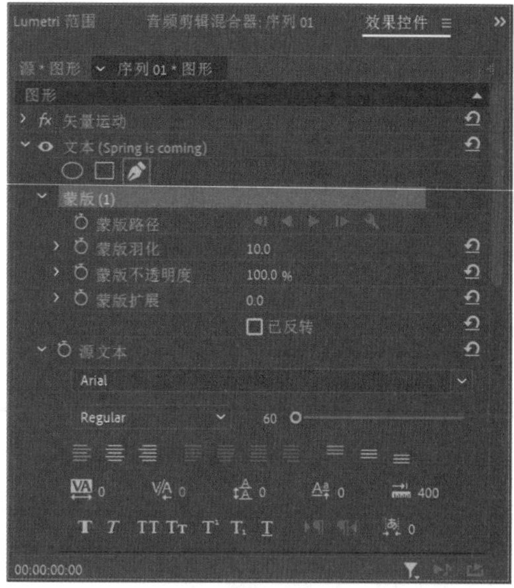

图2-23

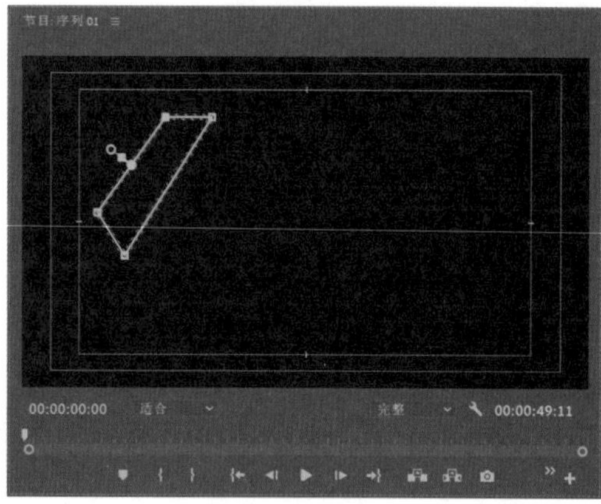

图2-24

10 设置“播放指示器位置”为00:00:00:20，在“效果控件”面板中，单击“蒙版路径”按钮，为该参数设置关键帧，如图2-25所示。

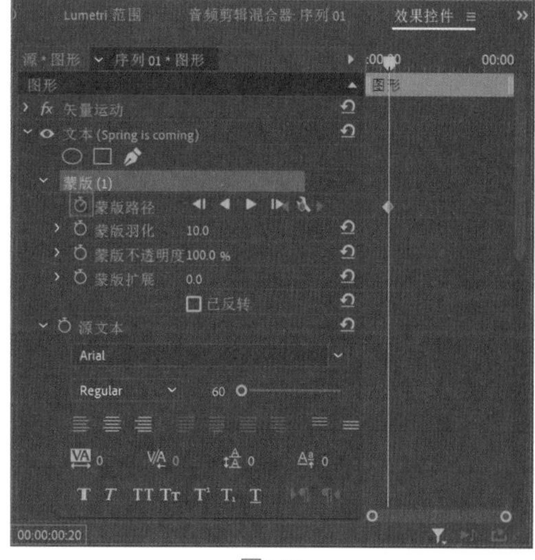

图2-25

11 设置“播放指示器位置”为00:00:01:10，在“效果控件”面板中，调整“蒙版路径”的形状如图2-26所示。

图2-26

12 设置完成后，拖动播放滑块，可以看到一段文字从左到右渐变出现的动画效果就制作完成了，如图2-27所示。

图2-27

13 在“效果控件”面板中，设置“蒙版羽化”为50，如图2-28所示。

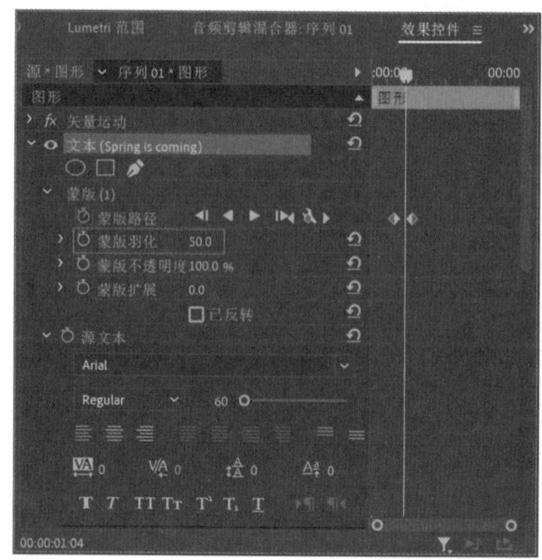

图2-28

14 设置完成后，按空格键播放视频动画，文字动画的最终效果如图2-29所示。

图2-29

2.4 使用图形工具制作第一个转场效果

01 设置“播放指示器位置”为00:00:03:00，单击“工具”面板中的“矩形工具”按钮，如图2-30所示。

图2-30

02 在“节目监视器”面板中创建一个如图2-31所示大小的矩形。

图2-31

技巧与提示

在创建矩形之前，应注意不要选择序列01中的任何剪辑，否则图形有可能会被创建到现有剪辑上。

03 创建完成后，首先观察“时间轴”面板，确保这一次新建的矩形处于一个新的轨道上，如图2-32所示。

04 将光标移动至“时间轴”面板中V3轨道上的图形剪辑上，右击，并在弹出的快捷菜单中执行“速度/持续时间”命令，如图2-33所示。

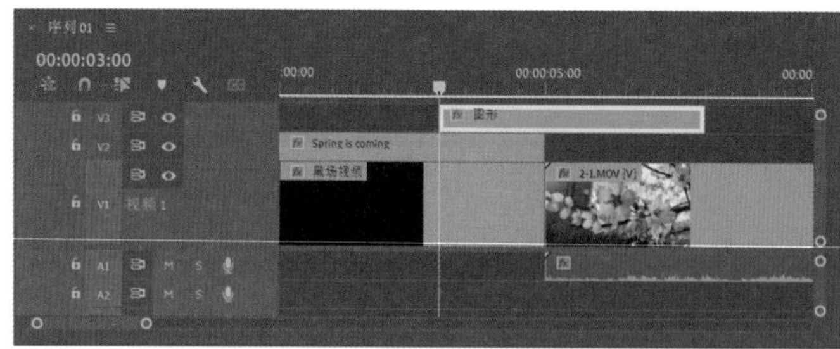

图2-32

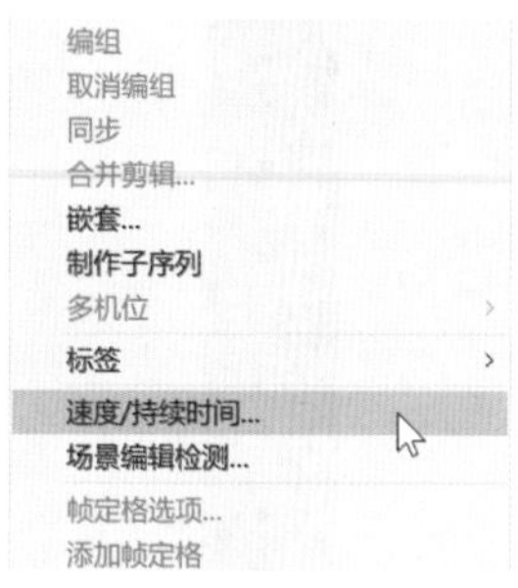

图2-33

05 在弹出的“剪辑速度/持续时间”对话框中，设置“持续时间”为00:00:01:00，也就是1秒，如图2-34所示。

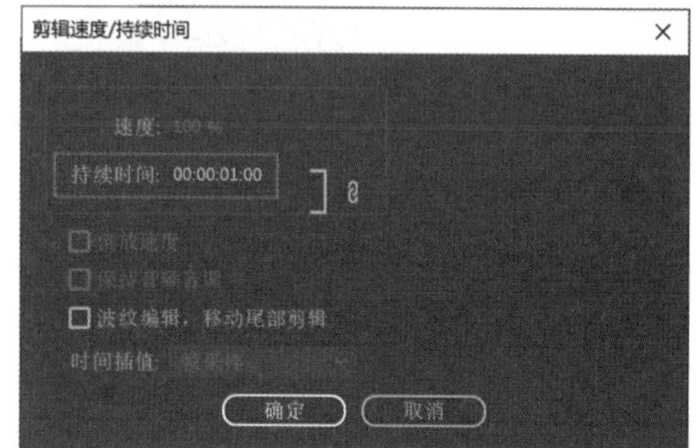

图2-34

06 设置完成后，在“时间轴”面板中观察图形剪辑的长度，如图2-35所示。

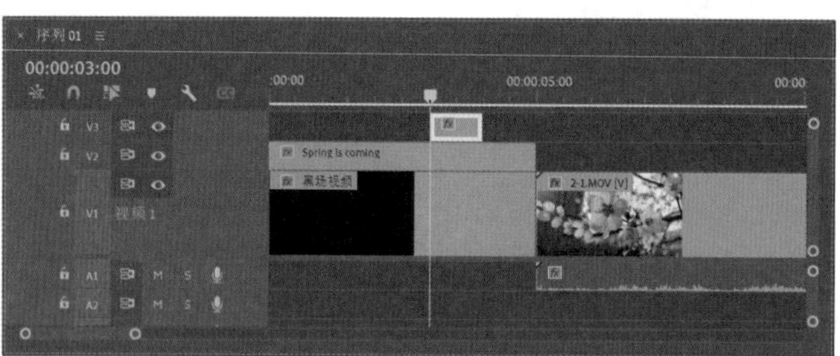

图2-35

07 在“效果控件”面板中，单击“填充”前面的方形“拾色器”按钮，如图2-36所示。

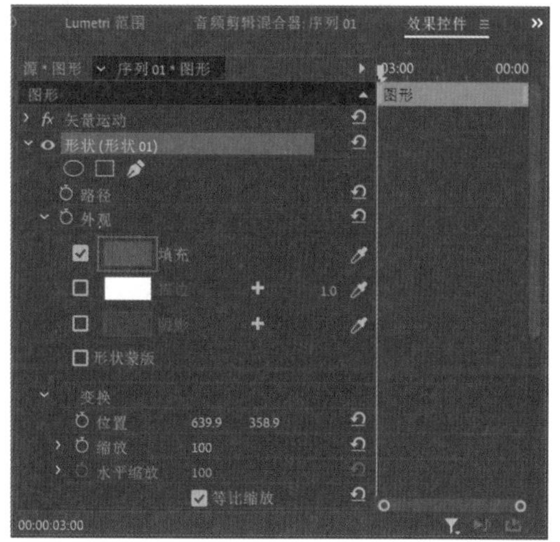

图2-36

08 在弹出的“拾色器”对话框中，设置形状的填充颜色类型为“线性渐变”，并分别设置渐变的颜色为紫色和粉红色，如图2-37和图2-38所示。

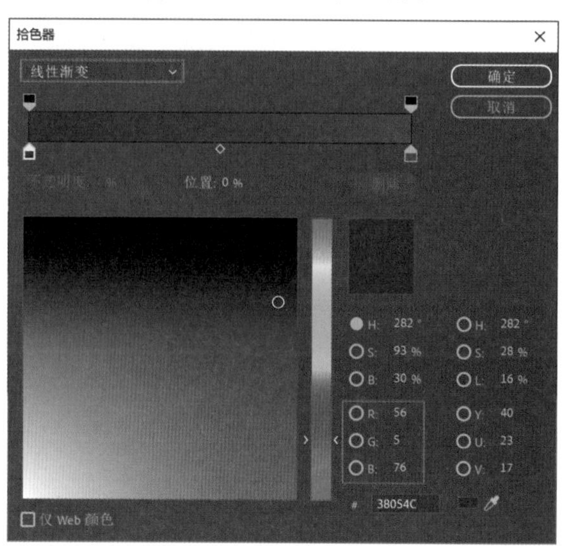

图2-37

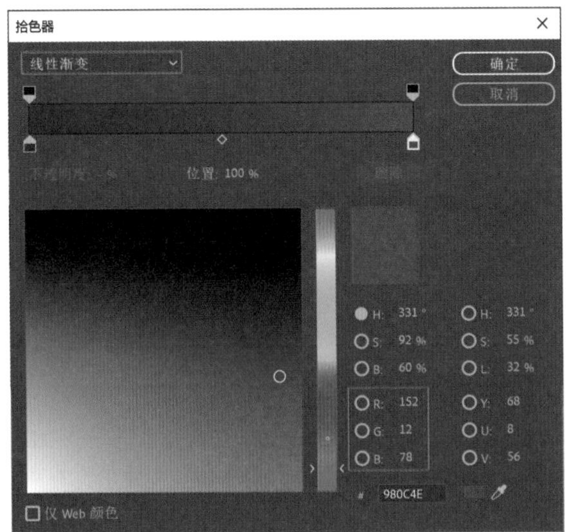

图2-38

09 设置完成后，在“节目监视器”面板中调整渐变的位置如图2-39所示。

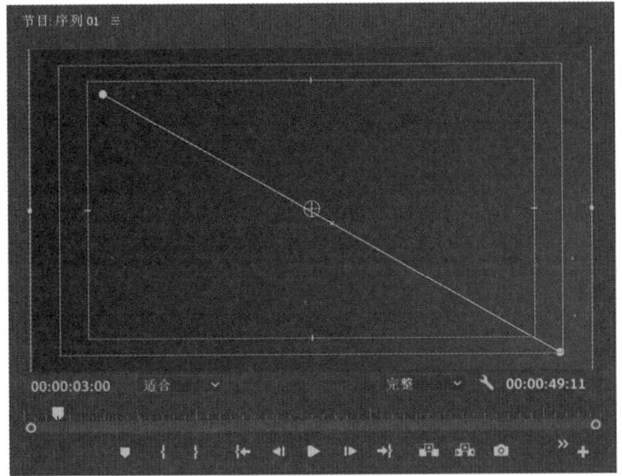

图2-39

10 单击“工具”面板中的“矩形工具”按钮，在“节目监视器”面板中再次创建一个与视频大小接近的矩形，这次新创建出来的矩形会挡住刚刚创建的带有渐变颜色的矩形，如图2-40所示。后创建的矩形使用什么颜色都可以，此外，还需要注意的是，在创建之前，应确保在“时间轴”面板中选择了刚才所创建的图形剪辑，这样，新创建的矩形将与刚才的图形剪辑处于同一轨道中。

11 设置“播放指示器位置”为00:00:03:00，在“效果控件”面板中，勾选“形状蒙版”复选框，取消勾选“等比缩放”复选框，设置“垂直缩放”为0，并为“垂直缩放”设置关键帧，如图2-41所示。

12 设置“播放指示器位置”为00:00:03:12，在“效果控件”面板中，设置“垂直缩放”为100，如图2-42所示。

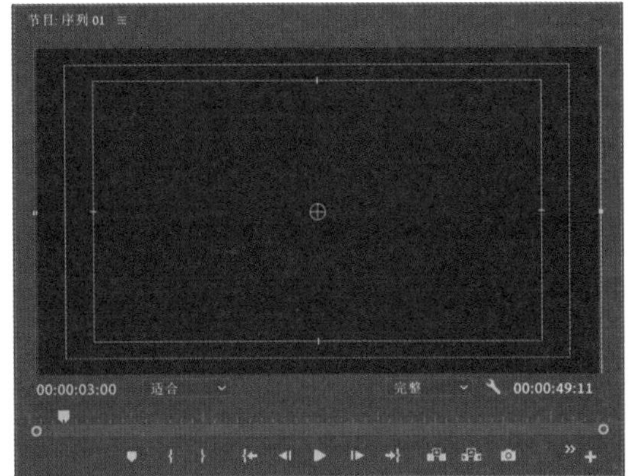

图2-40

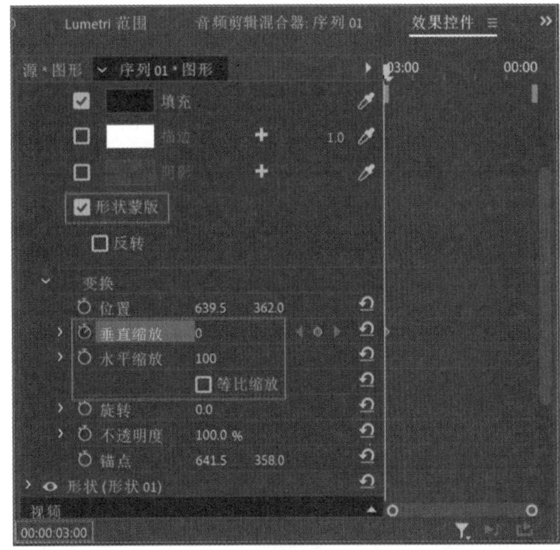

图2-41

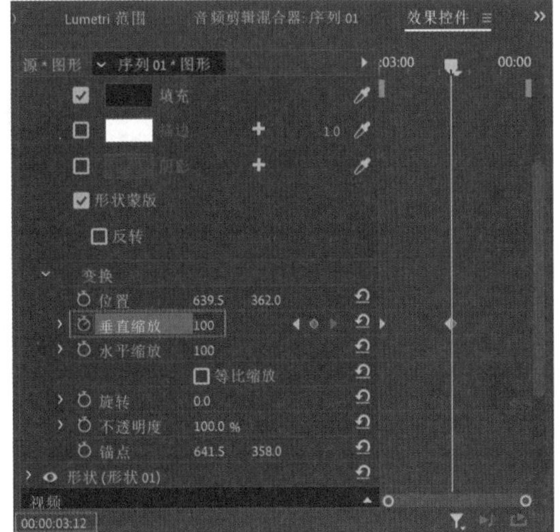

图2-42

13 单击“工具”面板中的“矩形工具”按钮，在“节目监视器”面板中创建第三个与视频大小接近的矩形，这次新创建出来的矩形会挡住刚刚创建出来的带有渐变颜色的矩形，如图2-43所示。

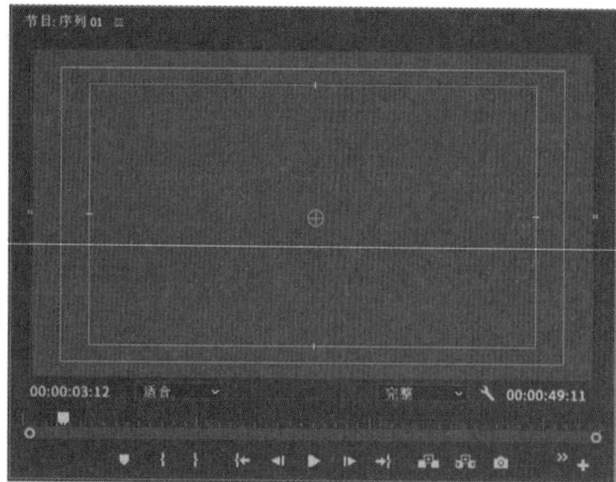
图2-43

14 设置“播放指示器位置”为00:00:03:12，在“效果控件”面板中，勾选“形状蒙版”和“反转”复选框，取消勾选“等比缩放”复选框，设置“垂直缩放”为0，并为“垂直缩放”设置关键帧，如图2-44所示。

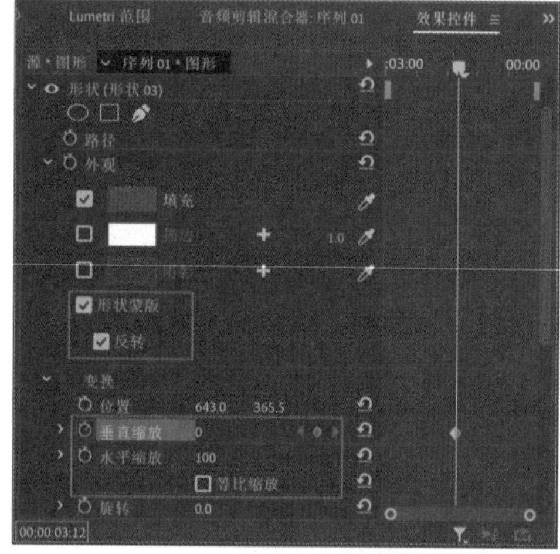
图2-44

15 设置“播放指示器位置”为00:00:03:24，在“效果控件”面板中，设置“垂直缩放”为100，如图2-45所示。

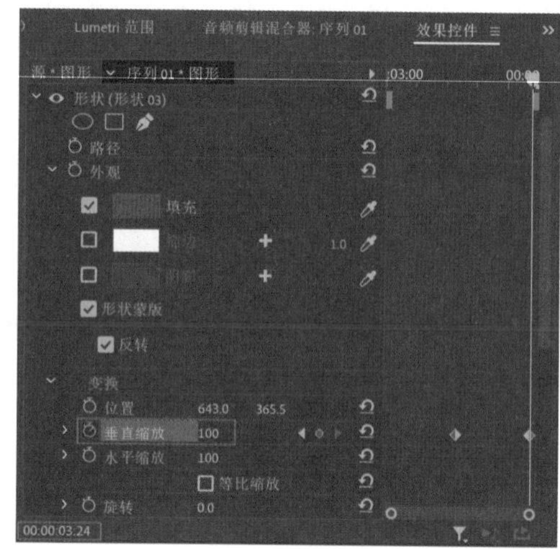
图2-45

16 设置完成后，一个图形转场动画就制作完成了，接下来调整黑场视频的长度。设置“播放器指示位置”为00:00:03:12，在“时间轴”面板中调整“黑场视频”和英文文本的长度如图2-46所示。

17 将光标放置于“黑场视频”和“2-1.MOV”视频剪辑的中央位置处，右击，并在弹出的快捷菜单中执行“波纹删除”命令，如图2-47所示。

18 这样，后面的所有视频剪辑都会自动向前移动，以确保整个视频流中没有空缺的位置，如图2-48所示。

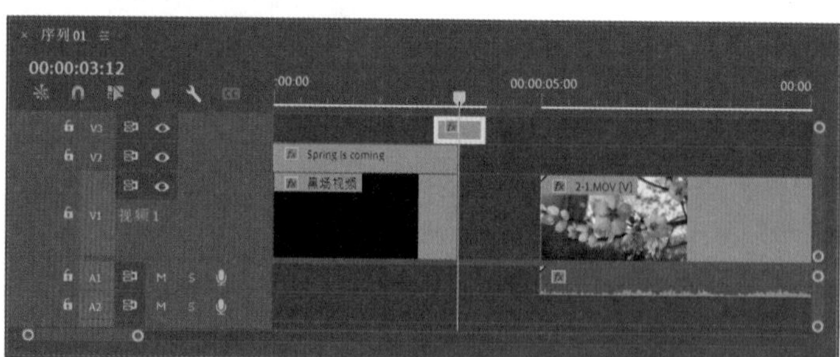
图2-46

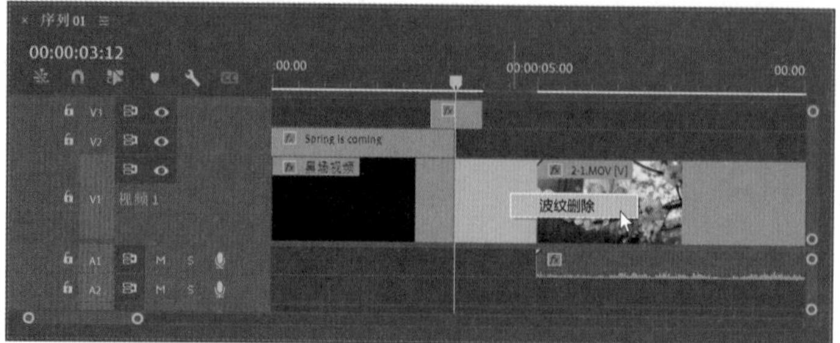

图2-47

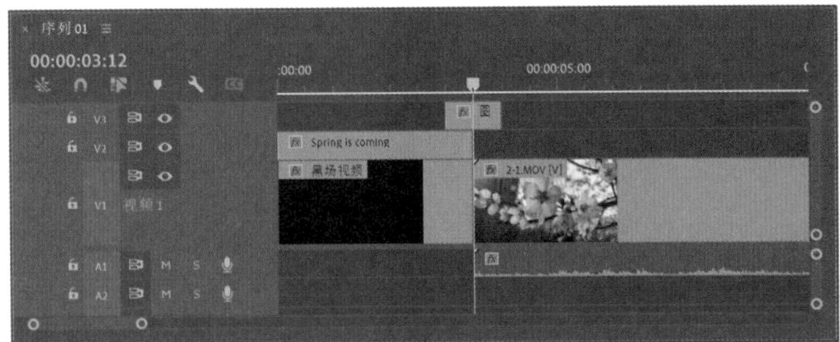

图2-48

19 设置完成后，按空格键播放视频动画，制作的第一个转场动画效果如图2-49所示。

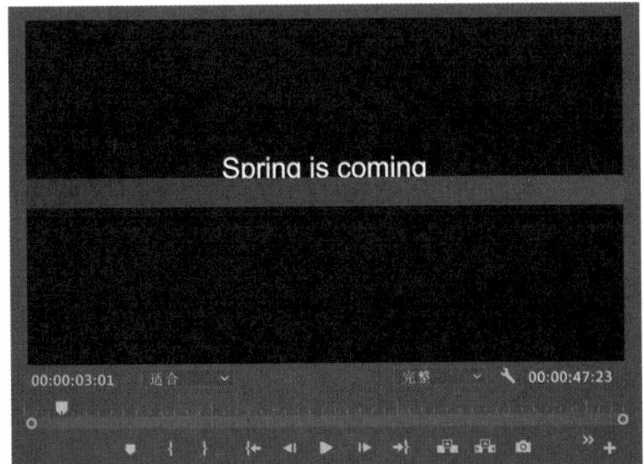

图2-49

图2-49（续）

◎技巧与提示·○

在这一节中，在V3轨道中连续创建了3个矩形图形来制作转场效果。第1个矩形图形调整了颜色，而第2个和第3个矩形图形因为是用作蒙版，所以使用什么颜色都可以。需要注意的是，这3个矩形图形一定要在同一轨道中。

2.5　将转场导出为 mogrt 格式模板文件

上一节使用图形工具制作了一个转场效果，那么将来在其他的项目中是否也可以使用这个转场或者修改这个转场？答案是肯定的。

01 在“时间轴”面板中，将光标移动至制作的转场剪辑上，右击，并在弹出的快捷菜单中执行“导出为动态图形模板”命令，如图2-50所示。

02 在弹出的“导出为动态图形模板”对话框中，设置“名称”为“图形转场一”，模板的“目标”存储路径使用默认的“本地模板文件夹”即可，如图2-51所示。

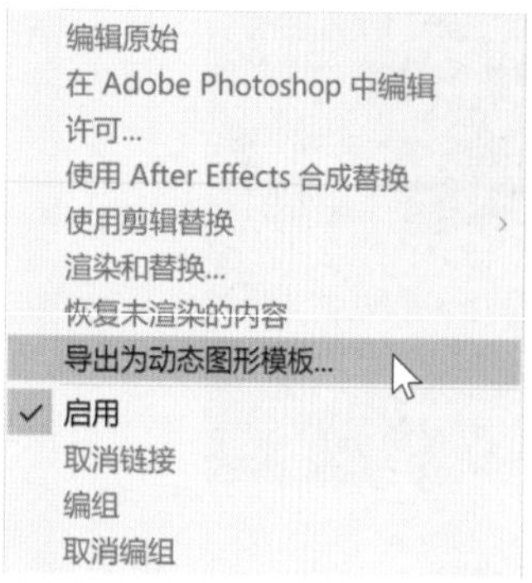

图2-50

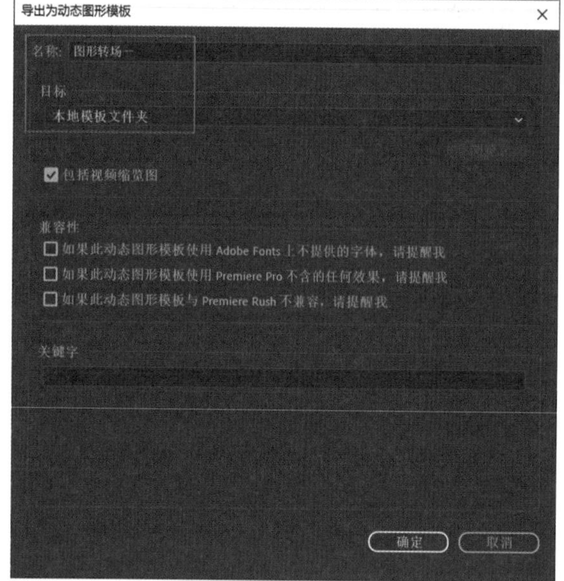

图2-51

03 存储完成后，在“基本图形”面板中，搜索“图形转场一”模板，即可看到刚刚保存的动态图形模板，如图2-52所示。

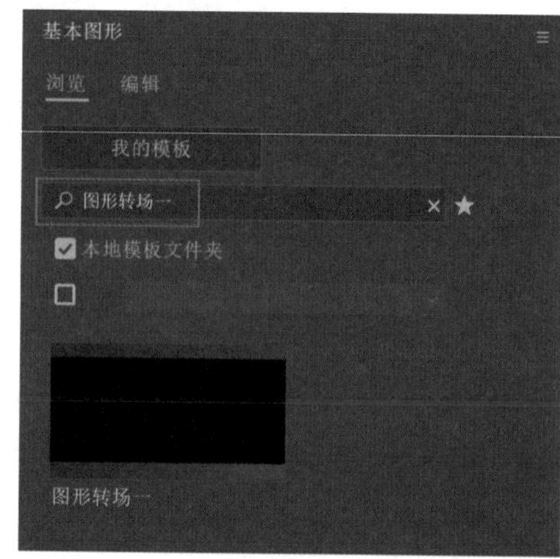

图2-52

04 还可以把这个动态图形模板存储到硬盘中的其他文件夹里，如图2-53所示。只要将这个文件复制到别的计算机上，别人就也可以使用这个转场效果。

图2-53

2.6 使用图形工具制作第二个转场效果

01 观察“时间轴”面板中的视频剪辑，我们可以发现这些素材在录制的时候也会录进来一些环境的声音，如模糊不清的人声及风吹的声音，这时，可以单击带有M标记的“静音轨道”按钮，将A1轨道中的声音进行静音处理。单击“静音轨道”按钮后，其背景色会自动更改为更加醒目的“绿色”显示状态，如图2-54所示。

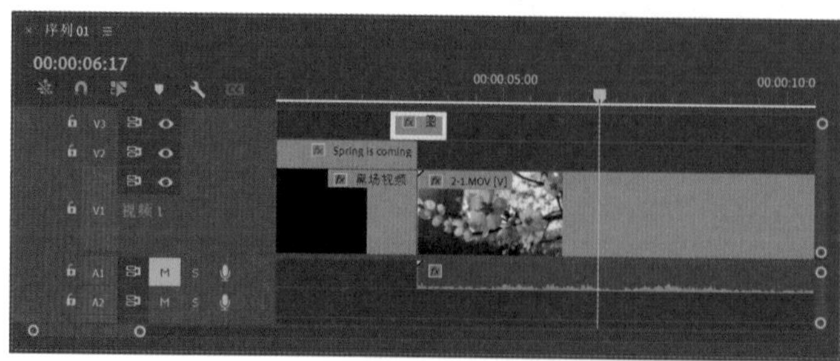

图2-54

02 设置“播放指示器位置”为00:00:11:02，单击“工具”面板中的“矩形工具”按钮，在“节目监视器”面板中绘制出一个如图2-55所示大小的矩形。

图2-55

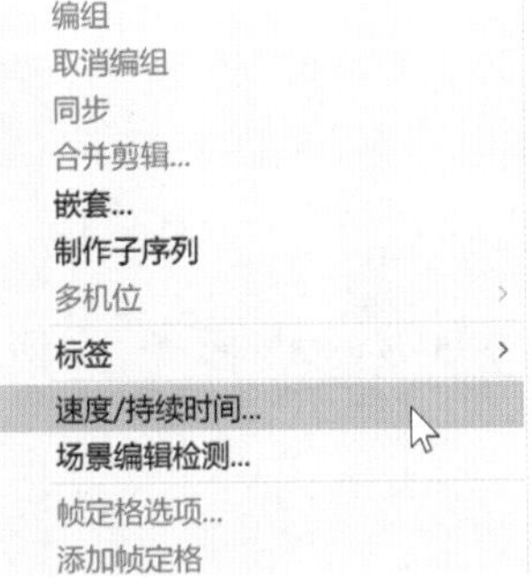

图2-56

03 将光标移动至“时间轴”面板中V2轨道上的图形剪辑上，右击，并在弹出的快捷菜单中执行“速度/持续时间”命令，如图2-56所示。

04 在弹出的“剪辑速度/持续时间”对话框中，设置“持续时间”为00:00:01:16，如图2-57所示。

05 设置完成后，在“时间轴”面板中观察图形剪辑的长度，如图2-58所示。

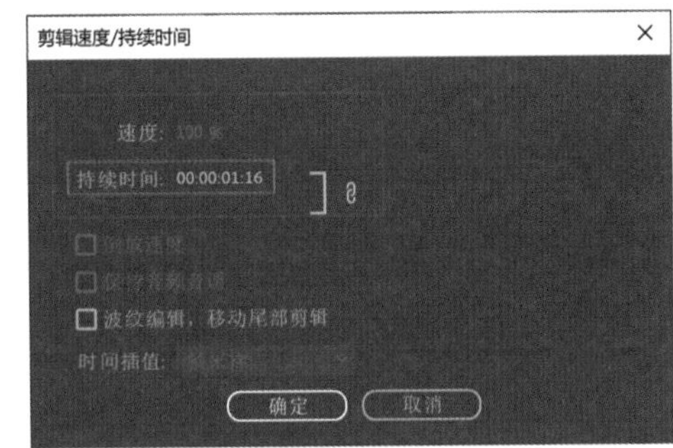

图2-57

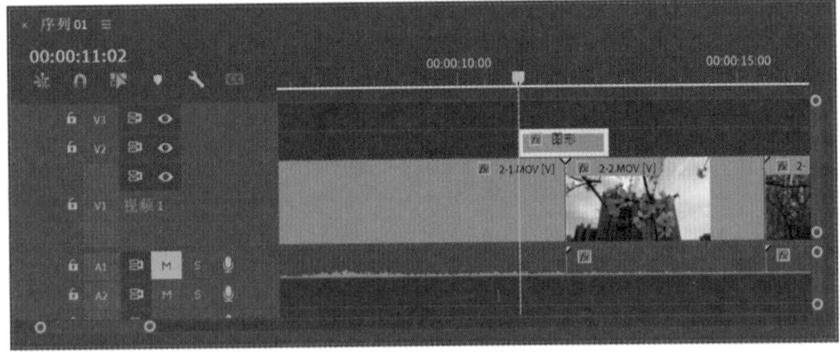

图2-58

06 在“效果控件”面板中，单击“填充”前面的方形“拾色器”按钮，如图2-59所示。

图2-59

07 在弹出的“拾色器”对话框中，设置形状的填充颜色类型为“线性渐变”，并分别设置渐变的颜色为粉红色和橙色，如图2-60和图2-61所示。

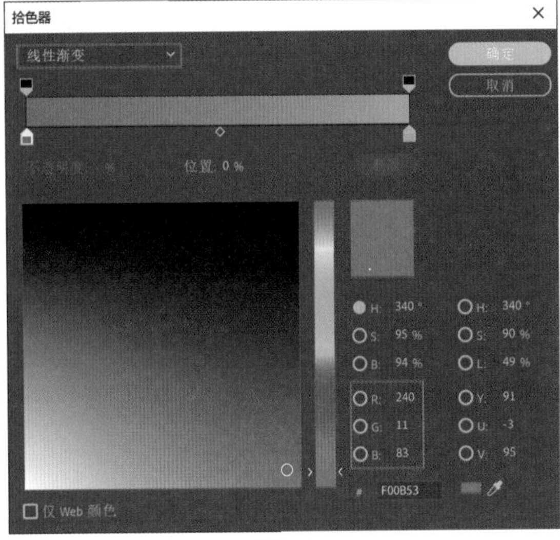

图2-60

图2-61

08 设置完成后，在“节目监视器”面板中调整渐变的位置如图2-62所示。

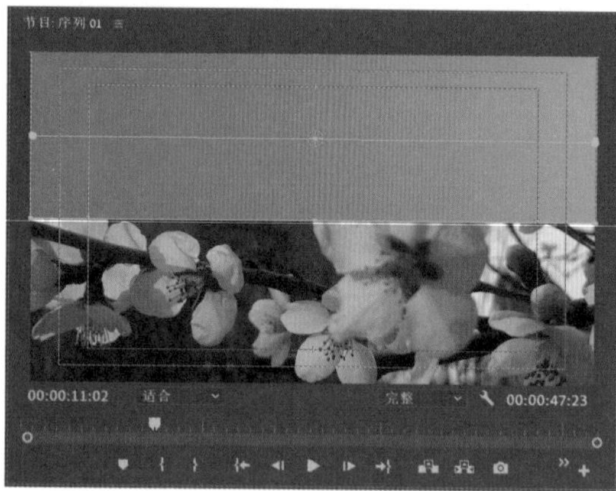

图2-62

09 以同样的操作步骤再次创建一个矩形，并调整其位置和颜色如图2-63所示。

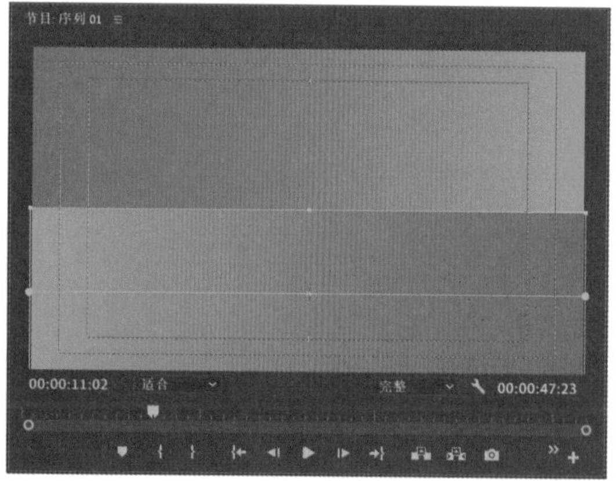

图2-63

10 选择上方的矩形图形，单击“效果控件”面板中的“创建4点多边形蒙版”按钮，如图2-64所示。

11 在“节目监视器”面板中调整蒙版的形状如图2-65所示。

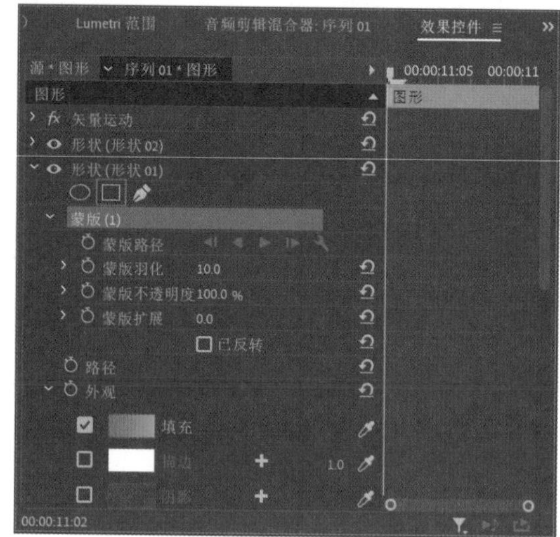

图2-64

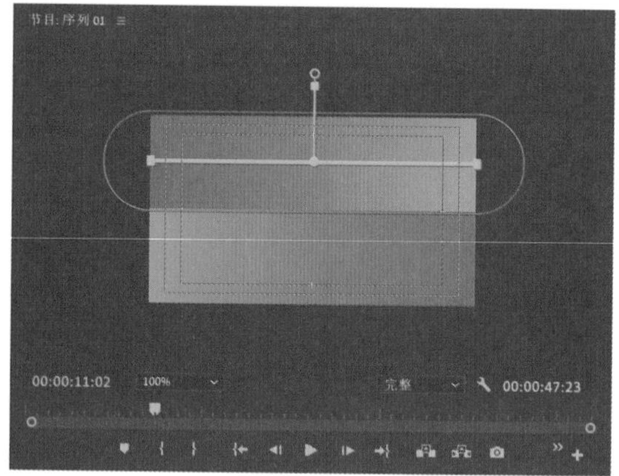

图2-65

12 设置“播放指示器位置”为00:00:11:02，在“效果控件”面板中，设置“蒙版羽化”为0，并为“蒙版路径”设置关键帧，如图2-66所示。

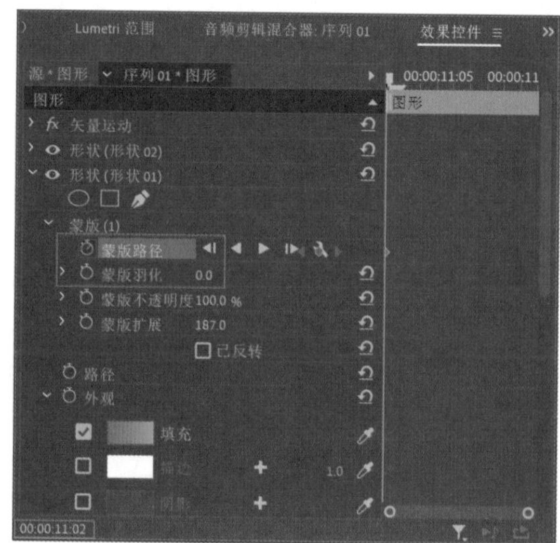

图2-66

13 在“节目监视器”面板中，调整蒙版的位置如图2-67所示。

图2-67

14 设置“播放指示器位置”为00:00:12:17，在“节目监视器”面板中，调整蒙版的位置如图2-68所示。

图2-68

15 设置完成后，拖动播放滑块，“节目监视器”面板中的动画效果如图2-69所示。

16 以同样的操作步骤制作出下方矩形的动画效果，设置完成后，按空格键播放视频动画，制作的第二个转场动画效果如图2-70所示。

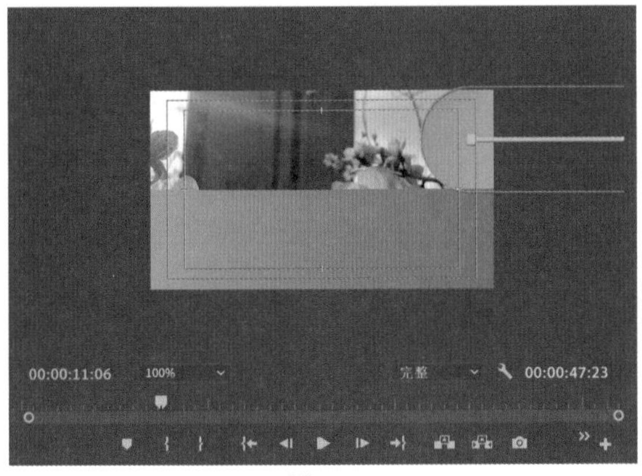

图2-69

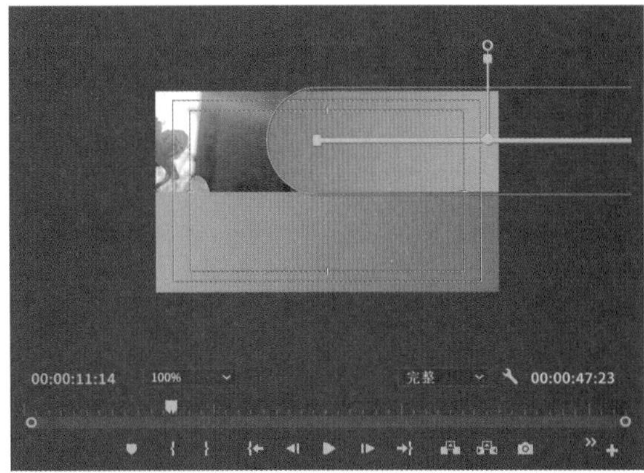

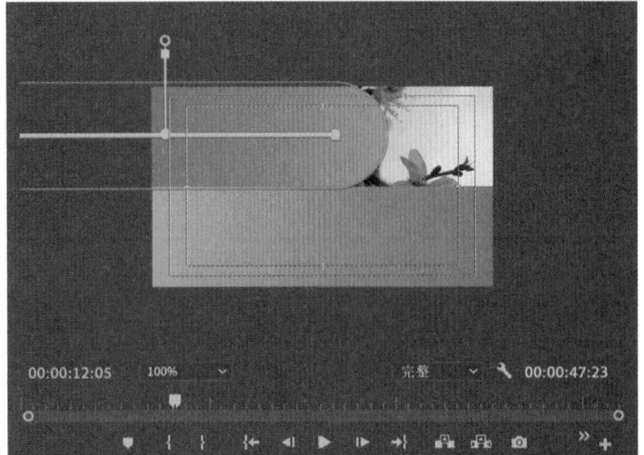

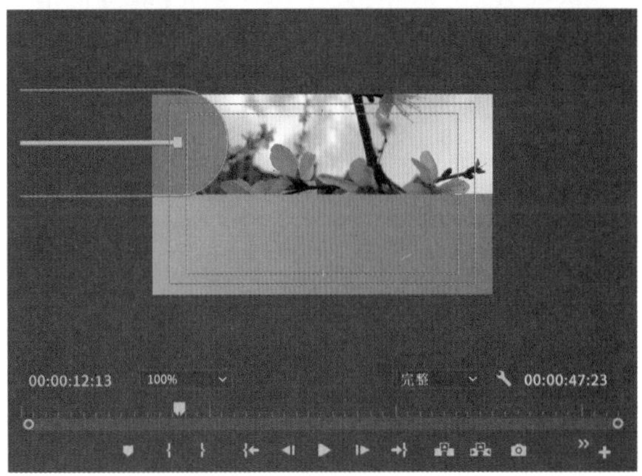

图2-69（续）

图2-70

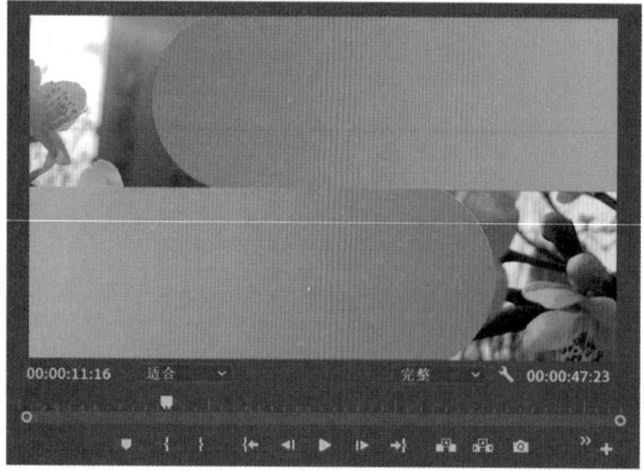

图2-70（续）

2.7 使用图形工具制作第三个转场效果

01 设置“播放指示器位置”为00:00:14:16，单击“工具”面板中的“椭圆工具”按钮，在“节目监视器”面板中，按住Shift键绘制出一个如图2-71所示大小的正圆形。

02 将光标移动至“时间轴”面板中V2轨道上的图形剪辑上，右击，并在弹出的快捷菜单中执行“速度/持续时间”命令，如图2-72所示。

图2-71

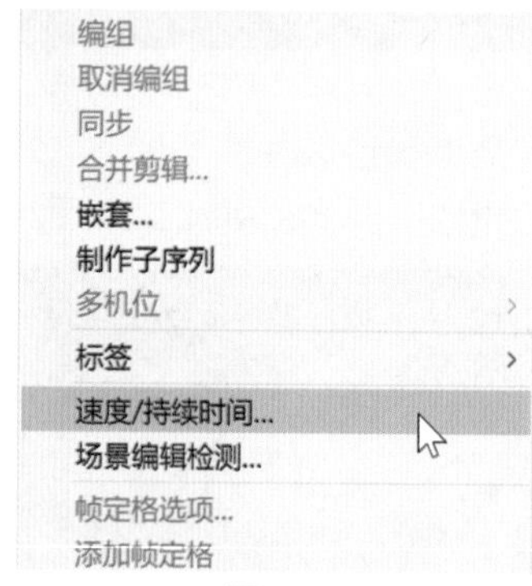

图2-72

03 在弹出的“剪辑速度/持续时间”对话框中，设置“持续时间”为00:00:01:16，如图2-73所示。

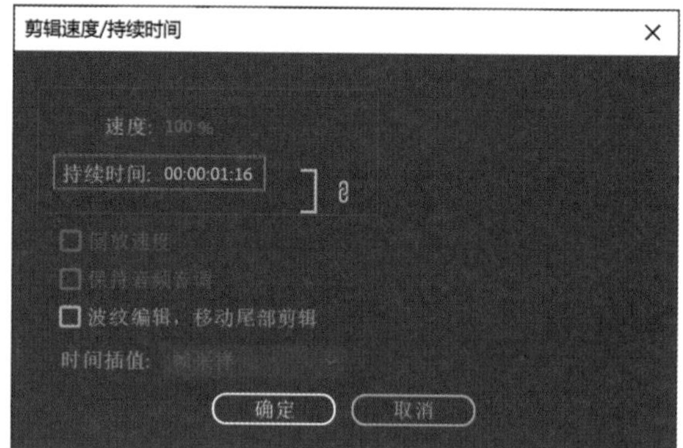

图2-73

04 设置“播放指示器位置”为00:00:15:12，调整“2-2.MOV”视频剪辑的时长如图2-74所示位置处。

05 调整“2-2.MOV”视频剪辑后面的剪辑位置，在“时间轴”面板中观察图形剪辑的长度，如图2-75所示。

06 在“效果控件”面板中，单击“填充”前面的方形“拾色器”按钮，如图2-76所示。

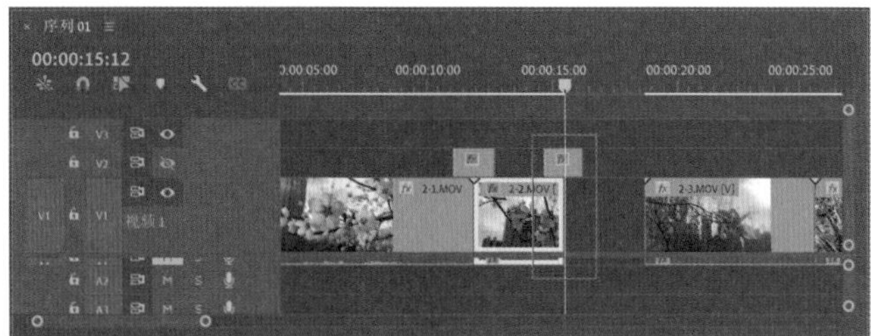
图2-74

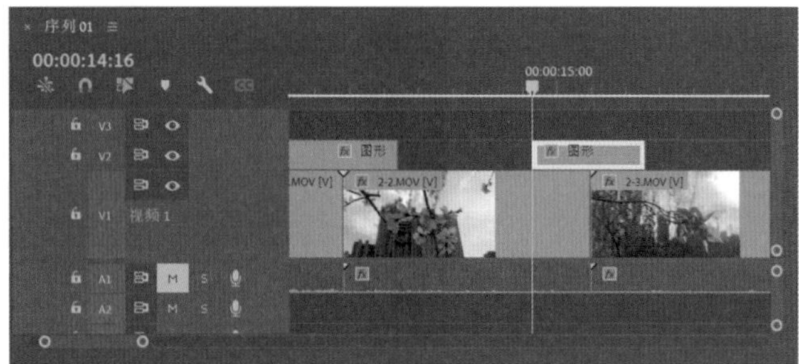
图2-75

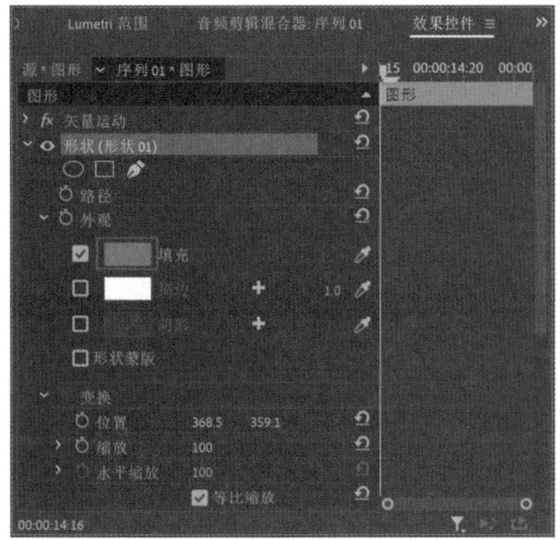
图2-76

07 在弹出的“拾色器”对话框中，设置形状的填充颜色类型为“线性渐变”，并分别设置渐变的颜色为橙色和粉红色，如图2-77所示。

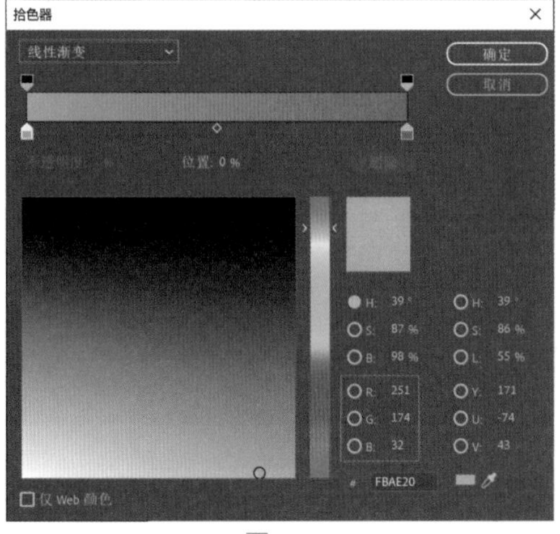
图2-77

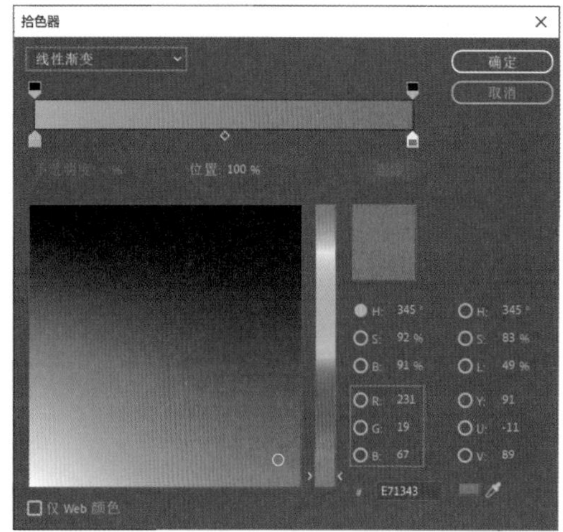
图2-77（续）

08 设置完成后，在“节目监视器”面板中调整渐变的位置如图2-78所示。

图2-78

09 以同样的制作步骤再创建2个圆形图形，并分别调整位置如图2-79所示。

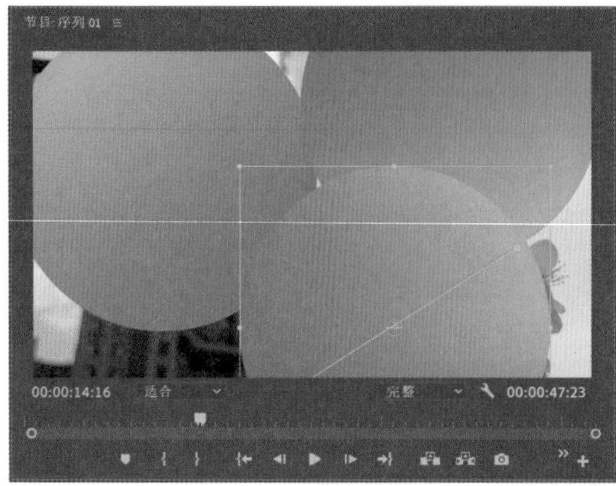

图2-79

10 设置“播放指示器位置”为00:00:14:16，在“效果控件”面板中，为这3个圆形的“位置”和“缩放”分别设置关键帧，并设置“缩放”为0，如图2-80～图2-82所示。

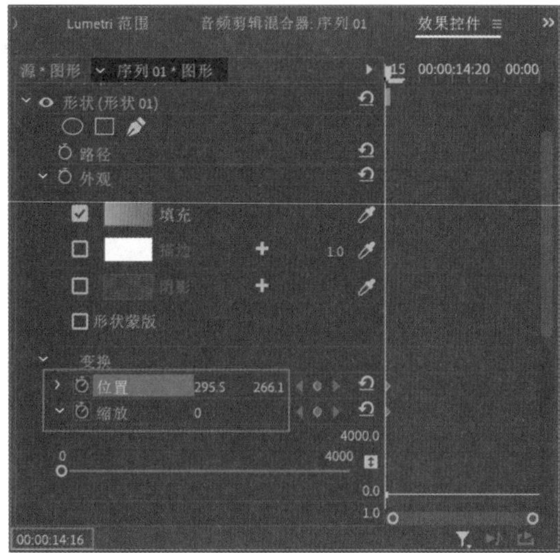

图2-80

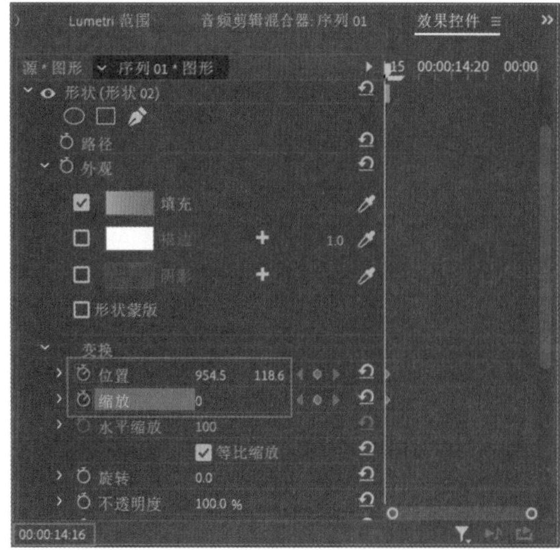

图2-81

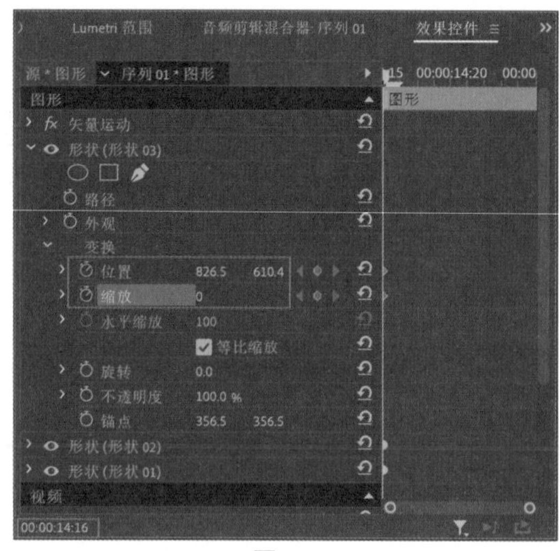

图2-82

11 设置“播放指示器位置”为00:00:15:11，在“节目监视器”面板中，分别调整这3个圆形的位置和大小如图2-83所示。

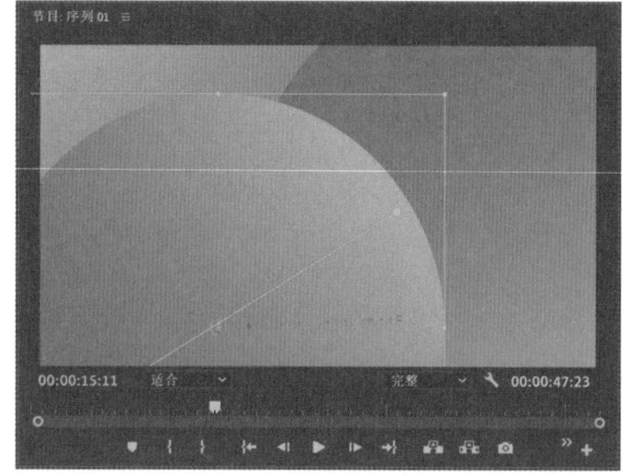

图2-83

12 设置“播放指示器位置”为00:00:16:06，在“节目监视器”面板中，分别调整这3个圆形的位置如图2-84所示。

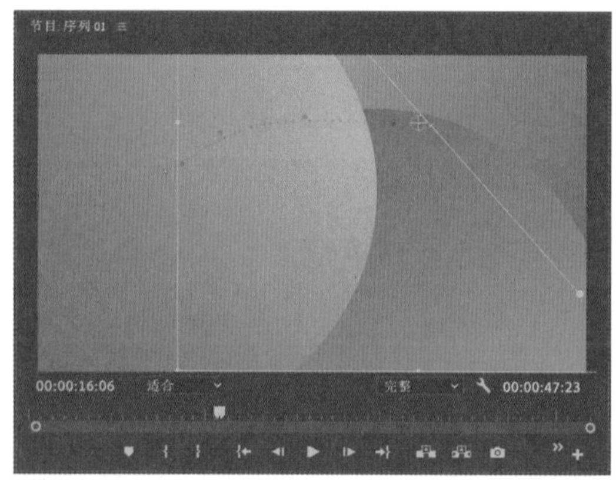

图2-84

13 在“效果控件”面板中，分别设置这3个圆形的“缩放”为0，如图2-85～图2-87所示。

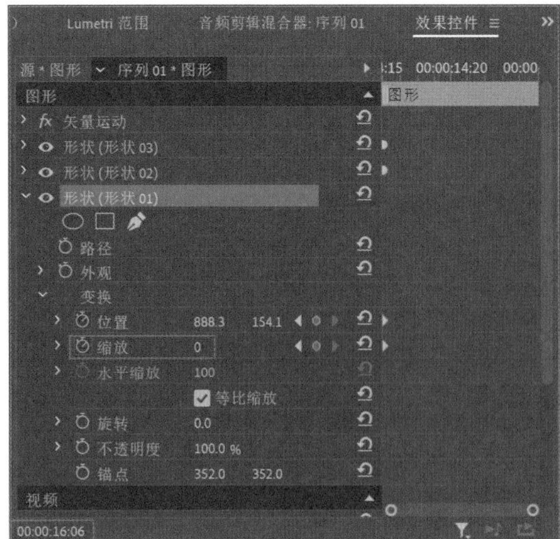

图2-85

图2-86

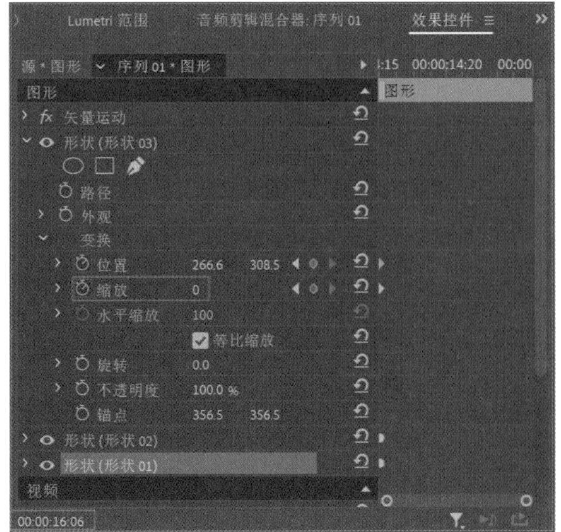

图2-87

14 设置完成后，按空格键播放视频动画，制作的第三个转场动画效果如图2-88所示。

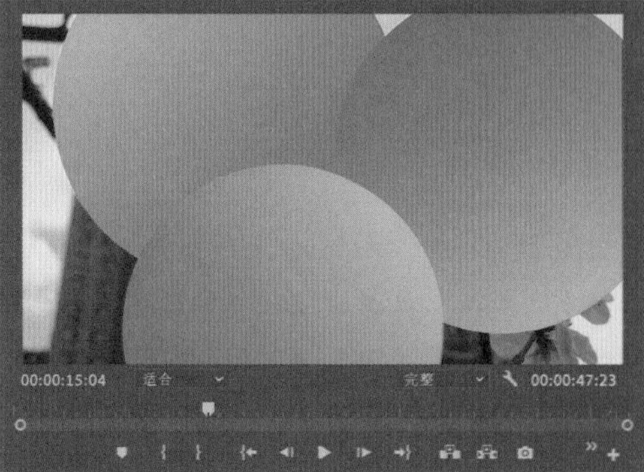

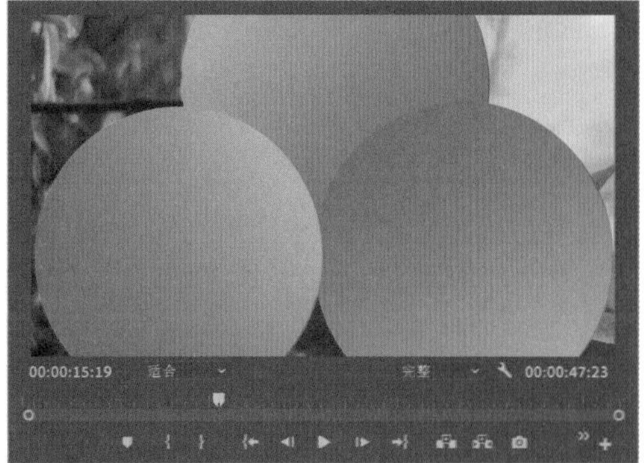

图2-88

2.8　使用图形工具制作第四个转场效果

01 设置“播放指示器位置”为00:00:21:10，单击

“工具”面板中的“矩形工具”按钮，在“节目监视器”面板中绘制出一个如图2-89所示大小的矩形。

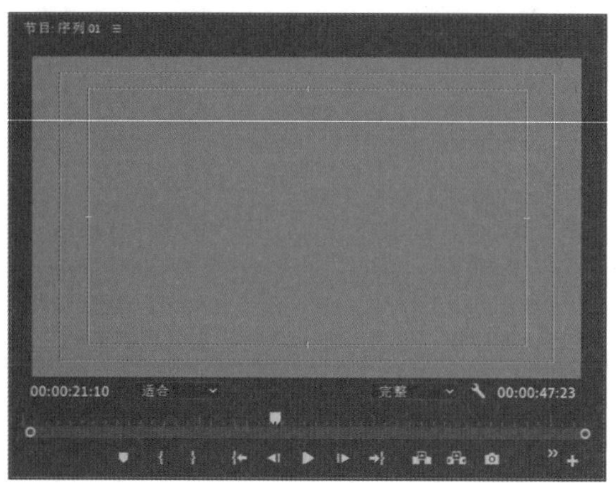

图2-89

02 将光标移动至“时间轴”面板中V2轨道上的图形剪辑上，右击，并在弹出的快捷菜单中执行“速度/持续时间”命令，如图2-90所示。

03 在弹出的“剪辑速度/持续时间”对话框中，设置“持续时间”为00:00:02:00，如图2-91所示。

04 设置完成后，在“时间轴”面板中观察图形剪辑的长度，如图2-92所示。

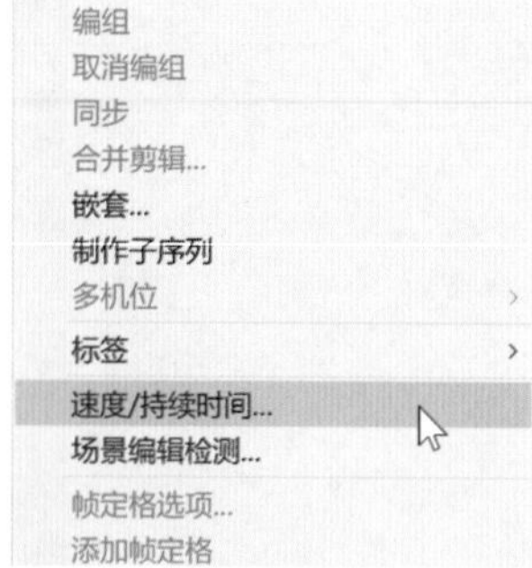

图2-90

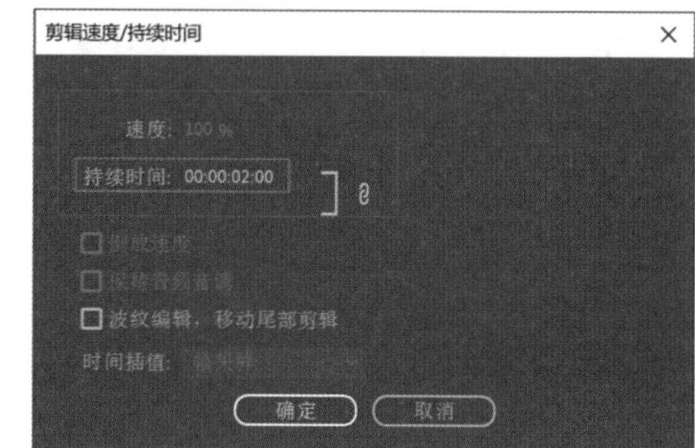

图2-91

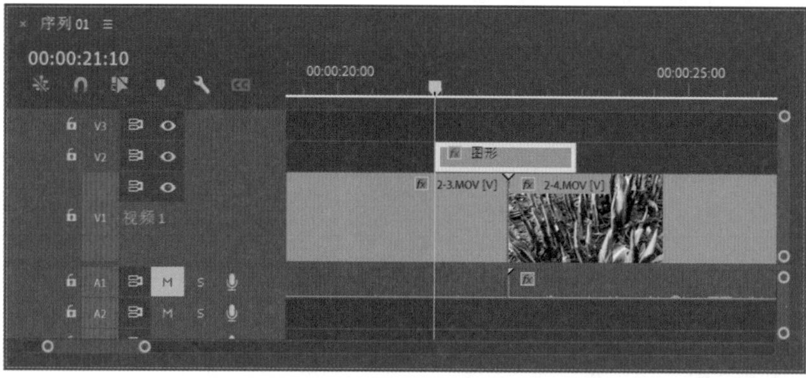

图2-92

05 在“效果控件”面板中，单击“填充”前面的方形“拾色器”按钮，如图2-93所示。

06 在弹出的“拾色器”对话框中，设置形状的填充颜色类型为“线性渐变”，并分别设置渐变的颜色为绿色和蓝色，如图2-94和图2-95所示。

07 设置完成后，在“节目监视器”面板中调整渐变的位置如图2-96所示。

08 选择上方的矩形图形，单击“效果控件”面板中的“创建4点多边形蒙版”按钮，并为“蒙版路径”设置关键帧，设置“蒙版羽化”为0，如图2-97所示。在默认状态下，4点多边形蒙版的显示效果如图2-98所示。

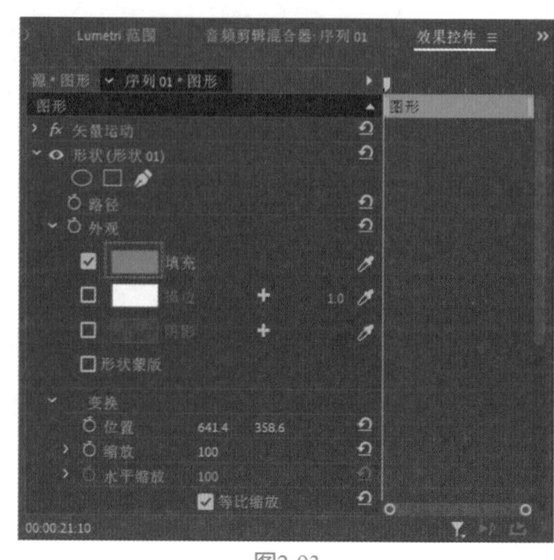

图2-93

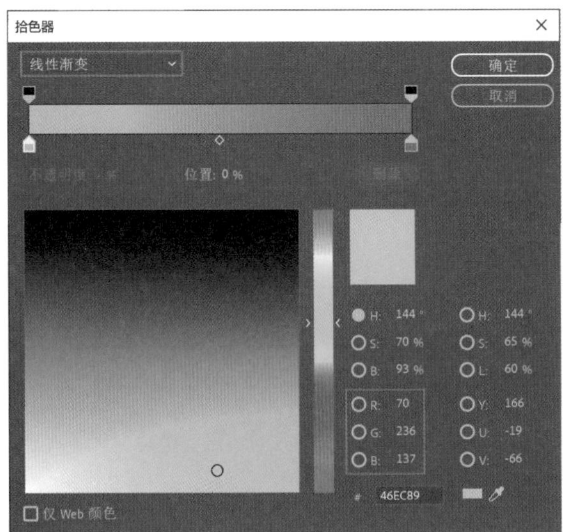

图2-94

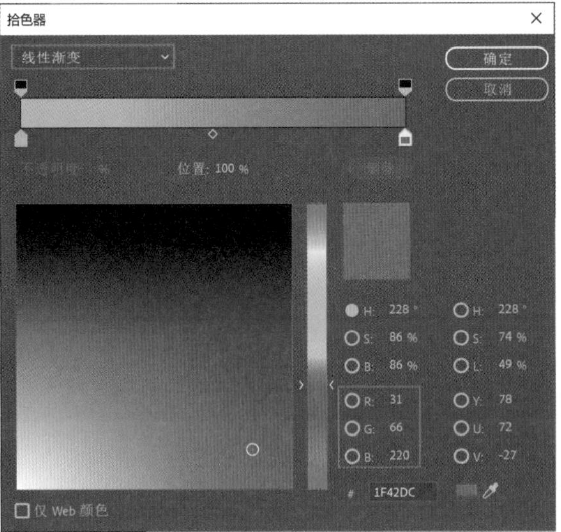

图2-95

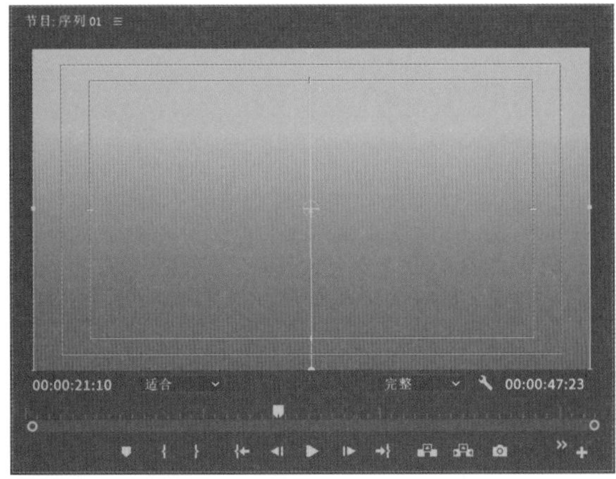

图2-96

09 在“节目监视器”面板中，调整蒙版的形状如图2-99所示。

图2-97

图2-98

图2-99

10 设置“播放指示器位置”为00:00:21:14，在“节目监视器”面板中，调整蒙版的形状如图2-100所示。

11 设置“播放指示器位置”为00:00:21:18，在“节目监视器”面板中，调整蒙版的形状如图2-101所示。

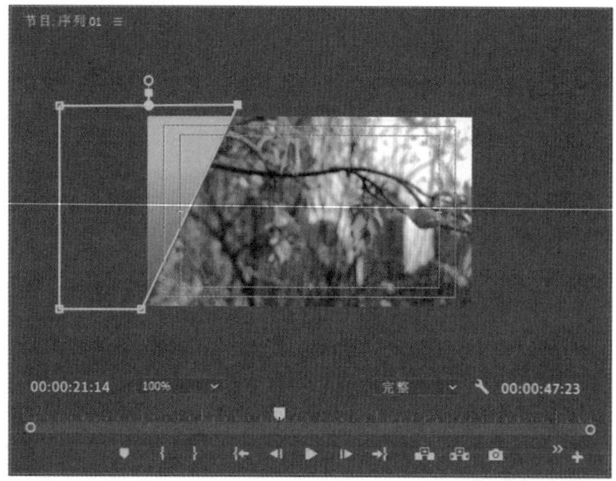

图2-100

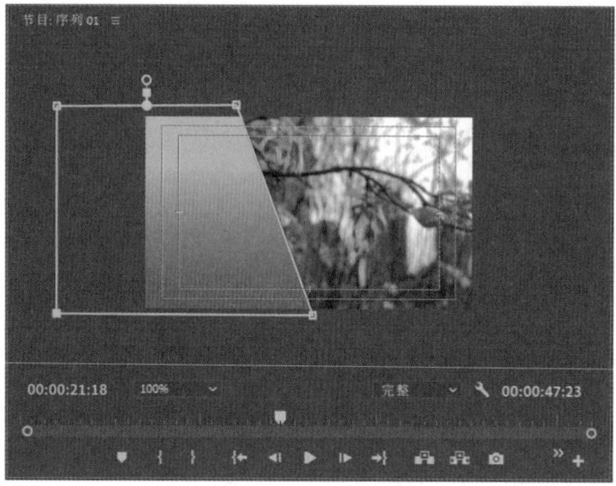

图2-101

12 设置“播放指示器位置”为00:00:21:22，在“节目监视器”面板中，调整蒙版的形状如图2-102所示。

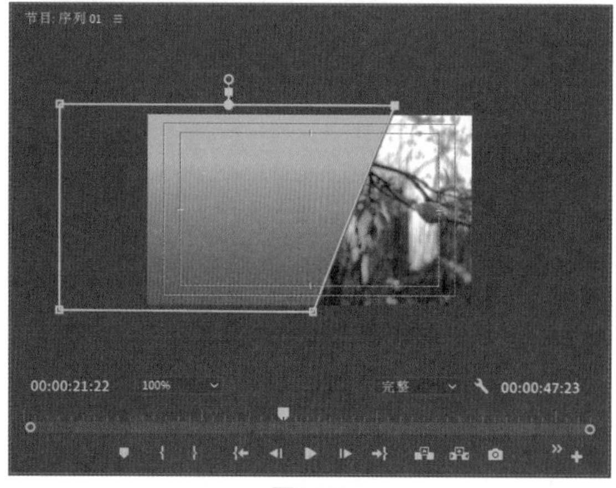

图2-102

13 设置“播放指示器位置”为00:00:22:01，在“节目监视器”面板中，调整蒙版的形状如图2-103所示。

14 设置“播放指示器位置”为00:00:22:05，在“节目监视器”面板中，调整蒙版的形状如图2-104所示。

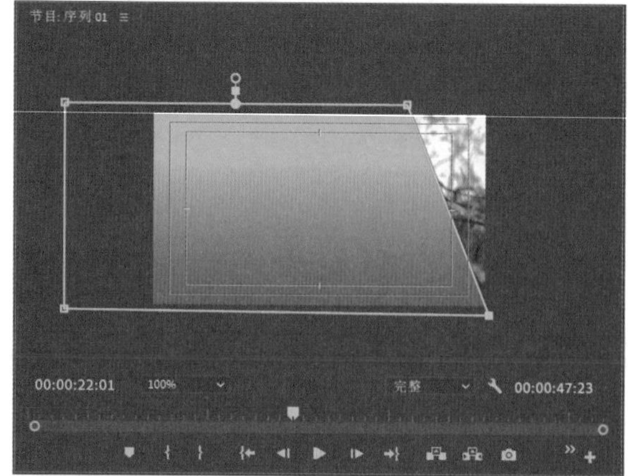

图2-103

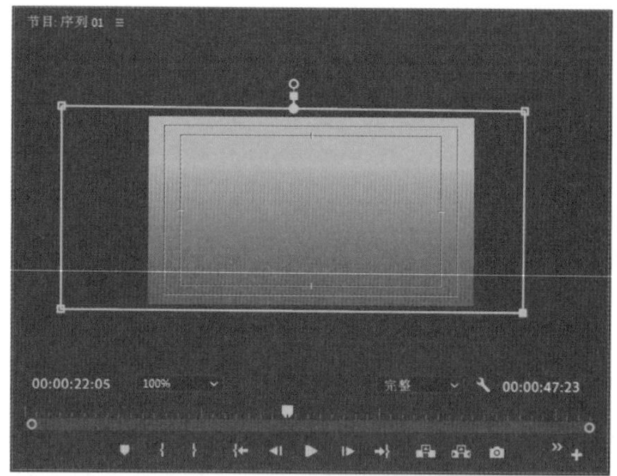

图2-104

15 设置“播放指示器位置”为00:00:22:11，在“节目监视器”面板中，调整蒙版的形状如图2-105所示。

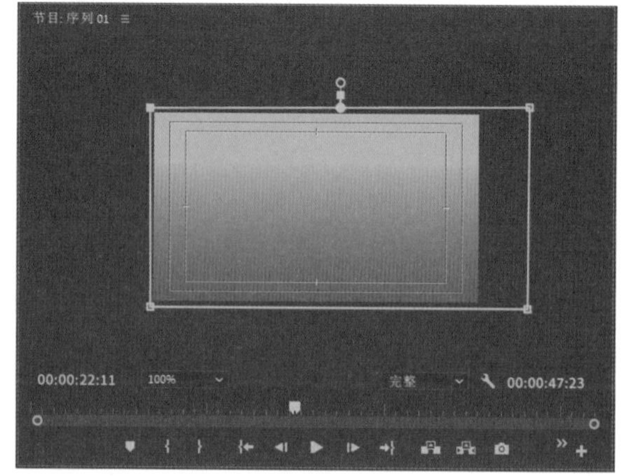

图2-105

16 设置“播放指示器位置”为00:00:22:15，在“节目监视器”面板中，调整蒙版的形状如图2-106

所示。

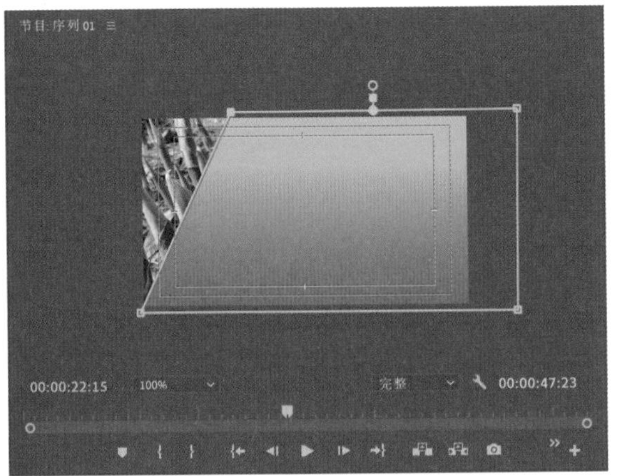

图2-106

17 设置“播放指示器位置”为00:00:22:19，在“节目监视器”面板中，调整蒙版的形状如图2-107所示。

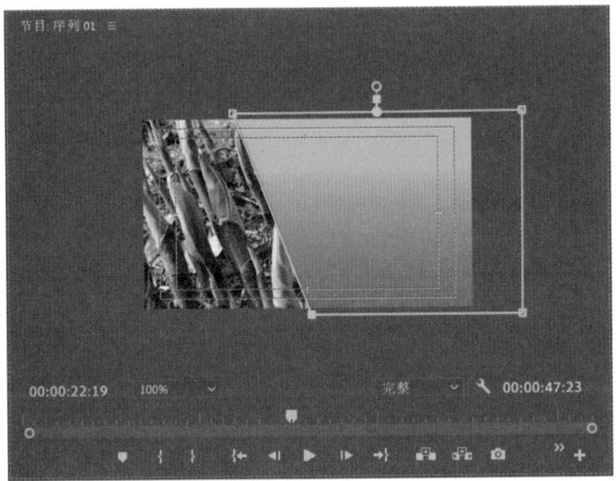

图2-107

18 设置“播放指示器位置”为00:00:22:23，在“节目监视器”面板中，调整蒙版的形状如图2-108所示。

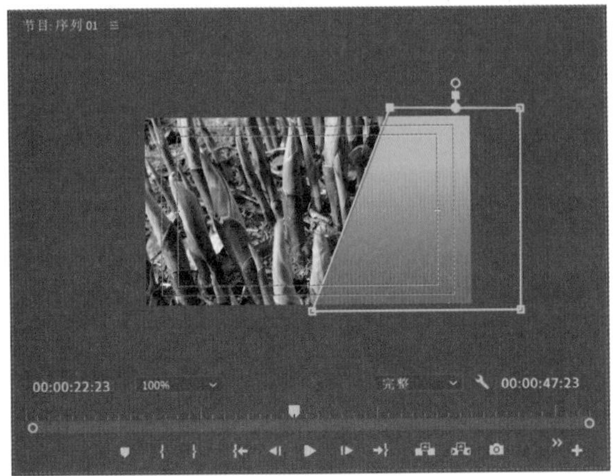

图2-108

19 设置“播放指示器位置”为00:00:23:02，在“节目监视器”面板中，调整蒙版的形状如图2-109所示。

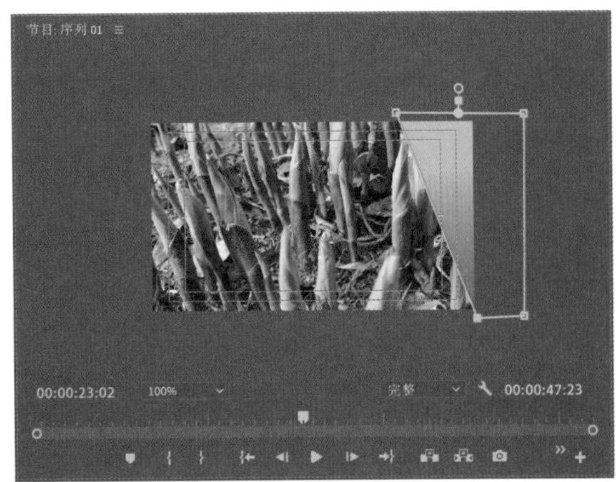

图2-109

20 设置“播放指示器位置”为00:00:23:06，在“节目监视器”面板中，调整蒙版的形状如图2-110所示。

图2-110

21 设置完成后，按空格键播放视频动画，制作的第四个转场动画效果如图2-111所示。

图2-111

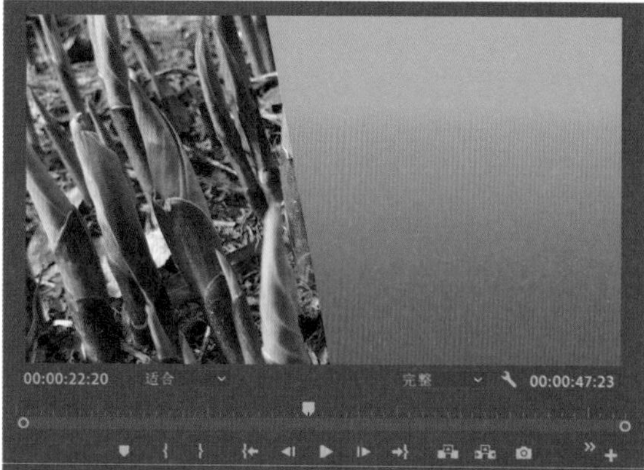

图2-111（续）

2.9　使用图形工具制作第五个转场效果

01 设置“播放指示器位置”为00:00:29:02，单击“工具”面板中的“椭圆工具”按钮，在“节目监视器”面板中绘制出一个如图2-112所示大小的正圆形。

图2-112

02 将光标移动至“时间轴”面板中V2轨道上的图形剪辑上，右击，并在弹出的快捷菜单中执行“速度/持续时间”命令，如图2-113所示。

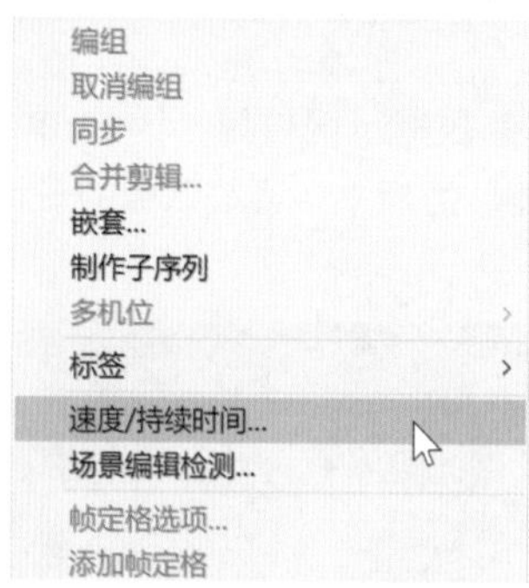

图2-113

03 在弹出的“剪辑速度/持续时间”对话框中，设置“持续时间”为00:00:01:16，如图2-114所示。

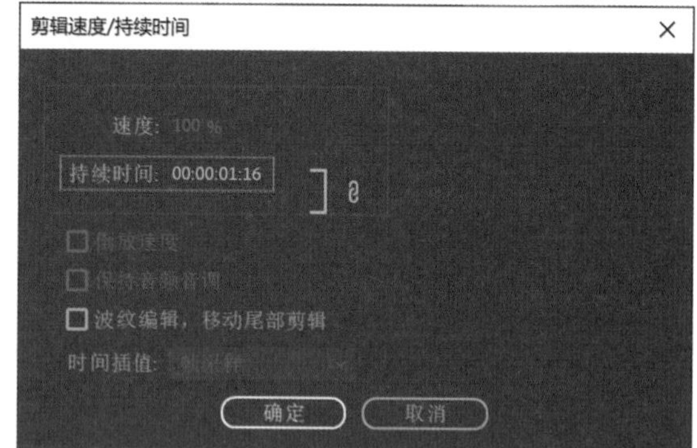

图2-114

04 设置完成后，在“时间轴”面板中观察图形剪辑的长度，如图2-115所示。

05 参考之前的操作步骤，在“效果控件”面板中，设置圆形图形的“填充”颜色为粉红色到橙色的渐变色，并调整图形的“位置”为（640,360），如图2-116所示。

06 设置完成后，在“节目监视器”面板中调整圆形图形的渐变色显示结果如图2-117所示。

07 在“节目监视器”面板中绘制出第2个圆形，如图2-118所示。

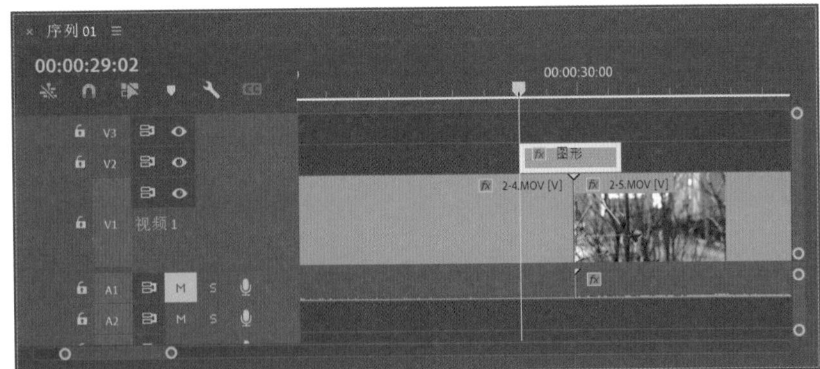

图2-115

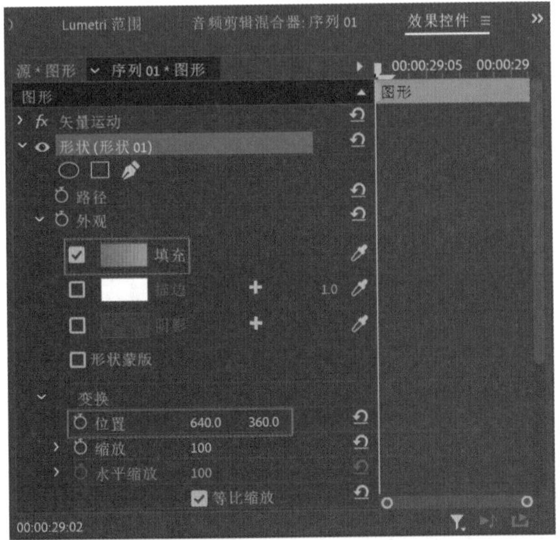

图2-116

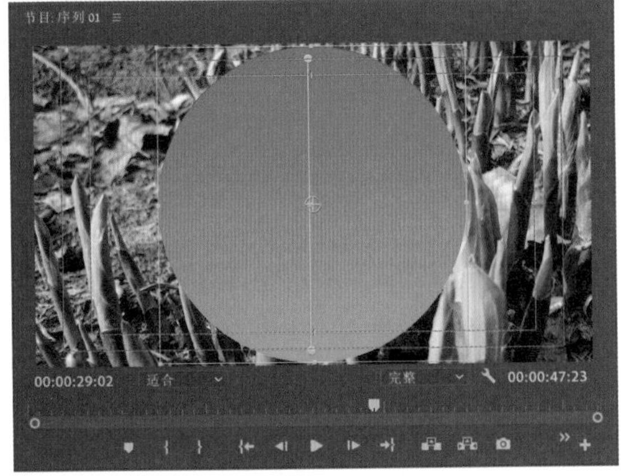

图2-117

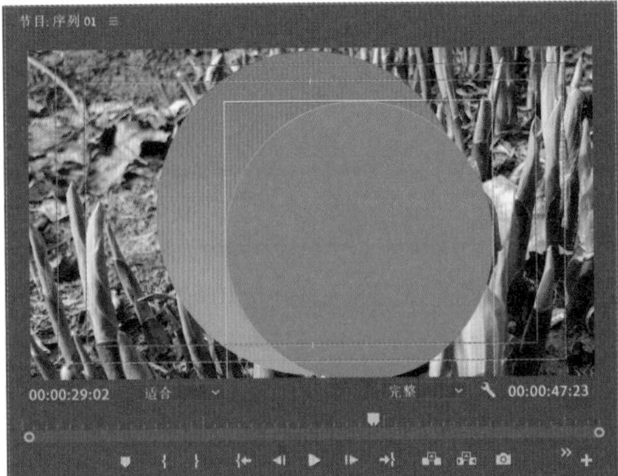

图2-118

图2-119

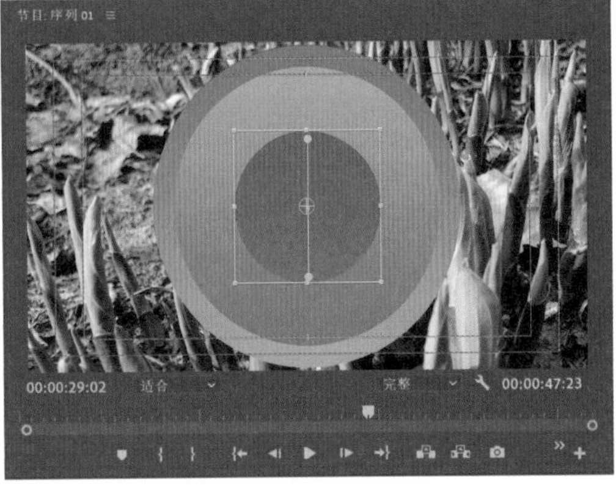

图2-120

08 以同样的操作步骤调整其颜色和位置如图2-119所示。需要注意的是，调整其“位置”值与第1个圆形的“位置”值一样，即可得到一个同心圆的图形效果。

09 以同样的操作步骤在“节目监视器”面板中绘制出第3个圆形，并调整其颜色和位置如图2-120所示。

10 以同样的操作步骤在“节目监视器”面板中绘制出第4个圆形，并调整其颜色和位置如图2-121所示。注意第4个圆形是用来设置为“形状蒙版”的，所以使用什么颜色都可以。

图2-121

11 设置“播放指示器位置”为00:00:29:02，设置第1个圆形图形的“缩放”为0，并为其设置关键帧，如图2-122所示。

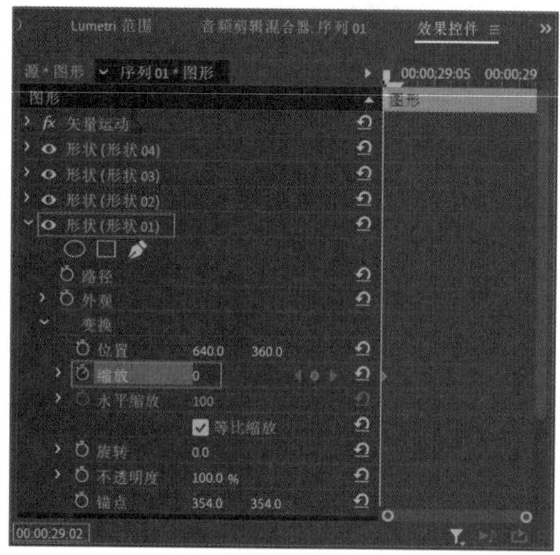

图2-122

12 设置“播放指示器位置”为00:00:29:24，设置第1个圆形图形的“缩放”为270，如图2-123所示。

13 设置“播放指示器位置”为00:00:29:09，设置第2个圆形图形的“缩放”为0，并为其设置关键帧，如图2-124所示。

14 设置“播放指示器位置”为00:00:30:02，设置第2个圆形图形的“缩放”为200，如图2-125所示。

15 设置“播放指示器位置”为00:00:29:16，设置第3个圆形图形的“缩放”为0，并为其设置关键帧，如图2-126所示。

16 设置“播放指示器位置”为00:00:30:09，设置第3个圆形图形的“缩放”为314，如图2-127所示。

17 设置“播放指示器位置”为00:00:29:23，设置第4个圆形图形的“缩放”为0，并为其设置关键帧，如图2-128所示。

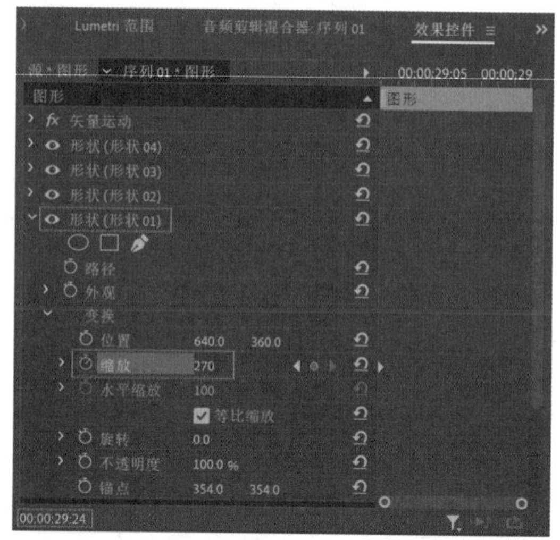

图2-123

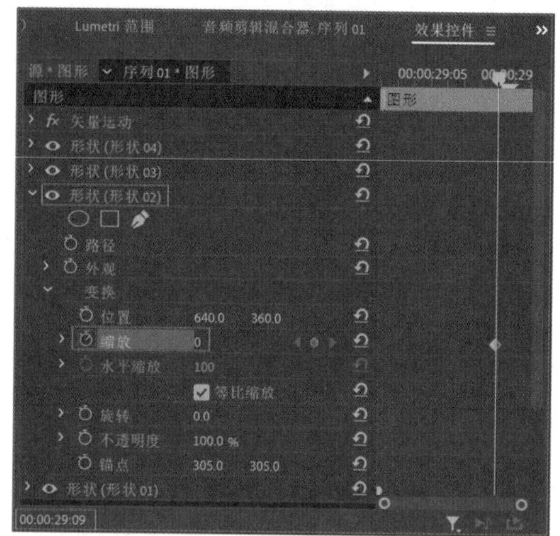

图2-124

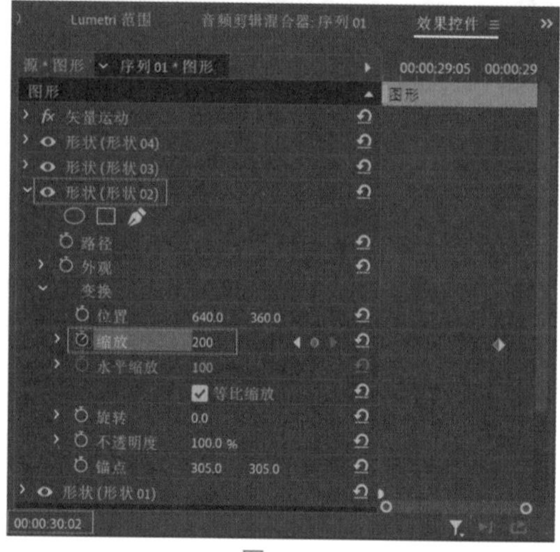

图2-125

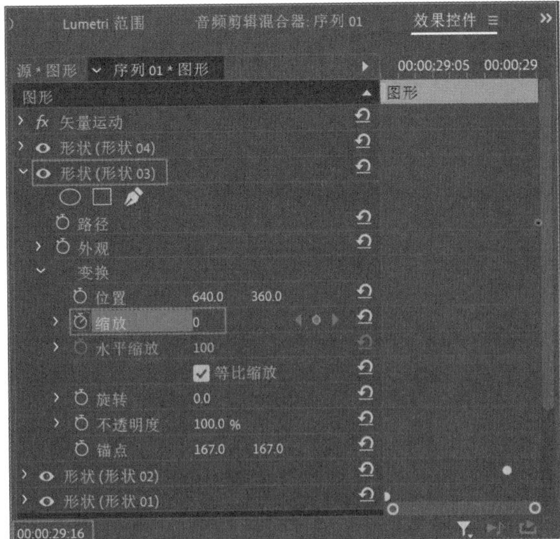

图2-126

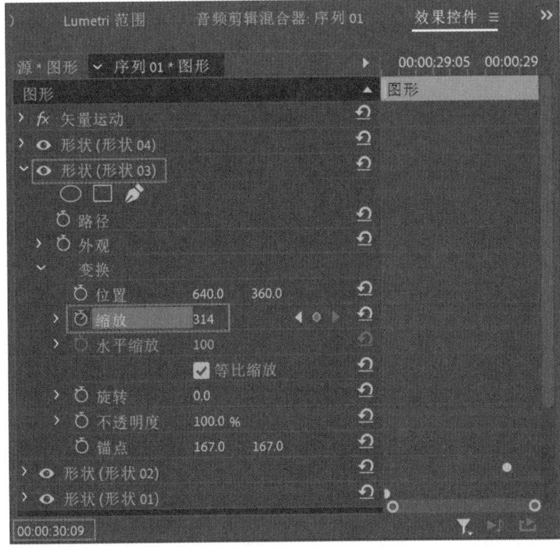

图2-127

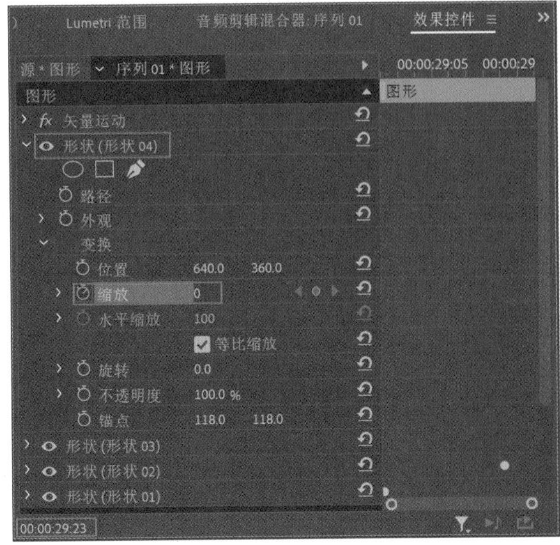

图2-128

18 设置“播放指示器位置”为00:00:30:16，设置第4个圆形图形的“缩放”为650，并勾选“形状蒙版”和“反转”复选框，如图2-129所示。

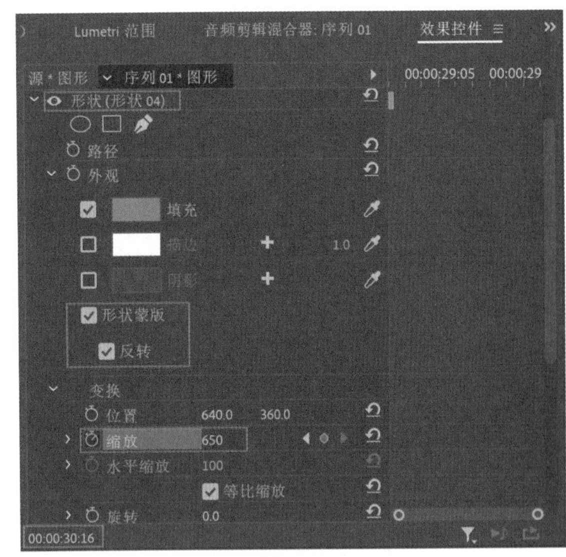

图2-129

19 设置完成后，按空格键播放视频动画，制作的第五个转场动画效果如图2-130所示。

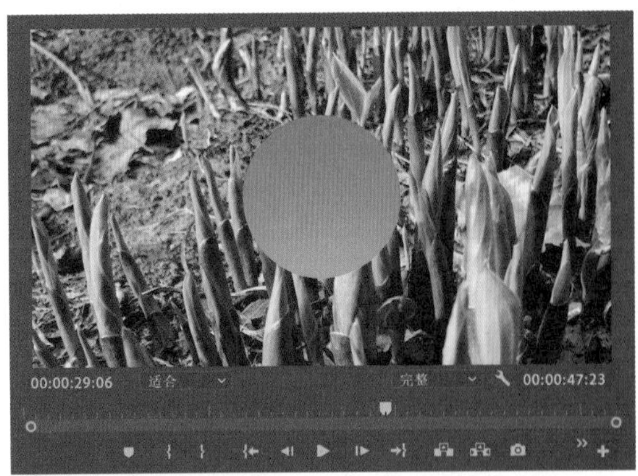

图2-130

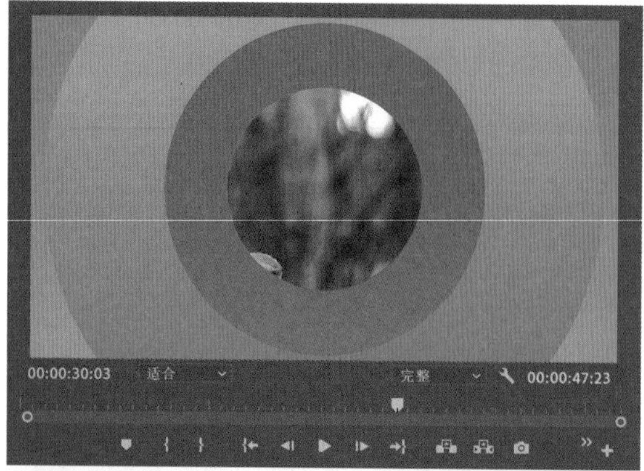

图2-130（续）

2.10 使用图形工具制作第六个转场效果

01 设置“播放指示器位置”为00:00:35:19，单击“工具”面板中的“矩形工具”按钮，在“节目监视器”面板中绘制出一个如图2-131所示大小的矩形。

02 将光标移动至“时间轴”面板中V2轨道上的图形剪辑上，右击，并在弹出的快捷菜单中执行“速度/持续时间”命令，如图2-132所示。

03 在弹出的“剪辑速度/持续时间”对话框中，设置“持续时间”为00:00:01:16，如图2-133所示。

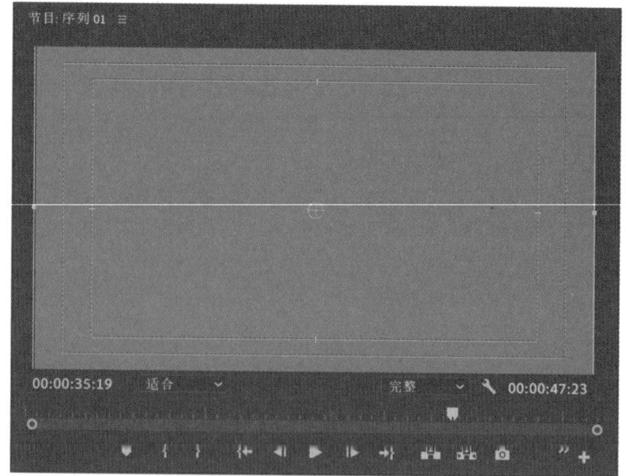

图2-131

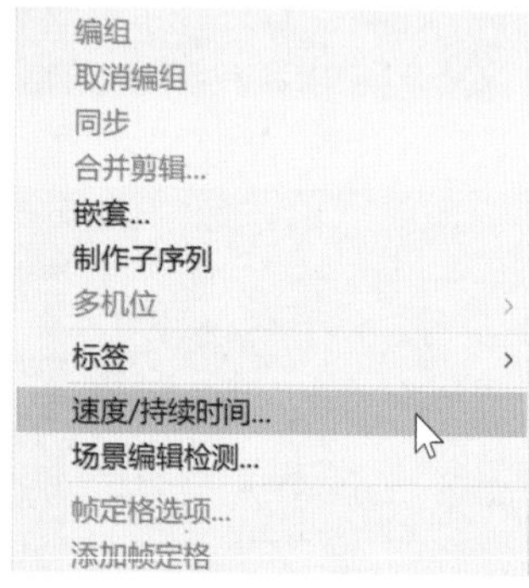

图2-132

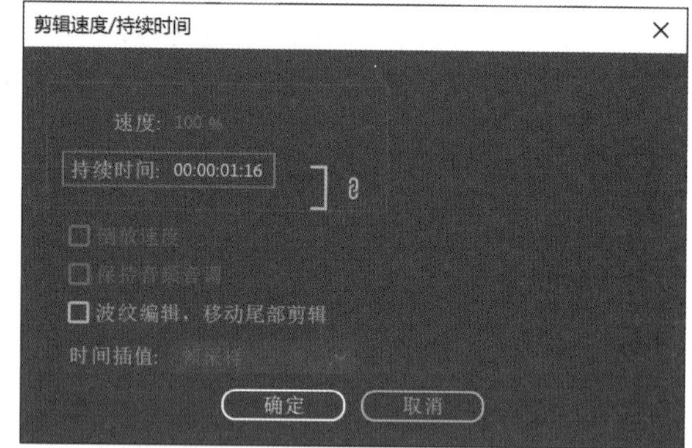

图2-133

04 设置完成后，在“时间轴”面板中观察图形剪辑的长度，如图2-134所示。

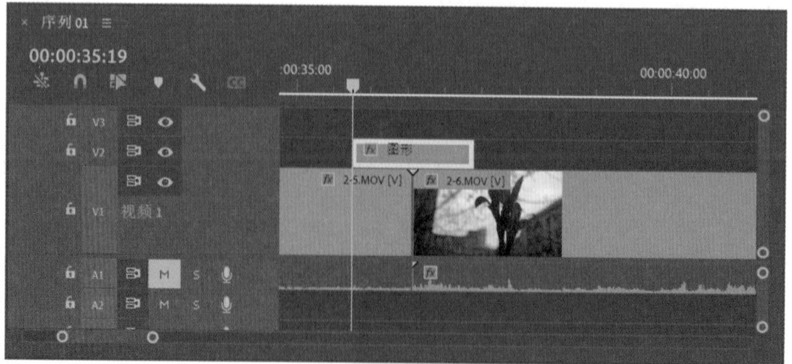

图2-134

05 参考之前的操作步骤，在“效果控件”面板中，设置矩形图形的“填充”颜色为浅蓝色到深蓝色的渐变色，并调整图形的“位置”为（640,360），如图2-135所示。

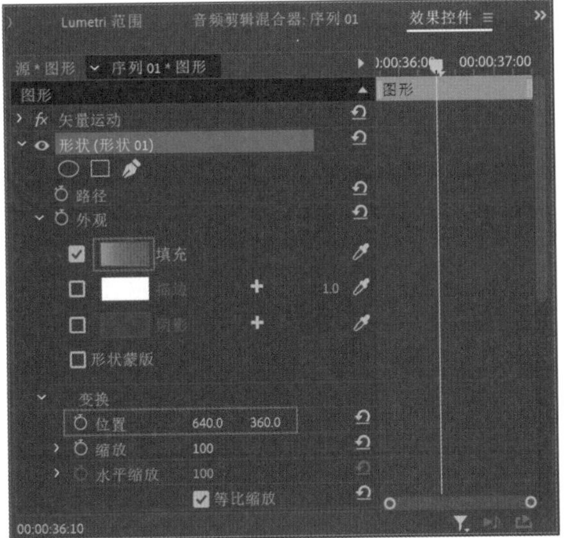

图2-135

06 在“节目监视器”面板中，调整矩形的大小和角度如图2-136所示。

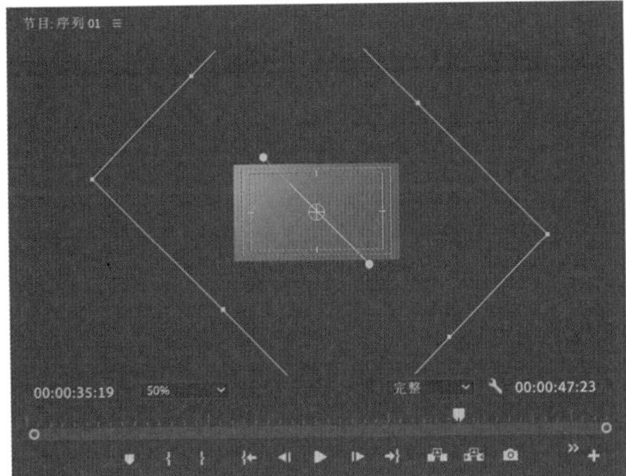

图2-136

07 以同样的操作步骤在“节目监视器”面板中绘制出第2个矩形，并调整其颜色和位置如图2-137所示。注意第2个矩形是用来设置为“形状蒙版”的，所以形状要大很多，并且使用什么颜色都可以。

08 设置“播放指示器位置”为00:00:35:19，在“效果控件”面板中，勾选“形状蒙版”和“反转”复选框，设置“位置”为（640,360），“旋转”为45，取消勾选“等比缩放”复选框，设置“水平缩放”为100，并为其设置关键帧，如图2-138所示。

09 设置“播放指示器位置”为00:00:36:12，在“效果控件”面板中，设置“水平缩放”为0，如图2-139所示。

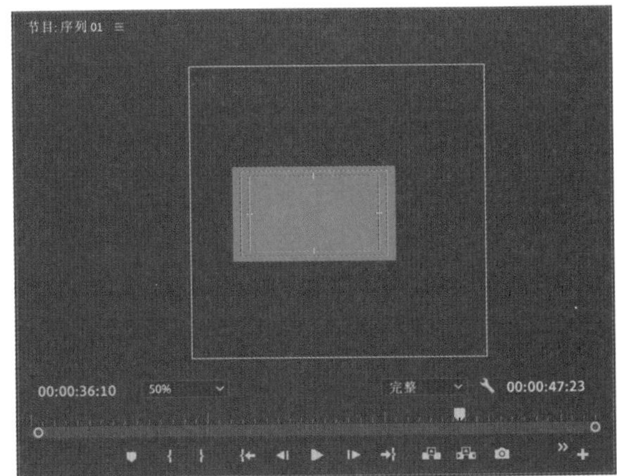

图2-137

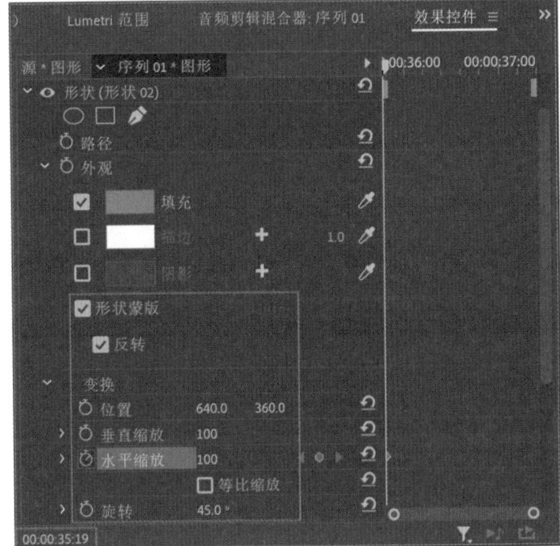

图2-138

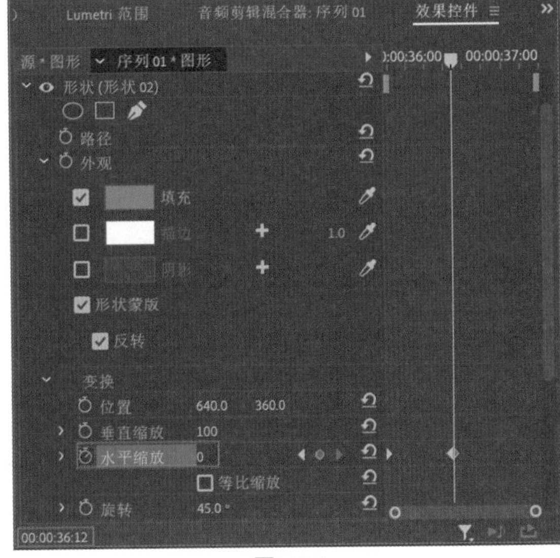

图2-139

10 设置“播放指示器位置”为00:00:36:16，在“效果控件”面板中，取消勾选“等比缩放”复选框，设置“水平缩放”为100，并为其设置关键帧，如图2-140所示。

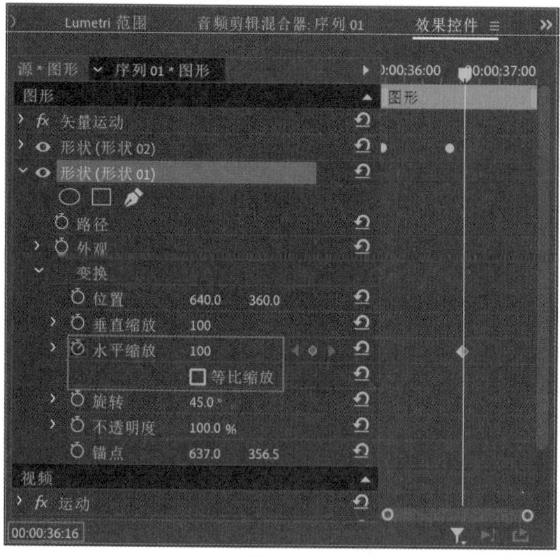

图2-140

11 设置“播放指示器位置”为00:00:37:09，在“效果控件”面板中，设置“水平缩放”为0，如图2-141所示。

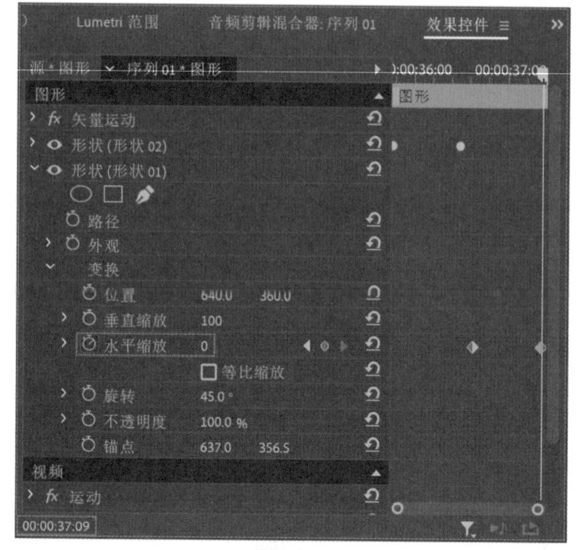

图2-141

12 设置完成后，按空格键播放视频动画，制作的第六个转场动画效果如图2-142所示。

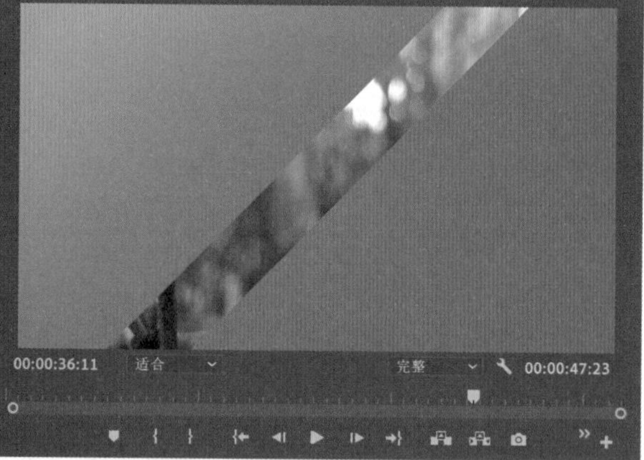

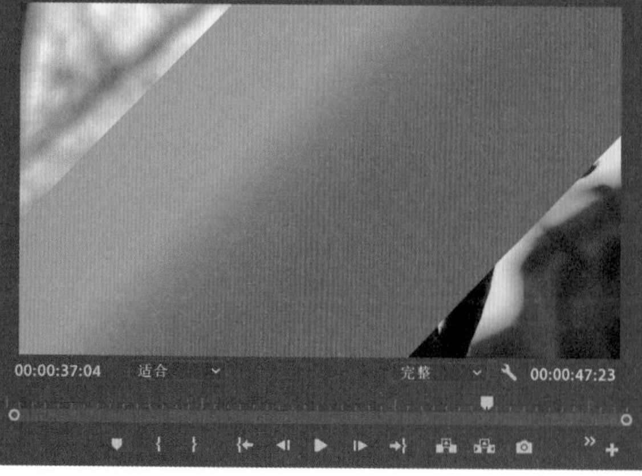

图2-142

13 设置“播放指示器位置”为00:00:42:11，在“基本图形”面板中找到之前制作的“图形转场一”模板，如图2-143所示。

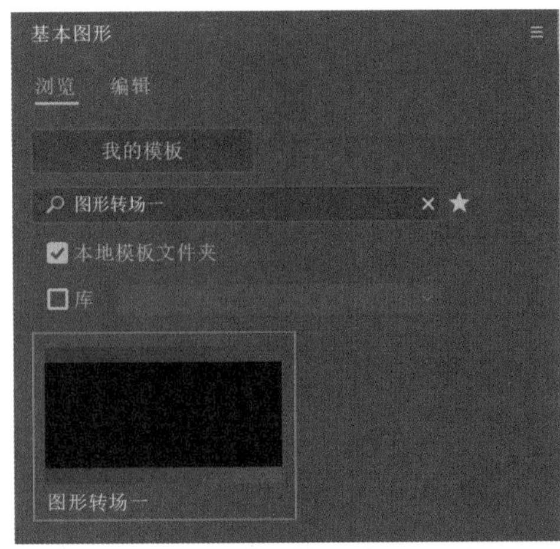

图2-143

14 将其添加至V2轨道上，使之成为这段短片的第七个转场效果，如图2-144所示。

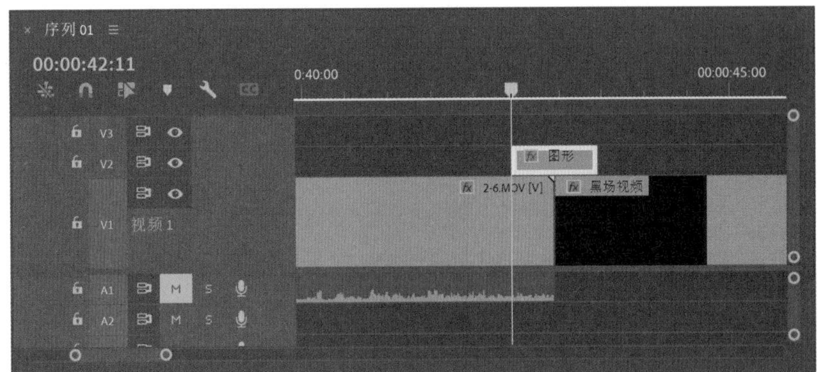

图2-144

15 调整V1轨道中最后一个黑场视频的时长如图2-145所示位置处，完成整个视频的画面制作。

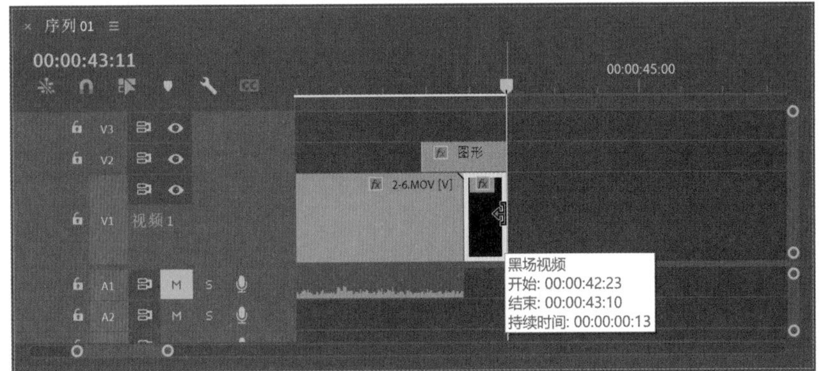

图2-145

2.11　添加背景音乐

01 在“项目”面板中导入任意一段音频素材当做视频的背景音乐，如图2-146所示。

02 将其添加至“时间轴”面板中序列01的A2音频轨道上，如图2-147所示。

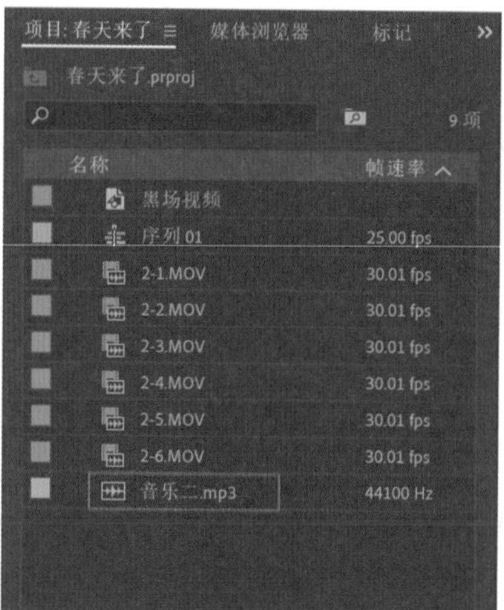

图2-146

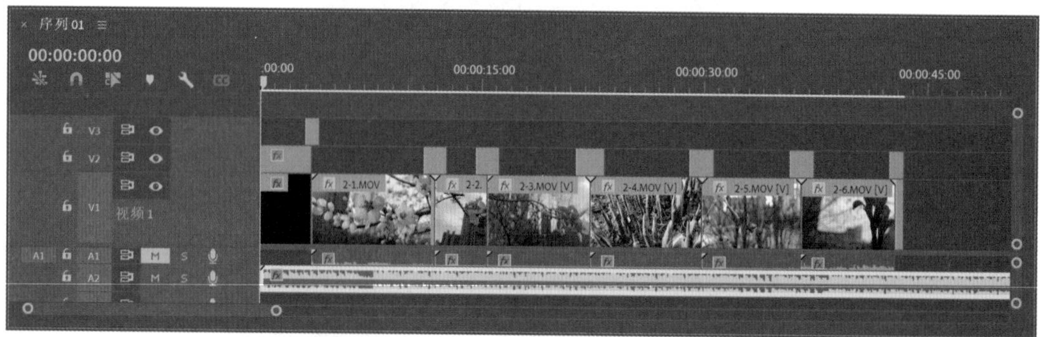

图2-147

03 在“时间轴”面板中，调整音频的长度与视频的长度相符，如图2-148所示。

图2-148

04 在“效果”面板中找到“恒定功率”效果，如图2-149所示。

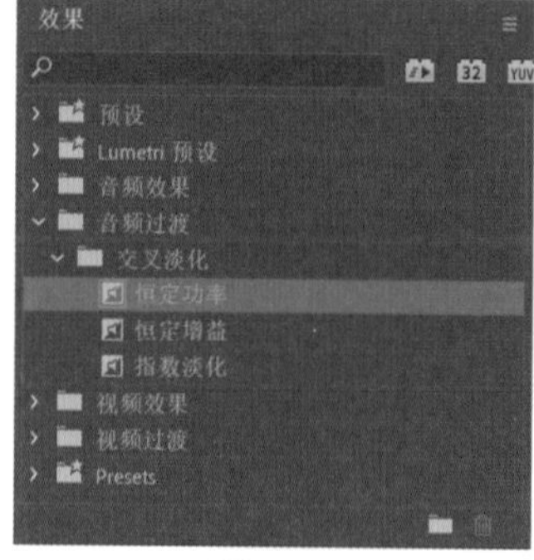

图2-149

05 将其添加至A2音频轨道中背景音乐的结尾处，如图2-150所示。

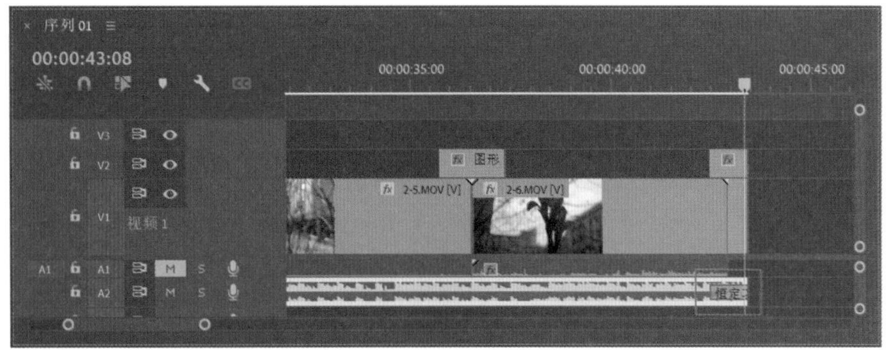

图2-150

06 在“效果控件”面板中，调整“恒定功率”效果的“持续时间”为00:00:03:00，也就是3秒，如图2-151所示。

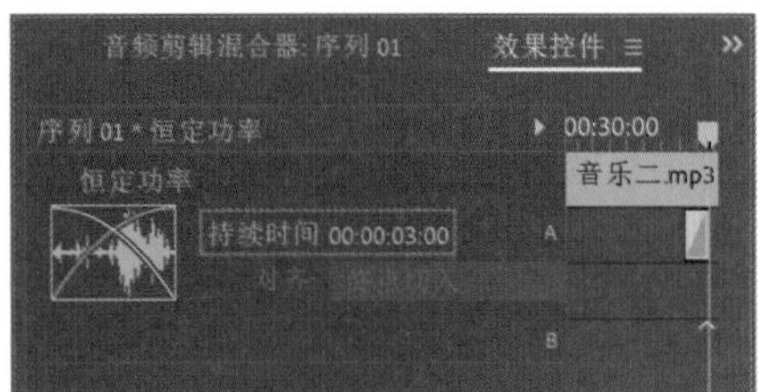

图2-151

07 设置完成后，再次播放视频，这一次可以听到当视频快要结束时，背景音乐的声音会缓缓变小直至结束。

2.12 视频输出

01 执行菜单栏中的“文件”|“导出”|“媒体”命令，弹出“导出设置”对话框，如图2-152所示。

图2-152

02 在“导出设置”对话框中，设置视频导出的“格式”为“H.264”，如图2-153所示。

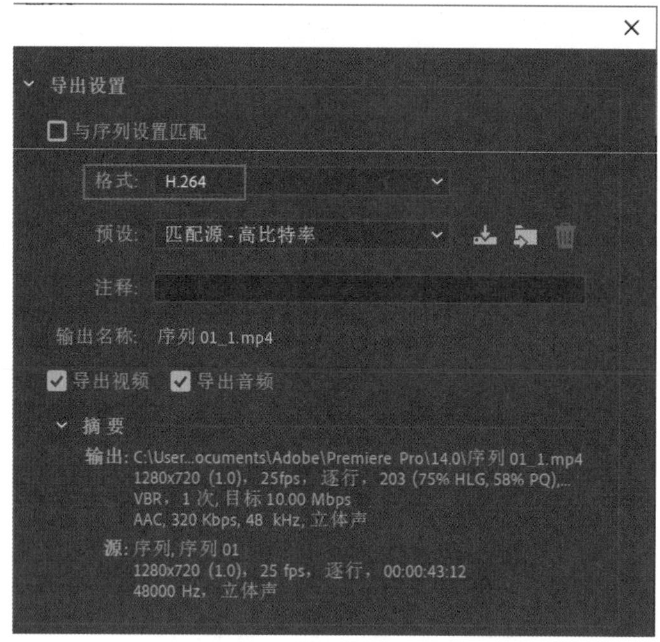

图2-153

03 单击“导出设置”对话框下方右侧的“导出”按钮，即可导出视频文件，视频导出结束后，就可以使用视频播放器来查看制作的视频效果，如图2-154所示。

图2-154

第 3 章

文字排版动画——微课片头

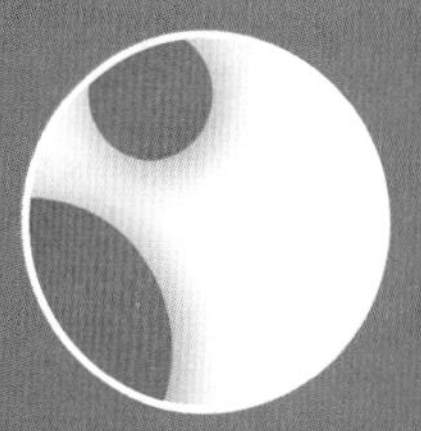

3.1 效果展示

本实例通过制作一个微课片头动画来讲解Premiere Pro 2022软件中的图形与文字动画技术，图3-1所示为本章讲解的文字排版动画完成效果。

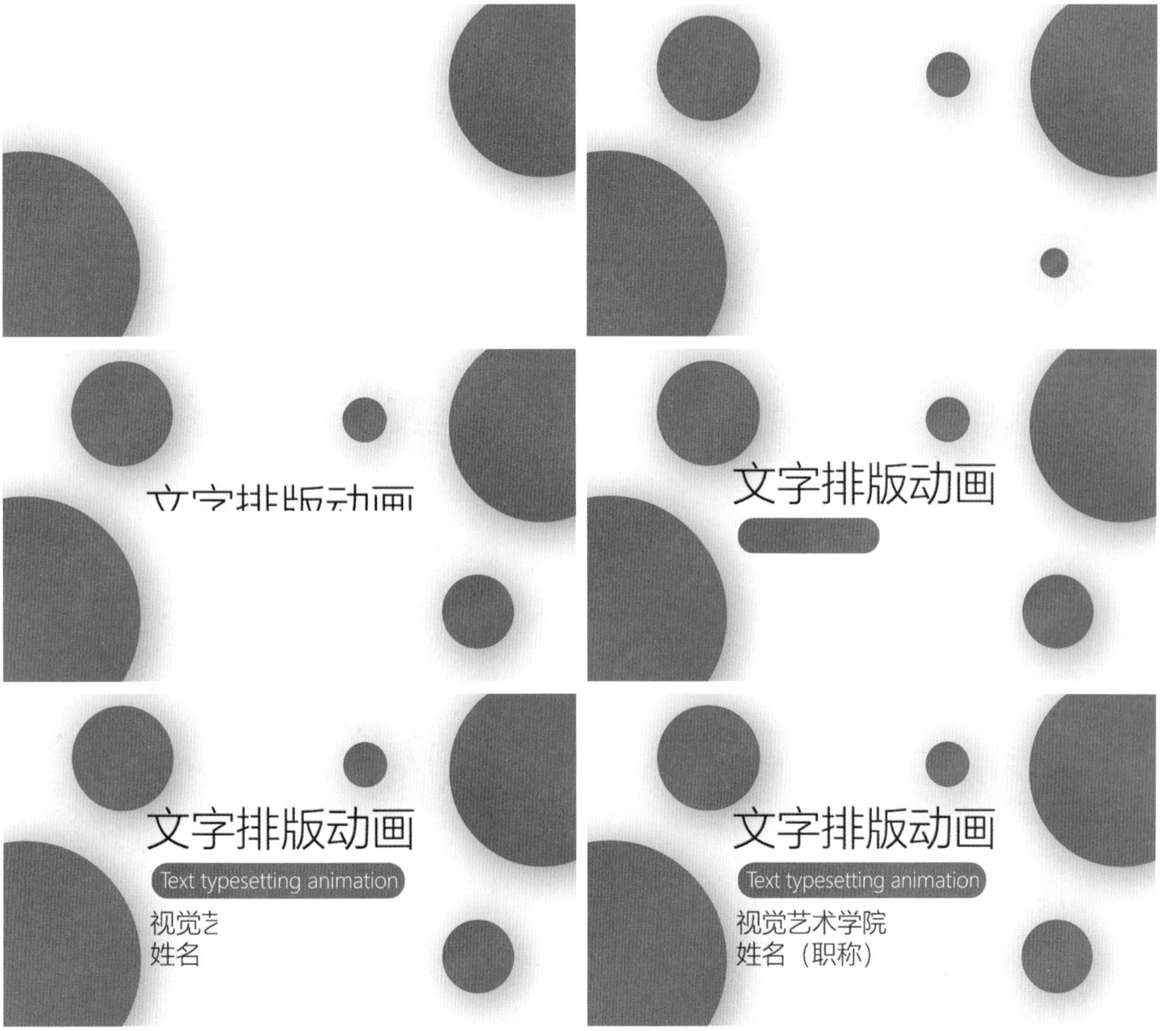

图3-1

3.2 使用椭圆工具绘制圆形

01 启动Premiere Pro 2022软件，执行菜单栏中的“文件”|“新建”|“项目”命令，在“新建项目”对话框中，输入项目的“名称”为“文字排版”，如图3-2所示。

图3-2

02 单击“新建项”按钮，在弹出的菜单中执行“序列”命令，如图3-3所示。

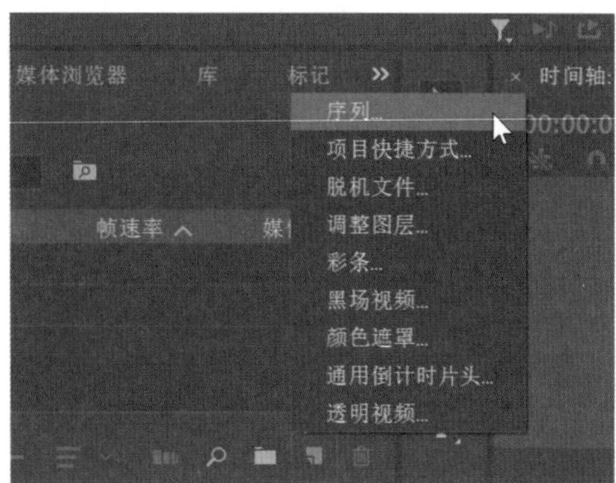

图3-3

03 在弹出的“新建序列”对话框中，选择“AVCHD 720p25”预设，创建一个序列，如图3-4所示。创建完成后，可以在“时间轴”面板中查看新创建出来的序列01，如图3-5所示。

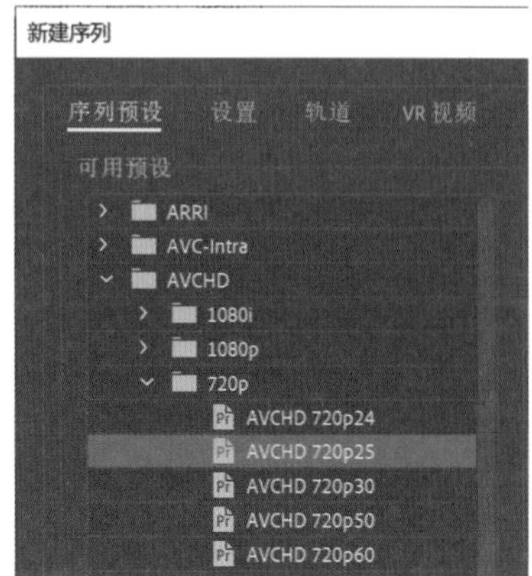

图3-4

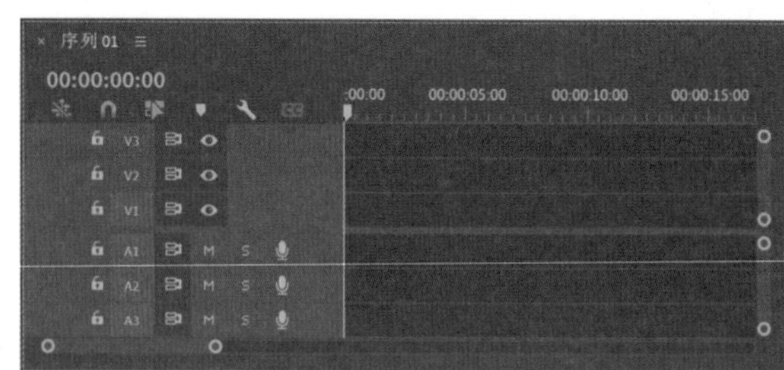

图3-5

04 单击“工具”面板中的“矩形工具”按钮，如图3-6所示。在“节目监视器”面板中绘制一个矩形，如图3-7所示。

图3-6　　图3-7

05 在“效果控件”面板中，设置图形的“填充”色为白色，如图3-8所示。

图3-8

06 单击“工具”面板中的“椭圆工具”按钮，如图3-9所示。在“节目监视器”面板中按住Shift键绘制一个正圆形，如图3-10所示。

07 观察“时间轴”面板，可以看到灰色的圆形与白色的矩形背景均位于V1轨道中，如图3-11所示。

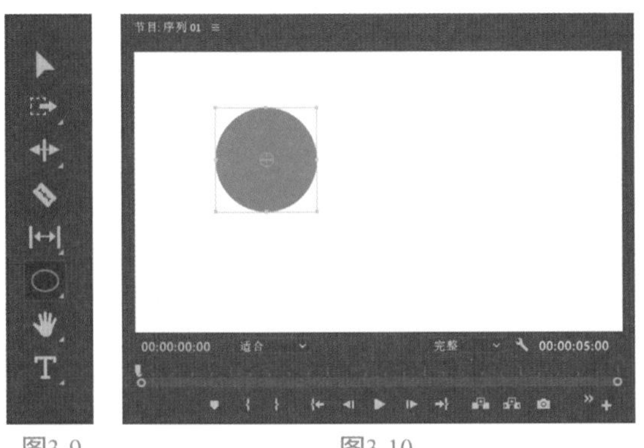

图3-9　　　　图3-10

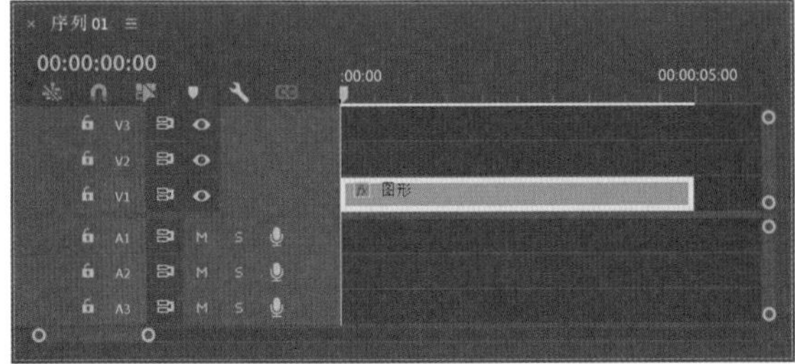

图3-11

08 在“效果控件”面板中，设置圆形的“填充”色为红色到紫色的渐变色，勾选“阴影”复选框，设置阴影的“距离”为20，“模糊”为500，如图3-12所示。其中，红色和紫色的参数设置如图3-13和图3-14所示。

09 设置完成后，“节目监视器”面板中的圆形图形显示结果如图3-15所示。

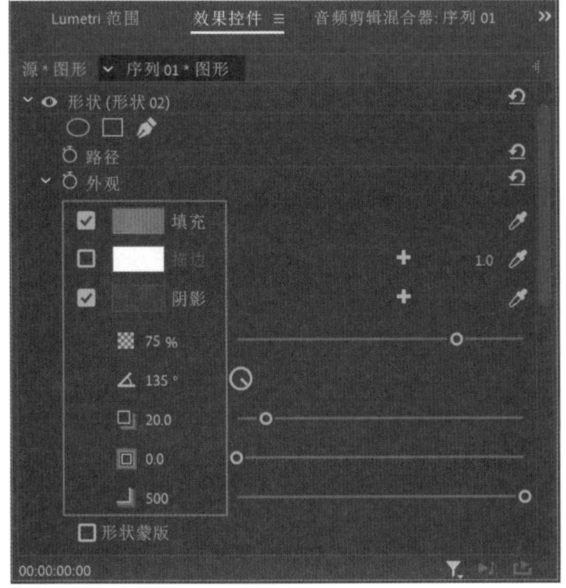

图3-12

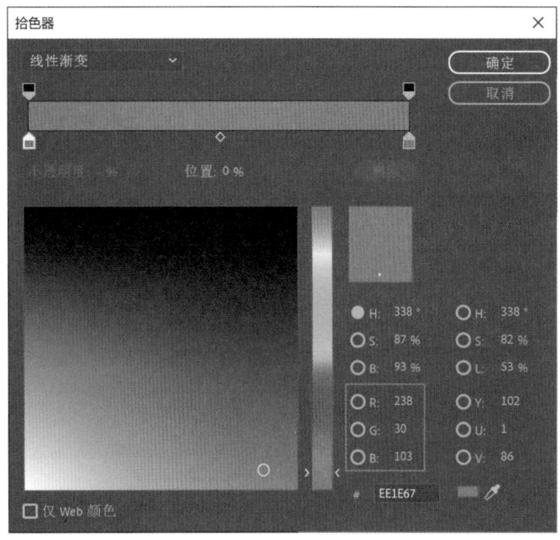

图3-13

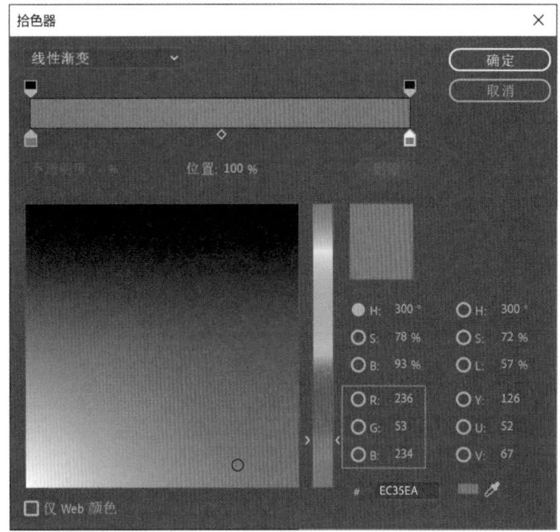

图3-14

图3-15

10 用同样的操作步骤在“节目监视器”面板中再次绘制出一些圆形图形，如图3-16所示。

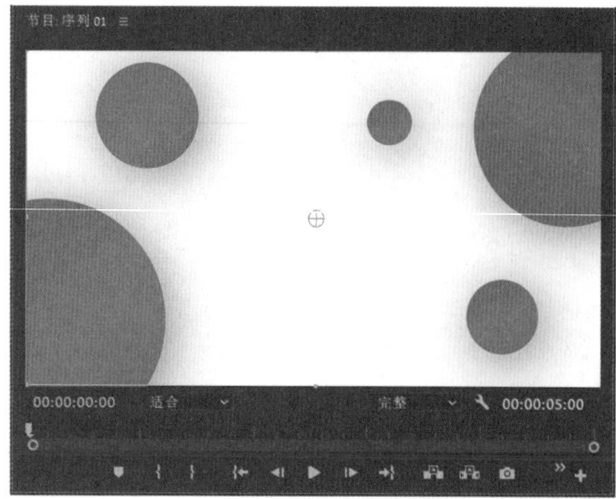

图3-16

3.3 使用文字工具创建文字

01 在“时间轴”面板中，单击眼睛形状的“切换轨道输出”按钮，将V1轨道上的剪辑隐藏起来，如图3-17所示。

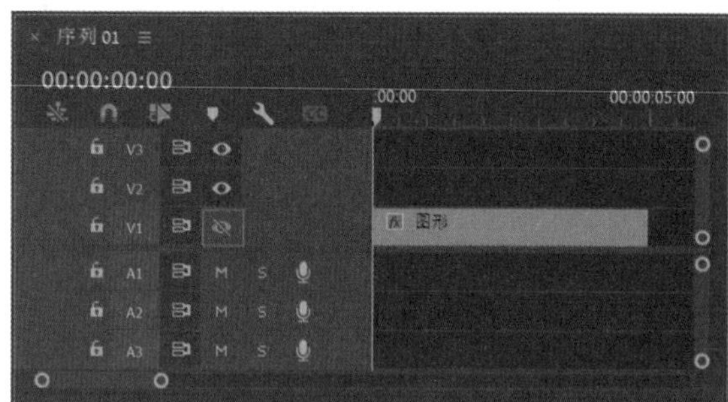

图3-17

02 单击“工具”面板中的“文字工具”按钮，如图3-18所示。在“节目监视器”面板中创建文本，如图3-19所示。

图3-18　　图3-19

03 文本创建完成后，观察“时间轴”面板，可以看到文本自动创建在V2轨道上，如图3-20所示。

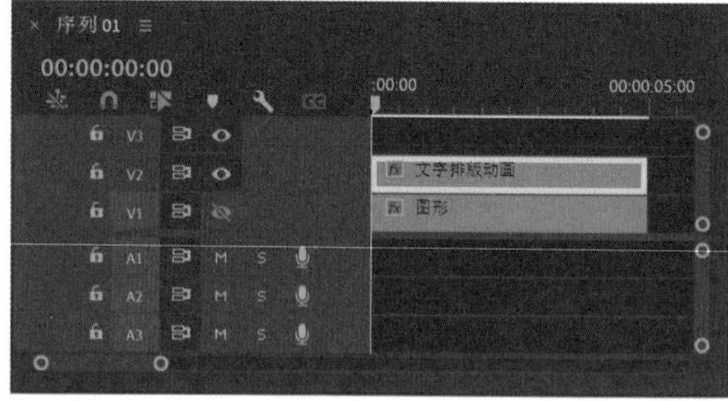

图3-20

◎技巧与提示

在“节目监视器”面板中创建图形/文本时，当创建的第2个图形/文本与之前的图形/文本在位置上比较接近时，很容易会被创建在同一个轨道上。如果想要在不同的轨道上创建，最好先将之前图形所在的轨道隐藏起来。

04 在“效果控件”面板中，设置文本的“字体”为微软雅黑，“填充”色为黑色，如图3-21所示。

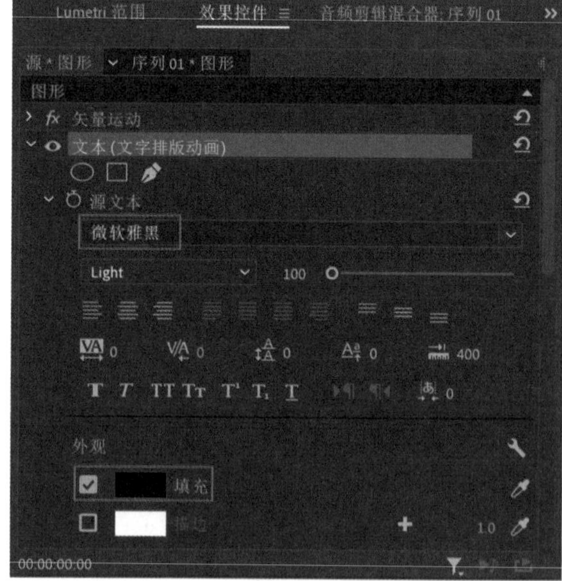

图3-21

05 设置完成后，将V1轨道上的剪辑显示出来，调整文本的大小及位置如图3-22所示。

06 用同样的步骤在“节目监视器”面板中再次创建3行文本，如图3-23所示。

07 在创建时保证这3行文本也分别位于不同的轨道上，如图3-24所示。

图3-22

图3-23

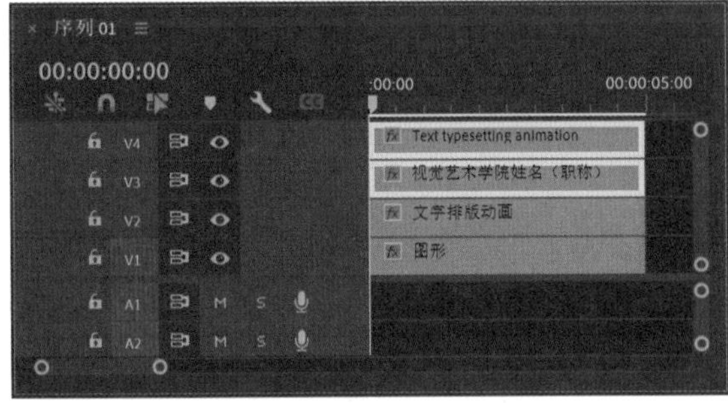

图3-24

3.4　使用矩形工具创建圆角矩形

01 单击“工具”面板中的“矩形工具”按钮，如图3-25所示。

图3-25

02 在V5轨道上创建一个矩形图形，如图3-26所示。

图3-26

03 在“时间轴”面板中，调整一下V4轨道和V5轨道上剪辑的位置，如图3-27所示。这样，绘制的矩形图形会位于英文文本下方，如图3-28所示。

图3-27

图3-28

04 在“效果控件”面板中，调整矩形图形的颜色也为红色到紫色的渐变色，取消勾选“阴影”复选框，如图3-29所示。

05 在“节目监视器”面板中调整矩形渐变色控制手柄的位置如图3-30所示。

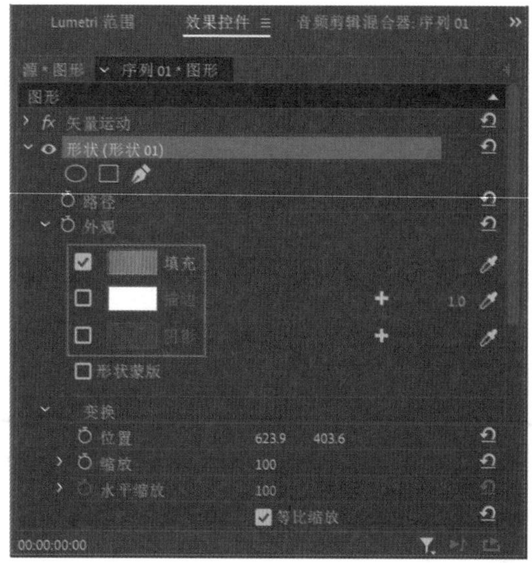

图3-29

图3-30

06 在“效果控件”面板中，单击“创建4点多边形蒙版”按钮，如图3-31所示。为矩形图形创建一个蒙版，如图3-32所示。

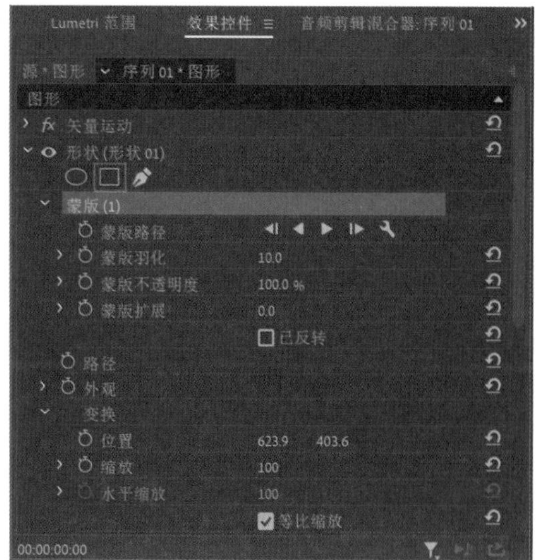

图3-31

图3-32

07 在“节目监视器”面板中调整蒙版的形状如图3-33所示，制作出圆角矩形效果。

图3-33

08 设置圆角矩形上的英文文本颜色为白色，如图3-34所示。

图3-34

09 调整完成后的文字图形排版最终效果如图3-35所示。接下来开始进行动画的制作。

图3-35

3.5　制作图形动画效果

01 设置“播放器指示位置”为00:00:00:10，在“节目监视器”面板中选择如图3-36所示的圆形，在“效果控件”面板中为其“位置”设置关键帧，如图3-37所示。

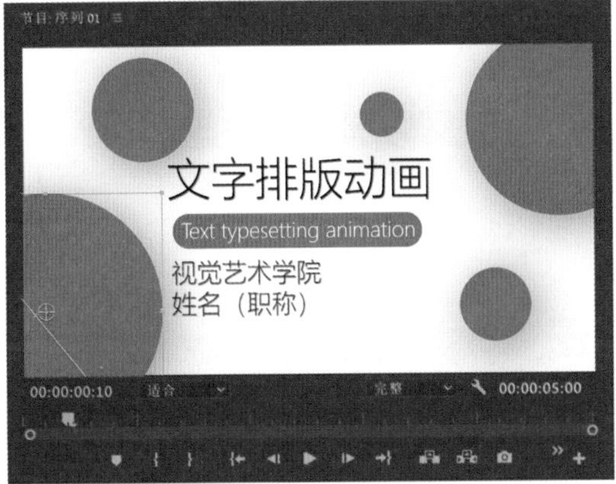

图3-36

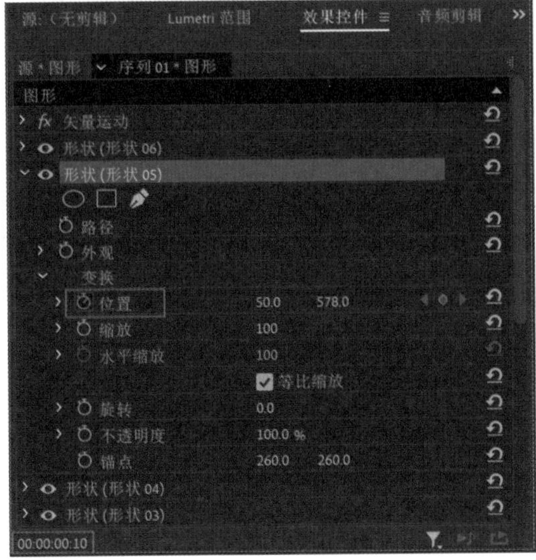

图3-37

02 在“节目监视器”面板中选择如图3-38所示的圆形，在“效果控件”面板中为其“位置”设置关键帧，如图3-39所示。

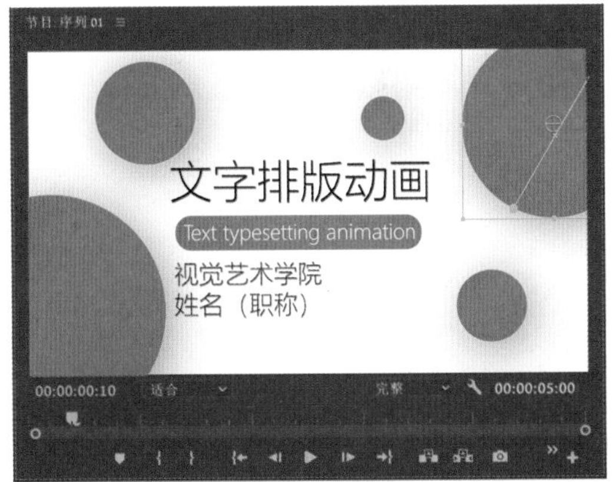

图3-38

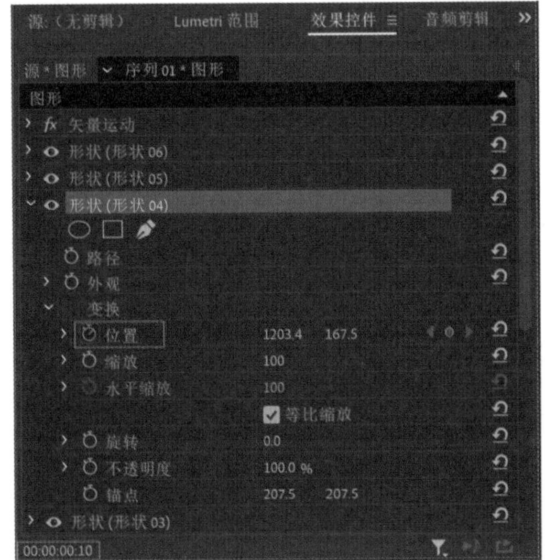

图3-39

03 设置“播放器指示位置”为00:00:00:00，在“节目监视器”面板中分别调整刚才设置关键帧的两个圆形的位置如图3-40所示。

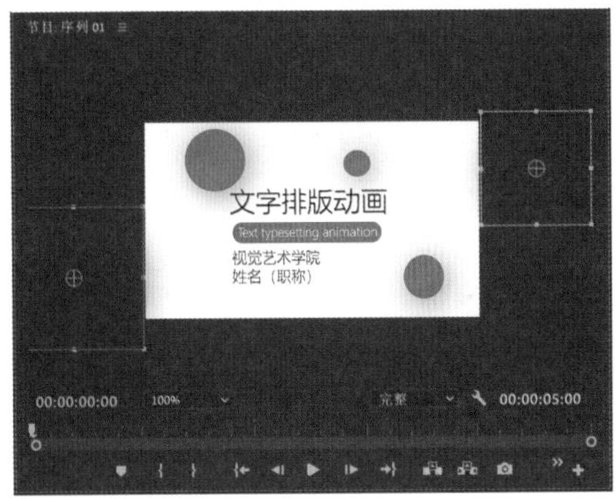

图3-40

04 设置“播放器指示位置”为00:00:00:10，在“节目监视器”面板中选择如图3-41所示的圆形，在“效果控件”面板中，设置“缩放”为0，并为其设置关键帧，如图3-42所示。

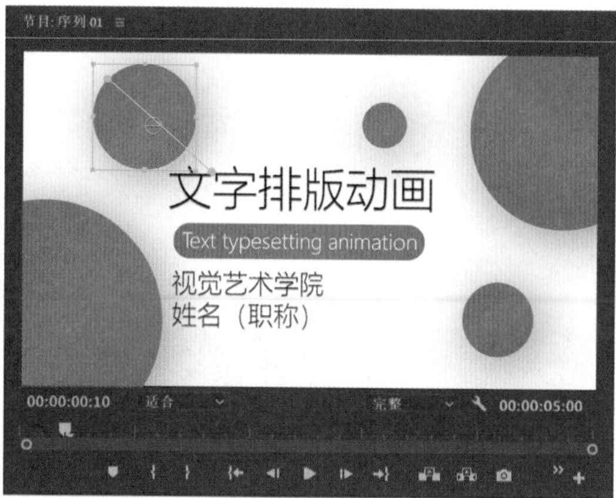

图3-41

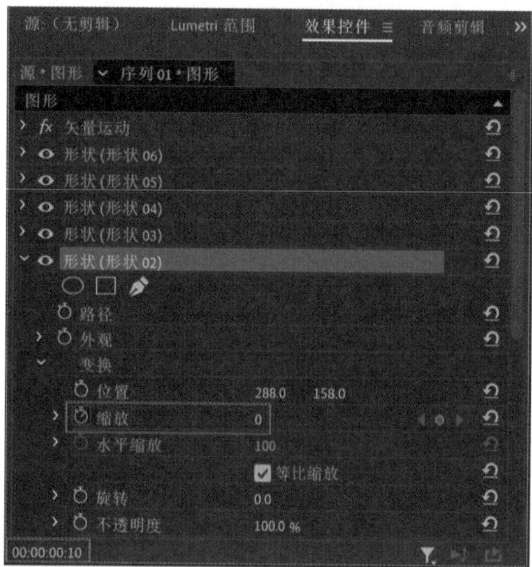

图3-42

05 设置“播放器指示位置”为00:00:00:20，在“效果控件”面板中，设置“缩放”为100，如图3-43所示。

06 设置“播放器指示位置”为00:00:00:15，在“节目监视器”面板中选择如图3-44所示的圆形，在“效果控件”面板中，设置“缩放”为0，并为其设置关键帧，如图3-45所示。

07 设置“播放器指示位置”为00:00:00:24，在“效果控件”面板中，设置“缩放”为100，如图3-46所示。

08 设置“播放器指示位置”为00:00:00:20，在“节目监视器”面板中选择如图3-47所示的圆形，在“效果控件”面板中，设置“缩放”为0，并为其设置关键帧，如图3-48所示。

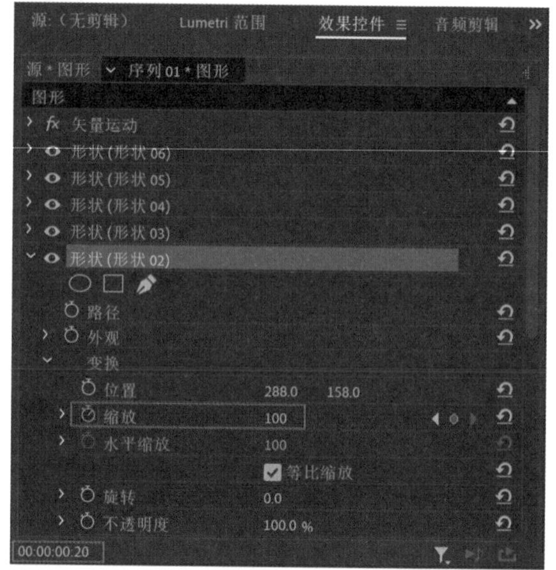

图3-43

图3-44

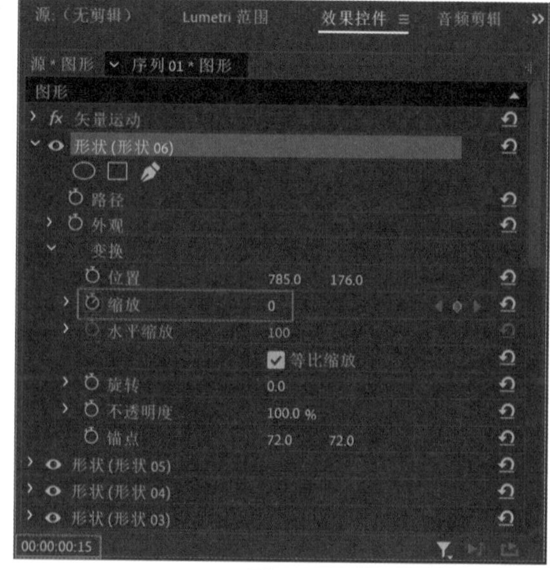

图3-45

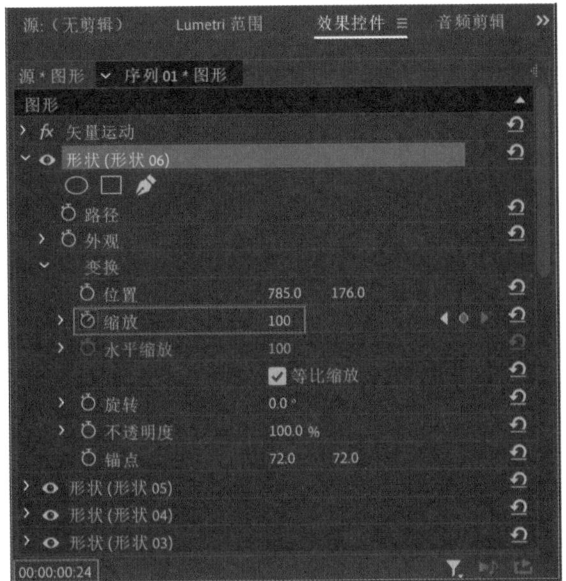

图3-46

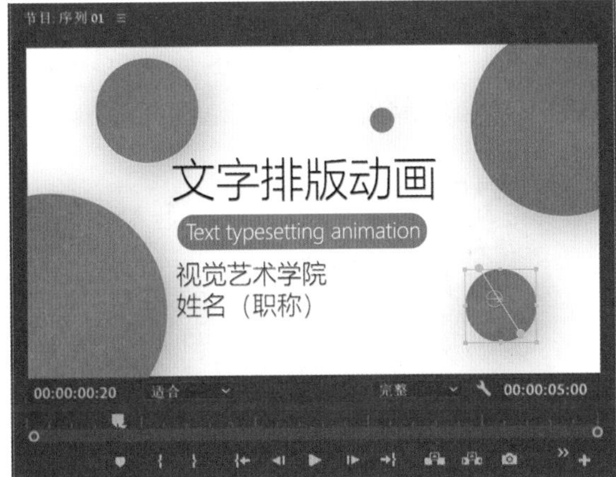

图3-47

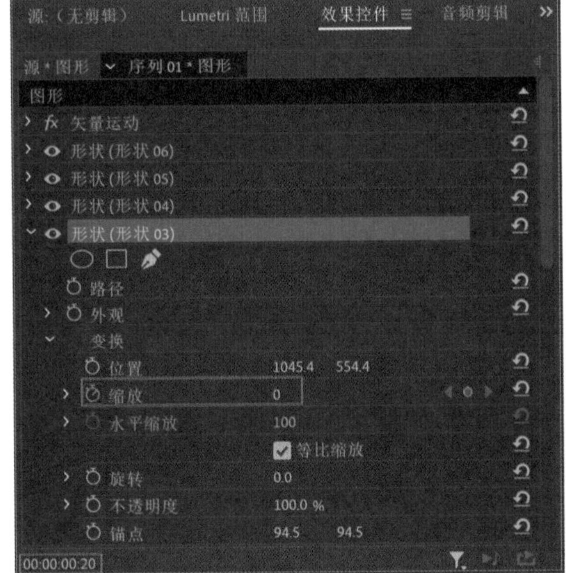

图3-48

09 设置“播放器指示位置”为00:00:01:05，在“效果控件”面板中，设置“缩放”为100，如图3-49所示。

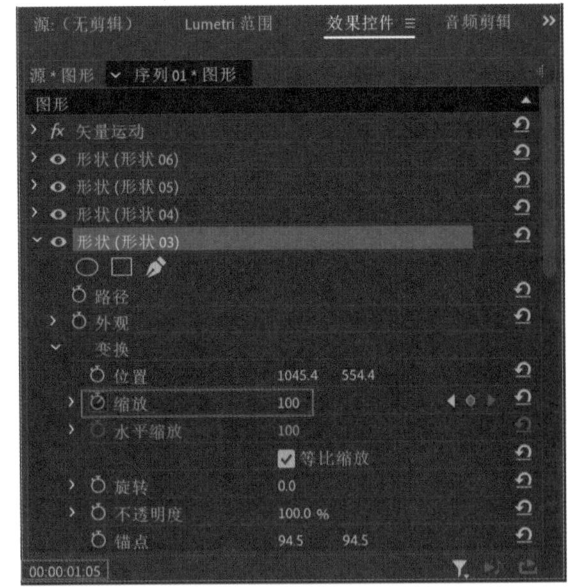

图3-49

10 将“节目监视器”面板中的文字先隐藏起来，播放视频动画，制作完成的图形动画效果如图3-50所示。

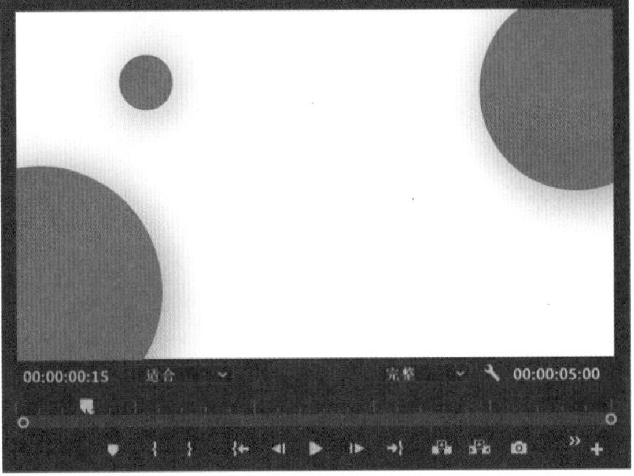

图3-50

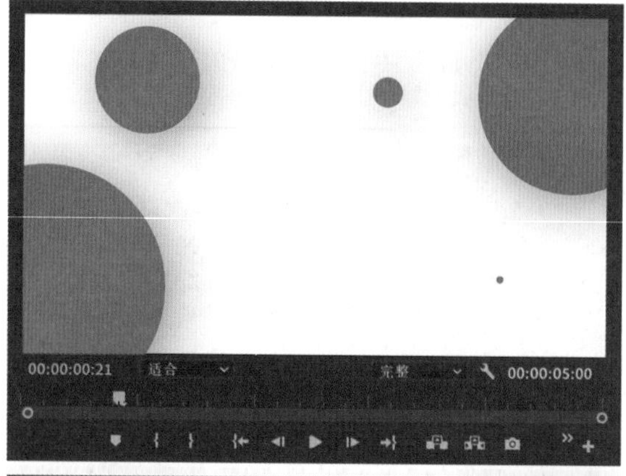

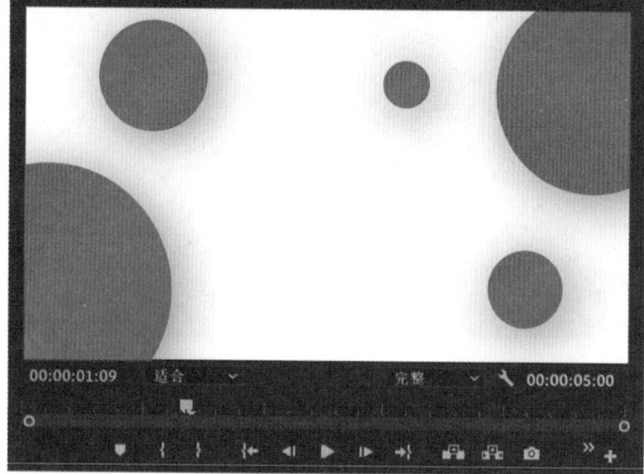

图3-50（续）

技巧与提示

制作动画时，要先设计好这些动画运动的先后顺序。以本实例为例，场景中一共有5个圆形图形需要设置动画。如果这5个图形被设置为同一时间，则会使观众产生混乱的视觉效果。

3.6 使用蒙版制作标题动画

01 单击“工具”面板中的“矩形工具”按钮，如图3-51所示。

图3-51

02 在“节目监视器”面板中文本位置处创建一个矩形，矩形的颜色可以使用任意颜色，矩形的大小刚好能盖住文本即可，如图3-52所示。此外，需要注意的是，这个矩形需要和文本处于同一个轨道上。

图3-52

03 在“效果控件”面板中，勾选“形状蒙版”复选框，如图3-53所示。

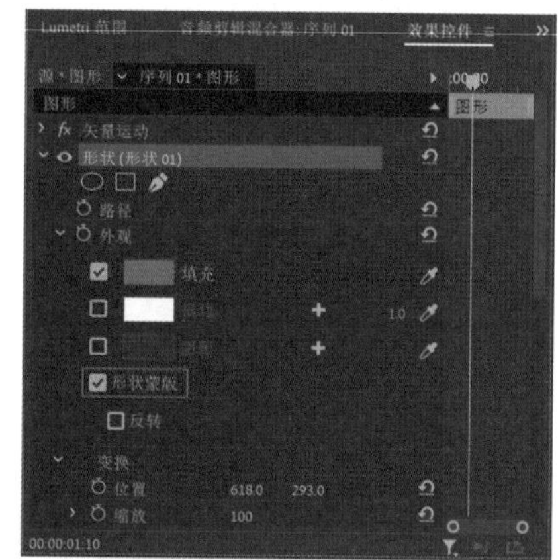

图3-53

04 这样，就又能在“节目监视器”面板中看到文本标题了，如图3-54所示。

图3-54

05 设置“播放器指示位置”为00:00:01:10，在“效果控件”面板中，调整文本的“位置”为（320.6,438），并为其设置关键帧，如图3-55所示。

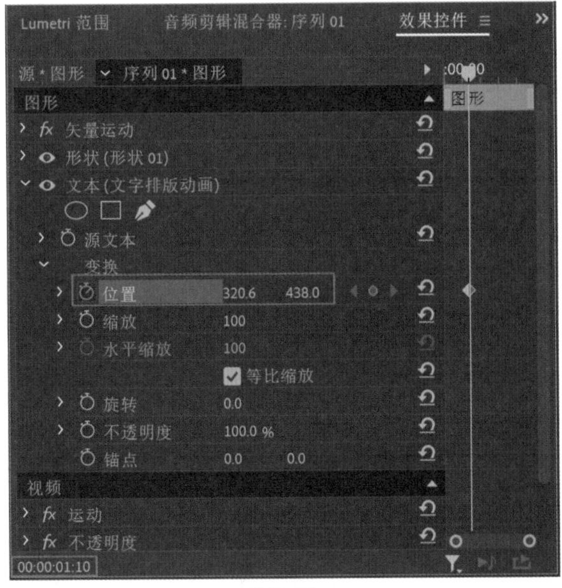

图3-55

06 设置“播放器指示位置”为00:00:01:24，在“效果控件”面板中，调整文本的“位置”为（320.6,326），如图3-56所示。

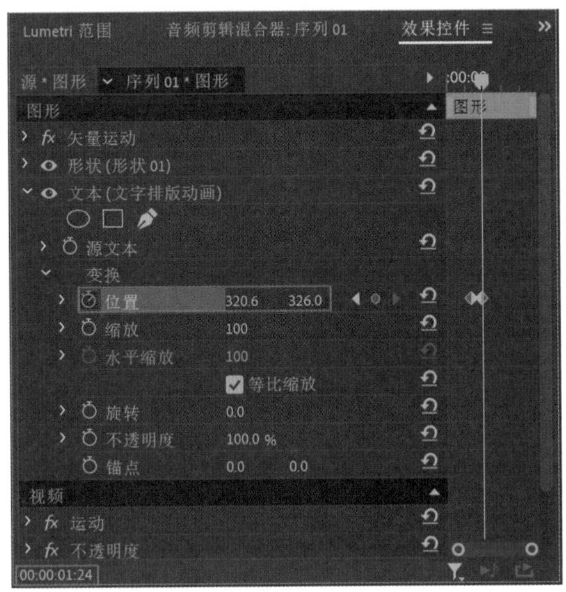

图3-56

07 设置完成后，按空格键播放视频动画，制作完成的文本动画效果如图3-57所示。

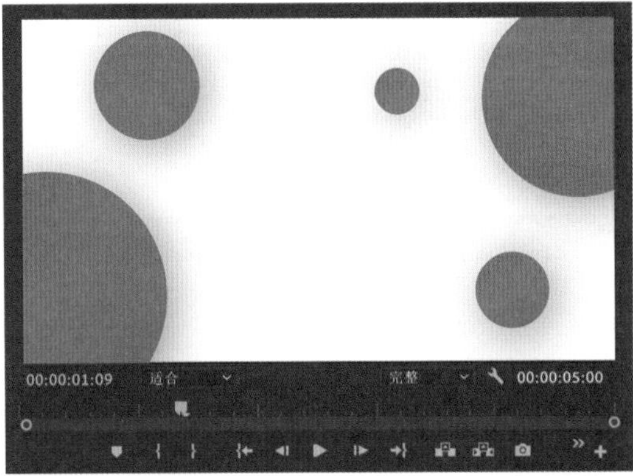

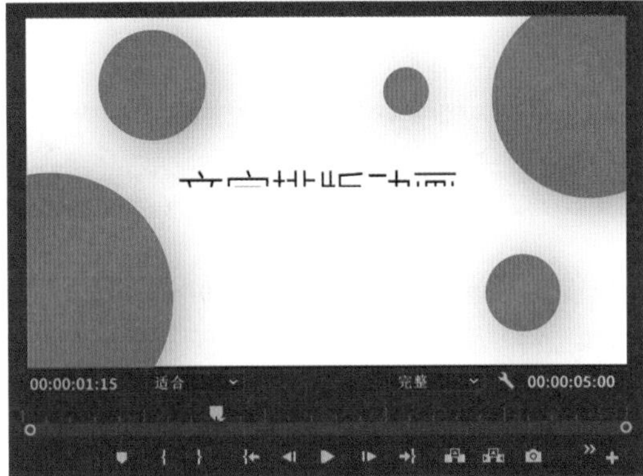

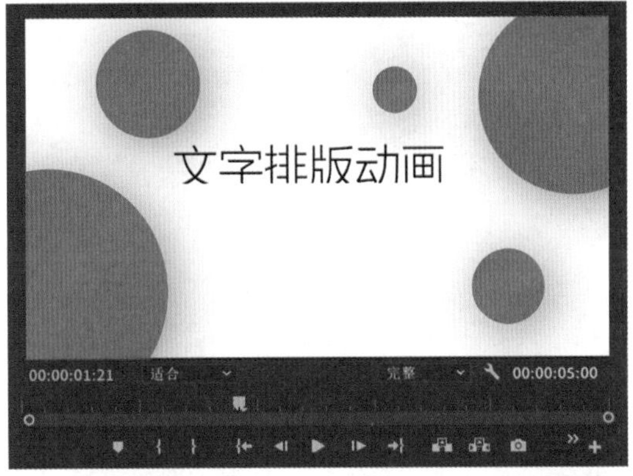

图3-57

3.7 使用蒙版制作副标题动画

01 在“节目监视器”面板中，选择圆角矩形图形，如图3-58所示。

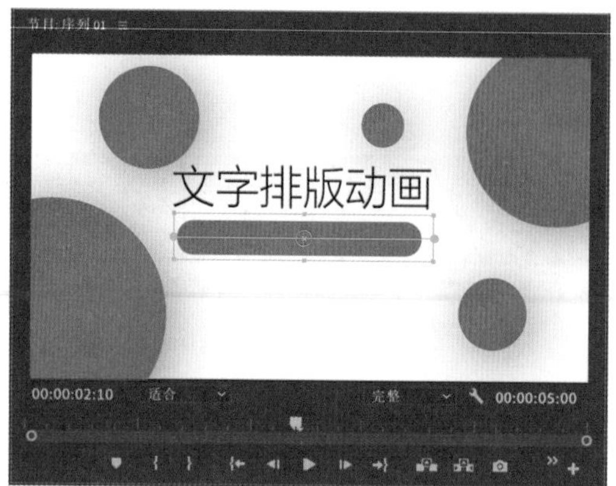

图3-58

02 设置“播放器指示位置”为00:00:02:10，在“效果控件”面板中，为“蒙版路径”设置关键帧，如图3-59所示。

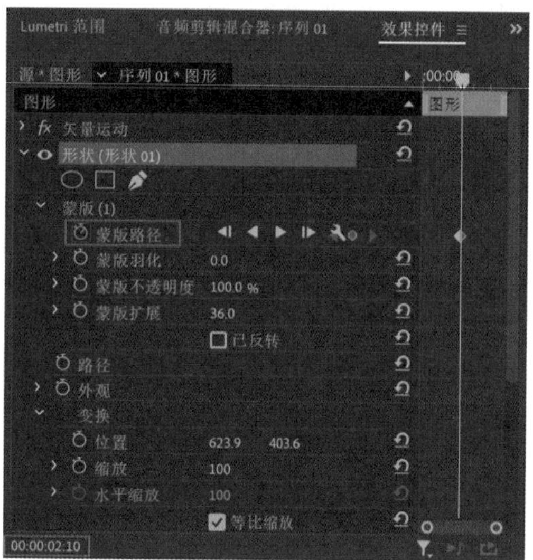

图3-59

03 设置“播放器指示位置”为00:00:02:02，在“节目监视器”面板中，调整蒙版的形状如图3-60所示。

04 在“效果控件”面板中，为“不透明度”设置关键帧，如图3-61所示。

05 设置“播放器指示位置”为00:00:02:00，在“效果控件”面板中，设置“不透明度”为0%，如图3-62所示。

06 设置完成后，按空格键播放视频动画，制作完成的图形动画效果如图3-63所示。

07 设置“播放器指示位置”为00:00:02:18，在“节目监视器”面板中选择矩形图形上的英文文本，如图3-64所示。

08 在“效果控件”面板中，为“位置”设置关键帧，如图3-65所示。

图3-60

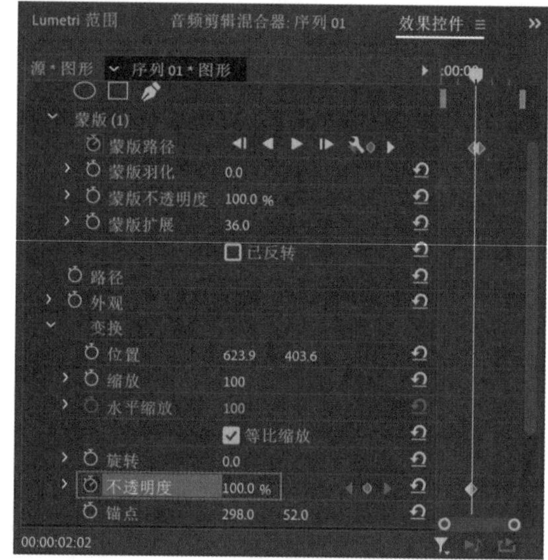

图3-61

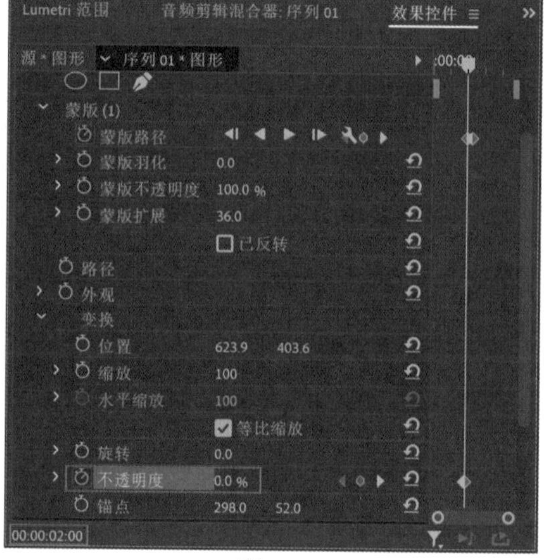

图3-62

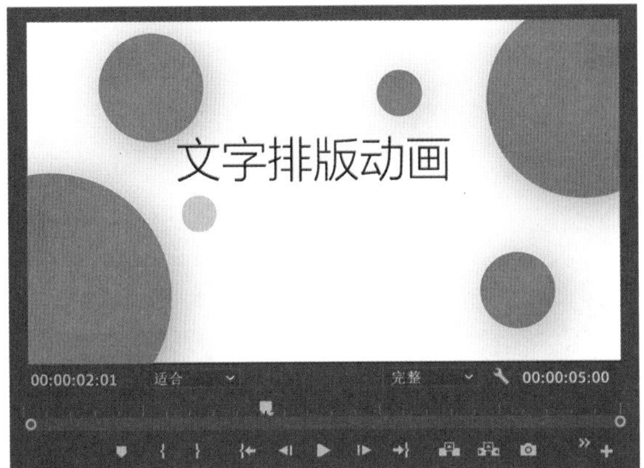

图3-63

图3-64

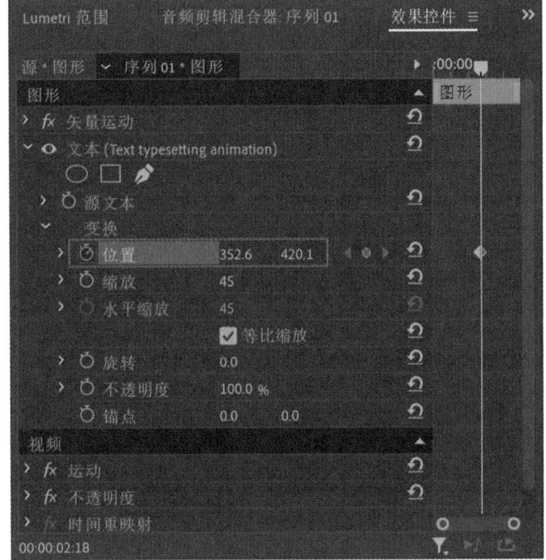

图3-65

09 设置“播放器指示位置”为00:00:02:10，在“效果控件”面板中，设置“位置”为（352.6,345），如图3-66所示。

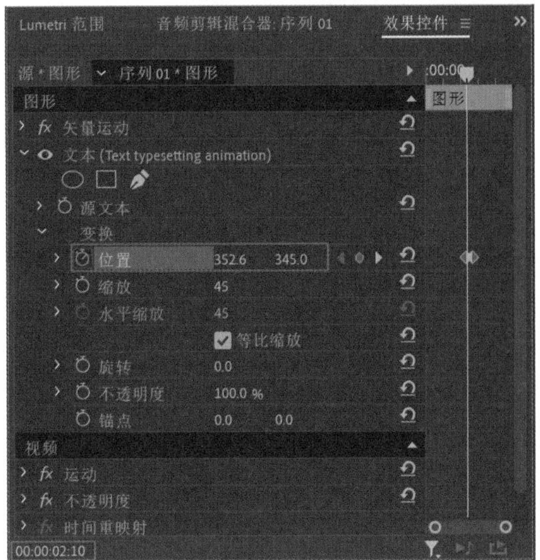

图3-66

10 单击“工具”面板中的“矩形工具”按钮，如图3-67所示。

图3-67

11 在“节目监视器”面板中创建一个矩形，如图3-68所示，并确保该矩形位于V5轨道上。

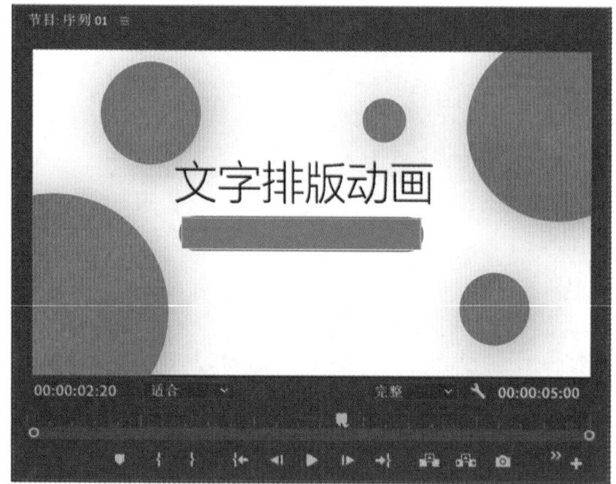

图3-68

12 在“效果控件”面板中，勾选“形状蒙版”复选框，如图3-69所示。

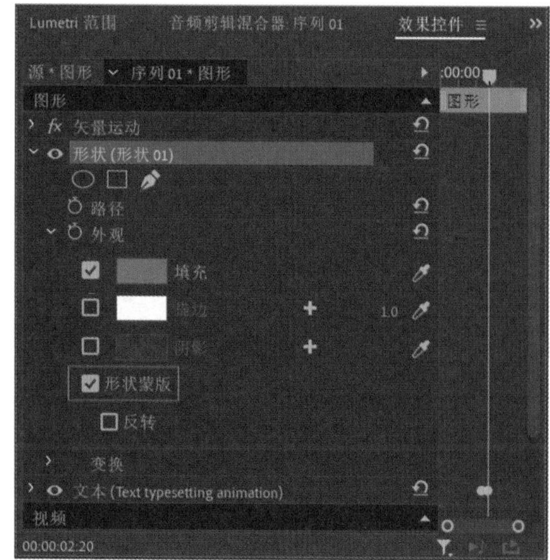

图3-69

13 设置完成后，按空格键播放视频动画，制作完成的文本动画效果如图3-70所示。

图3-70

3.8 使用裁剪效果制作文字动画

01 在“节目监视器”面板中选择副标题下方的文本，如图3-71所示。

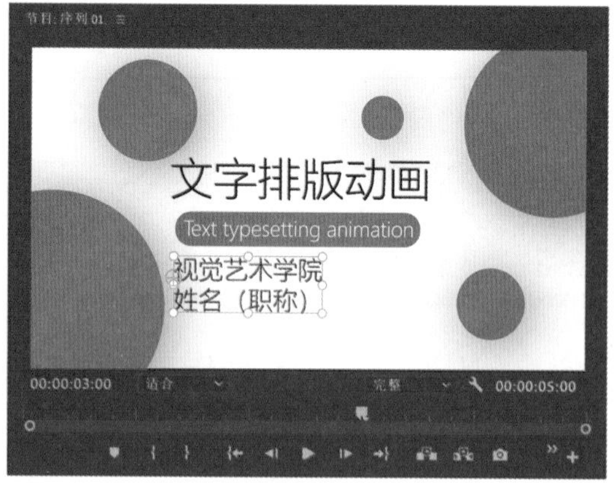

图3-71

02 在“效果”面板中找到“裁剪”效果，如图3-72所示，并将其添加至V3轨道中的文本剪辑上。

03 设置“播放器指示位置”为00:00:03:00，在“效果控件”面板中，设置“右侧”为100%，并为其设置关键帧，如图3-73所示。

04 设置“播放器指示位置”为00:00:04:15，在“效果控件”面板中，设置“右侧”为0%，如图3-74所示。

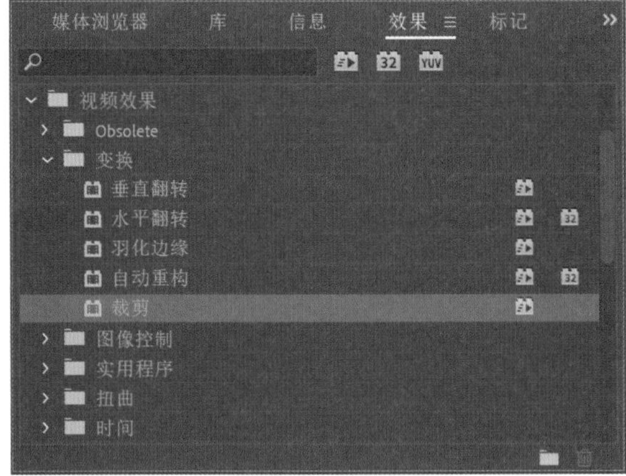

图3-72

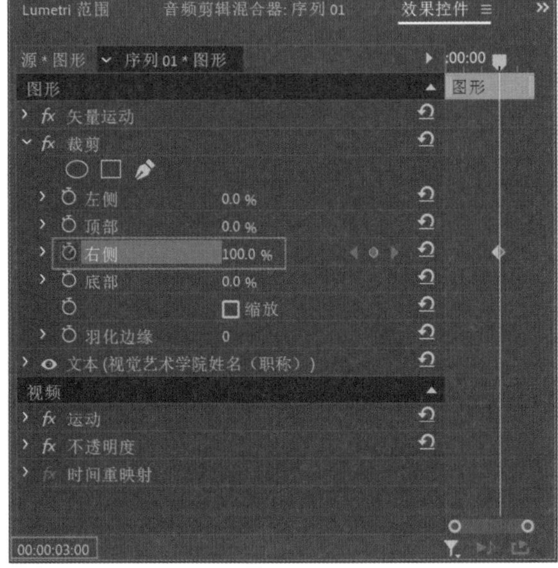

图3-73

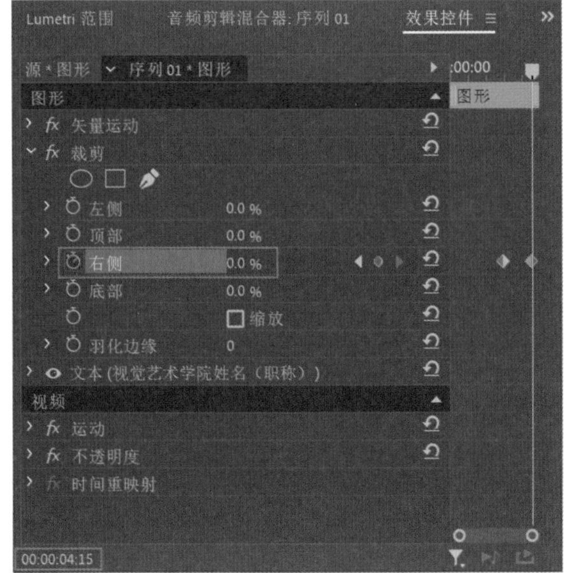

图3-74

05 设置完成后，按空格键播放视频动画，制作完成的文本动画效果如图3-75所示。

图3-75

3.9 渲染输出

01 执行菜单栏中的“文件”|“导出”|“媒体”命令，弹出“导出设置”对话框，如图3-76所示。

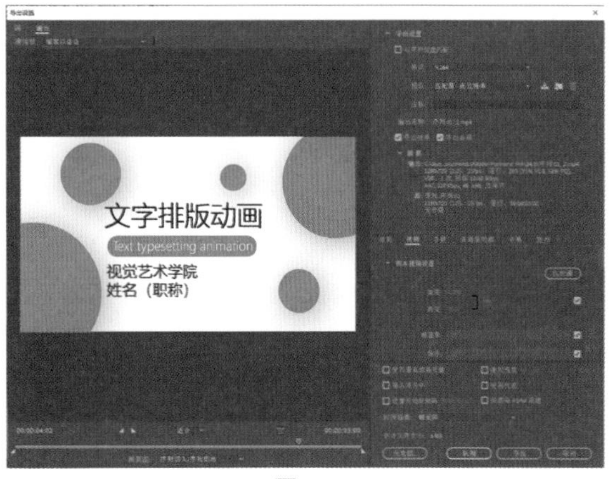

图3-76

02 在“导出设置”对话框中，设置视频导出的“格式”为“H.264”，如图3-77所示。

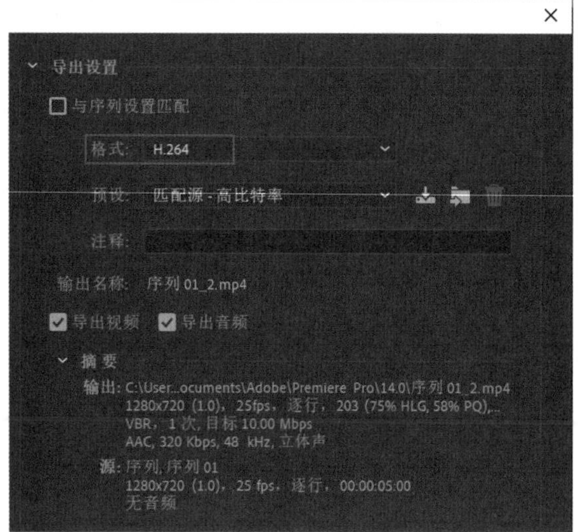

图3-77

03 单击“导出设置”对话框下方右侧的“导出”按钮，即可导出视频文件，视频导出结束后，Premiere Pro 2022软件界面的右侧下方还会自动弹出视频成功导出的提示，如图3-78所示。

图3-78

04 接下来就可以使用视频播放器来查看制作的视频效果，如图3-79所示。

图3-79

第 4 章

条纹背景动画——文字变换

4.1 效果展示

本实例讲解如何使用图形来制作一个条纹背景动画，图4-1所示为本章讲解的条纹背景动画完成效果。

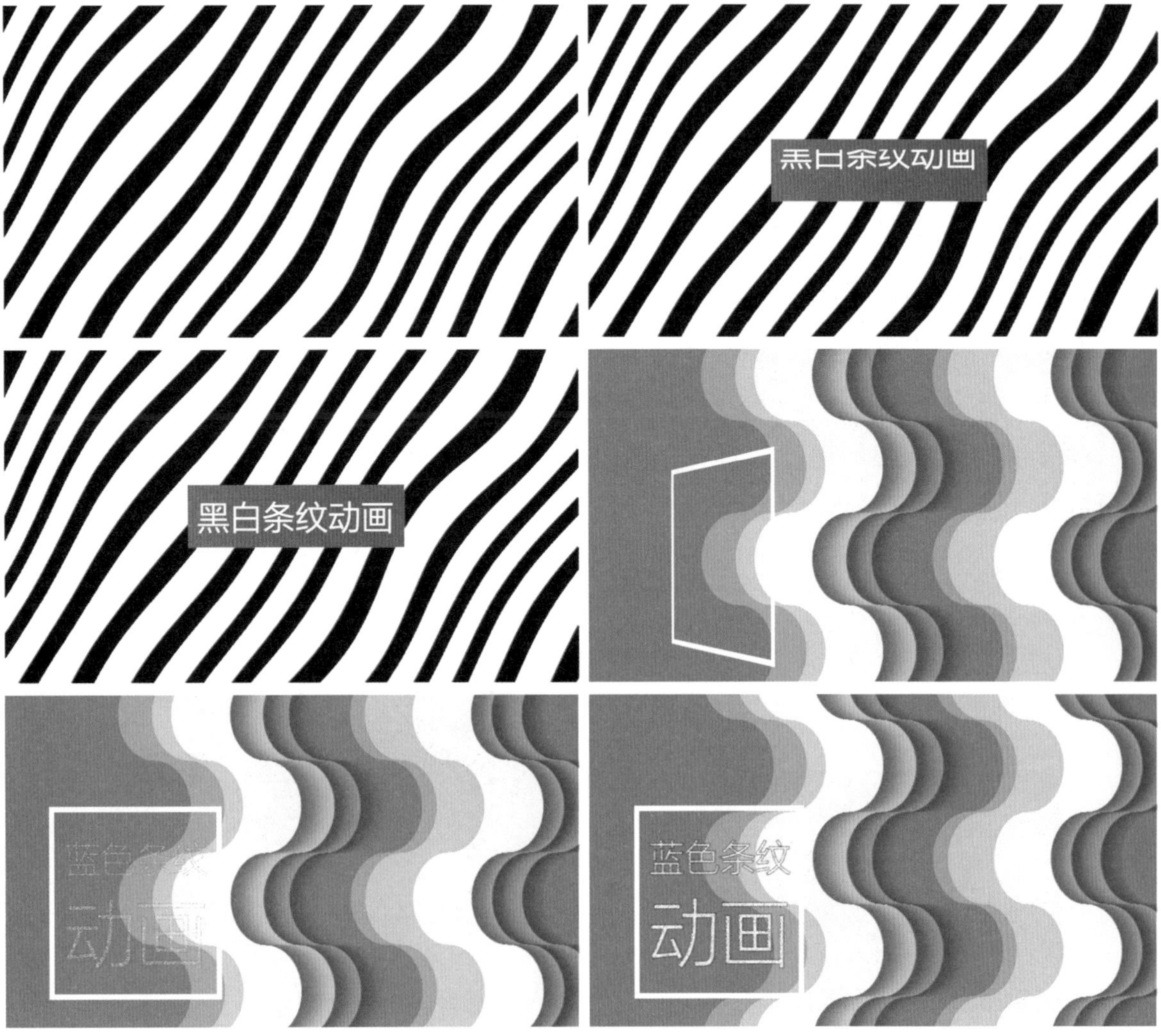

图4-1

4.2 使用湍流置换制作条纹动画

01 启动Premiere Pro 2022软件，执行菜单栏中的“文件”|“新建”|“项目”命令，在“新建项目”对话框中，输入项目的“名称”为“条纹背景”，如图4-2所示。

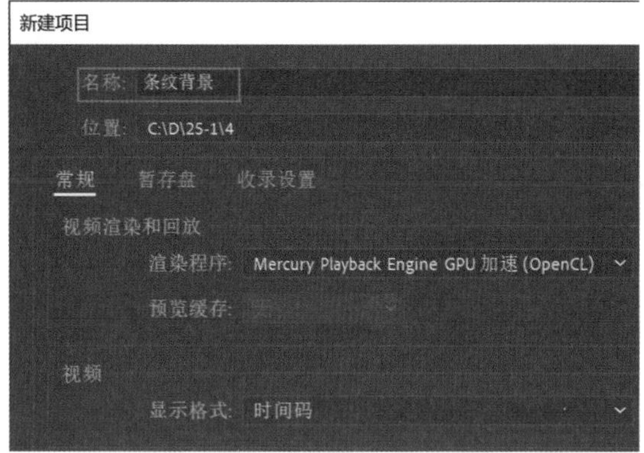

图4-2

02 单击“新建项”按钮，在弹出的菜单中执行“序列”命令，如图4-3所示。

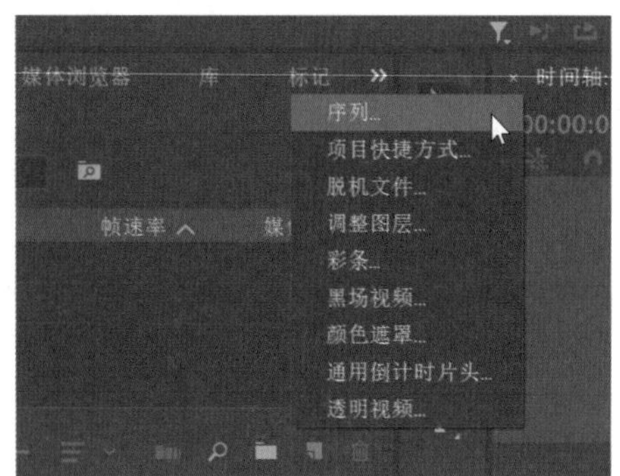

图4-3

03 在弹出的“新建序列”对话框中，选择“AVCHD 720p25”预设，创建一个序列，如图4-4所示。创建完成后，可以在“时间轴”面板中查看新创建出来的序列01，如图4-5所示。

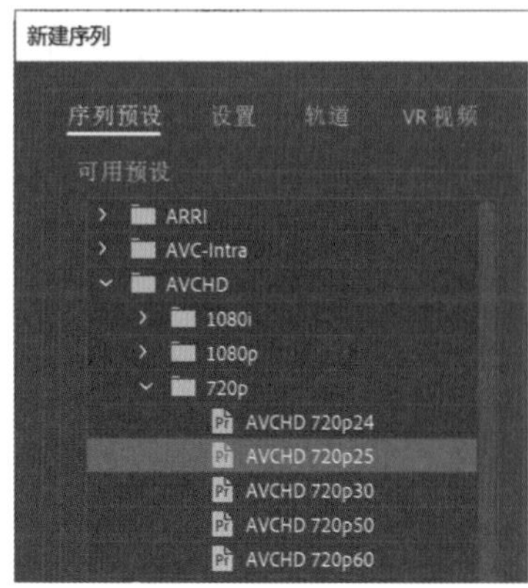

图4-4

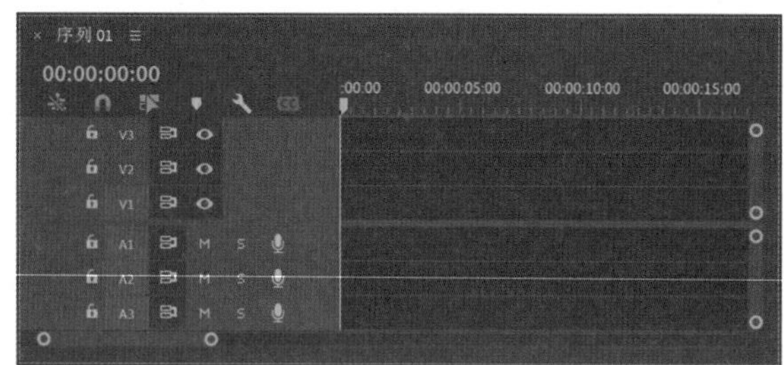

图4-5

04 单击“新建项”按钮，在弹出的菜单中执行“颜色遮罩”命令，如图4-6所示。

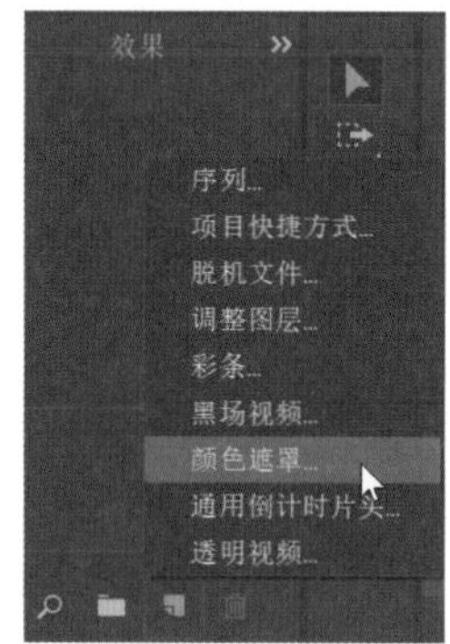

图4-6

05 在弹出的“新建颜色遮罩”对话框中，单击“确定”按钮，如图4-7所示。在自动弹出的“拾色器”对话框中，设置颜色为白色，如图4-8所示。

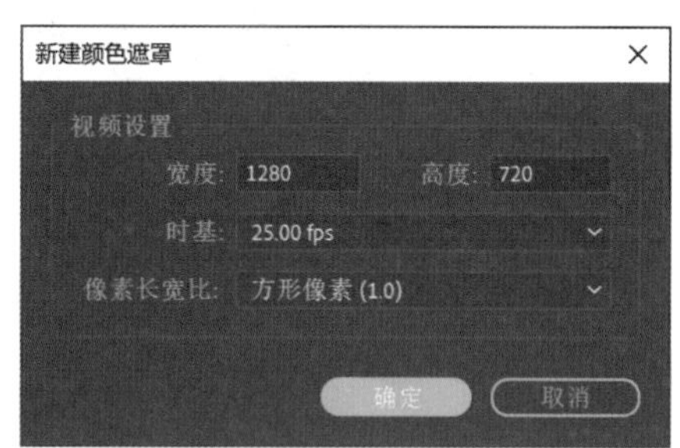

图4-7

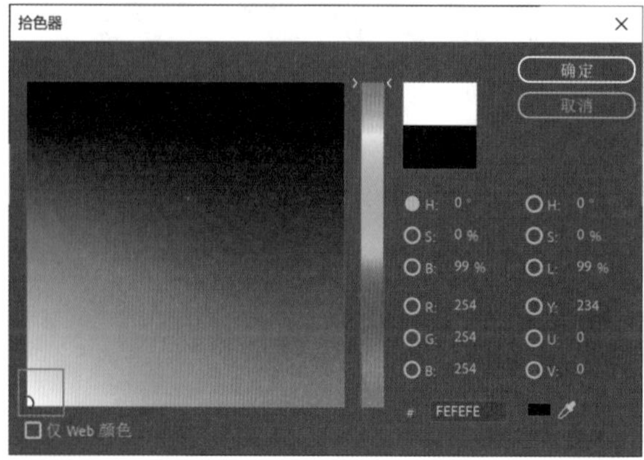

图4-8

06 在弹出的“选择名称”对话框中，更改“选择新遮罩的名称”为白色背景，如图4-9所示。设置完成后，观察“项目”面板，可以看到这里多了一个“白色背景”，如图4-10所示。

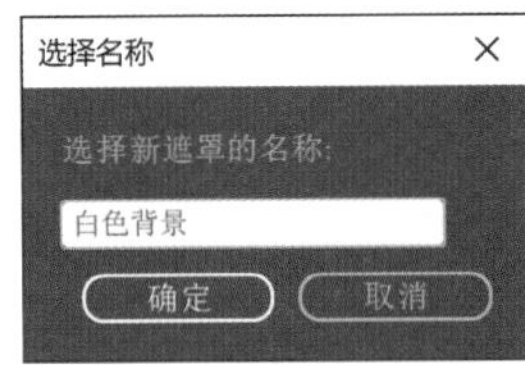

图4-9

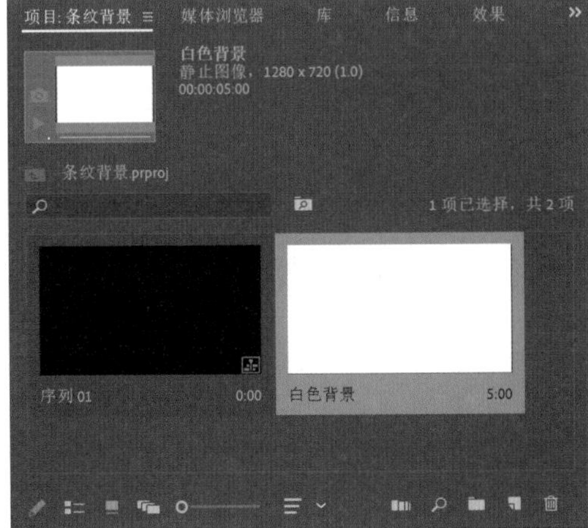
图4-10

07 将“项目”面板中的白色背景添加到“时间轴”面板中序列01中的V1轨道中，如图4-11所示。

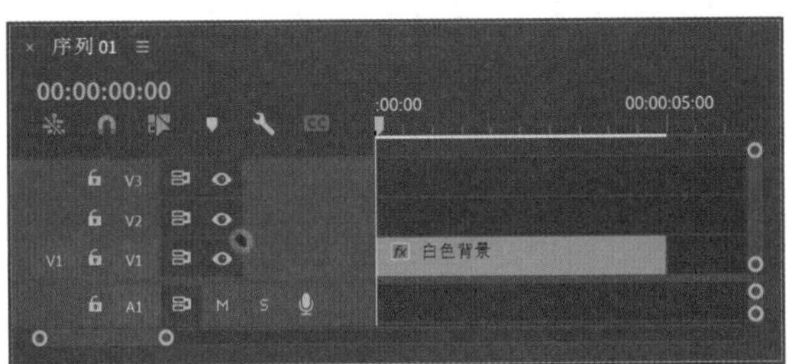
图4-11

08 单击“工具”面板中的“矩形工具”按钮，如图4-12所示。在“节目监视器”面板中绘制一个矩形，如图4-13所示。

09 在“效果控件”面板中，设置图形的“填充”色为黑色，“位置”为（30,360），如图4-14所示。

图4-12

图4-13

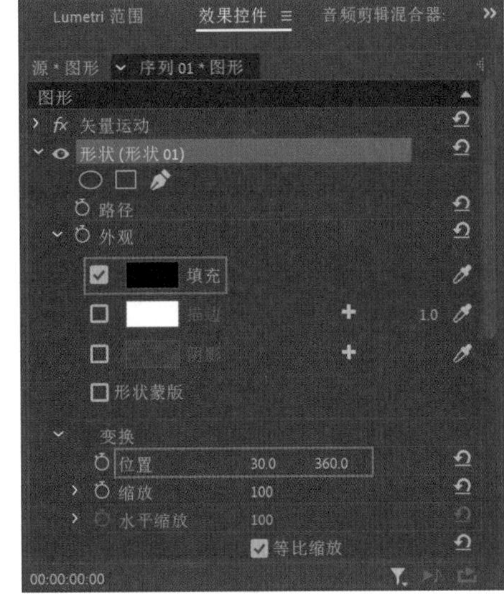
图4-14

10 设置完成后，“节目监视器”面板中的图形显示结果如图4-15所示。

图4-15

11 在“效果控件”面板中，对刚刚创建出来的矩形进行复制，并调整“位置”为（110,360），如图4-16所示。

12 设置完成后，“节目监视器”面板中的图形显示结果如图4-17所示。

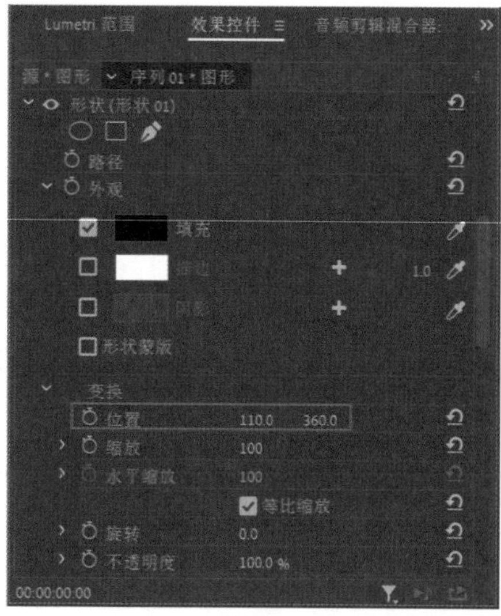

图4-16

图4-17

13 以同样的操作步骤对矩形进行多次复制及调整位置，制作如图4-18所示的条纹效果。

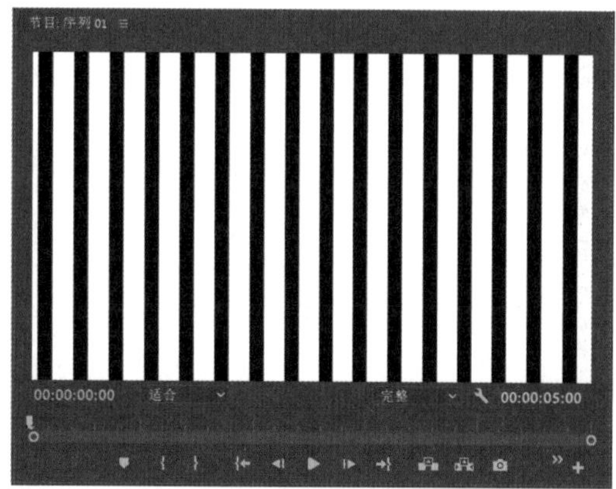

图4-18

14 在“效果”面板中找到“湍流置换”效果，如图4-19所示，并将该效果添加至V2轨道中的图形剪辑上。

15 添加完成后，“节目监视器”面板中的画面显示结果如图4-20所示。

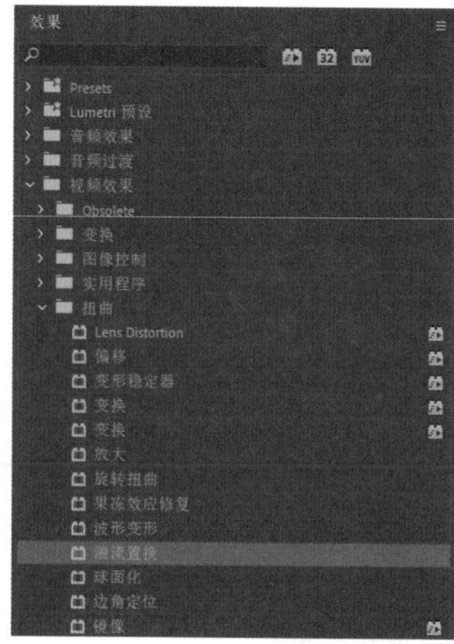

图4-19

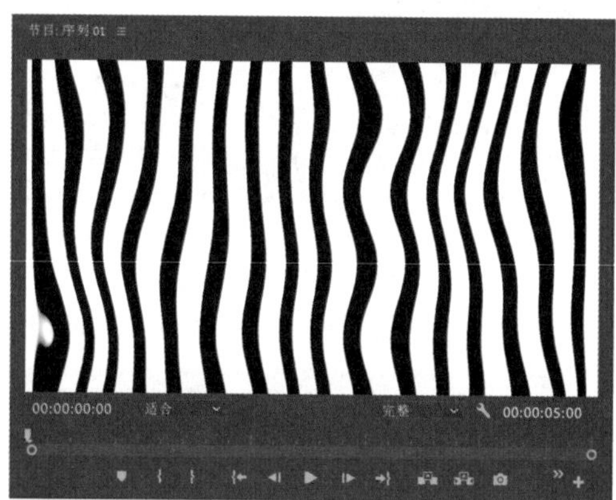

图4-20

16 设置“播放器指示位置”为00:00:00:00，在“效果控件”面板中为“偏移（湍流）”设置关键帧，如图4-21所示。

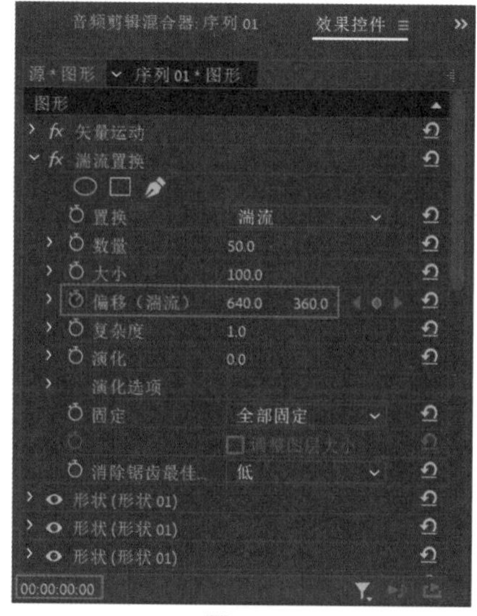

图4-21

17 设置“播放器指示位置”为00:00:04:24，在“效果控件”面板中，设置“偏移（湍流）”为（900,360），如图4-22所示。

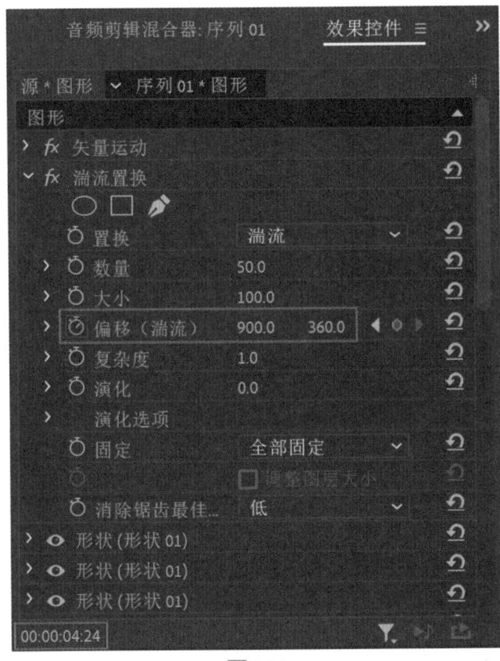

图4-22

18 在“效果控件”面板中，展开“运动”效果，设置“缩放高度”为200，“缩放宽度”为120，取消勾选“等比缩放”复选框，设置“旋转”为35，如图4-23所示。

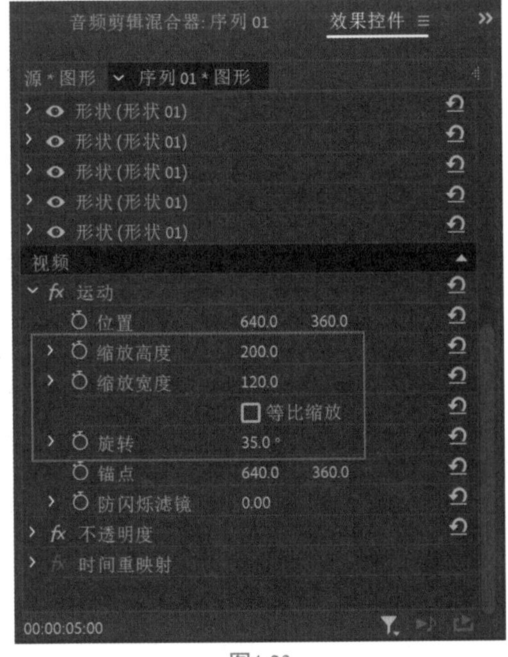

图4-23

19 设置完成后，按空格键播放视频动画，制作完成的黑白条纹背景动画效果如图4-24所示。

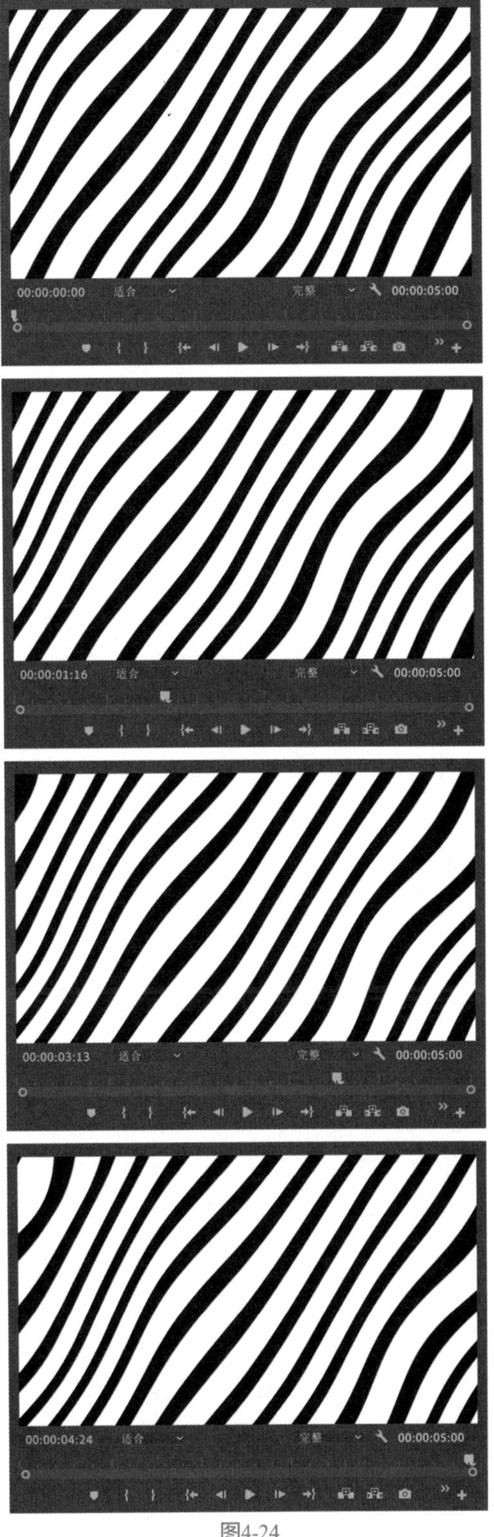

图4-24

4.3　使用蒙版制作文字背景动画

01 单击“工具”面板中的“矩形工具”按钮，如

图4-25所示。在“节目监视器”面板中绘制一个矩形，如图4-26所示。

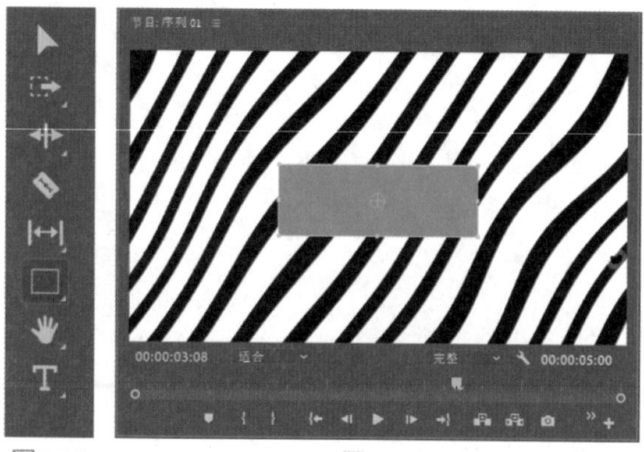

图4-25　　图4-26

02 绘制的矩形图形要确保其位于V3轨道上，如图4-27所示。

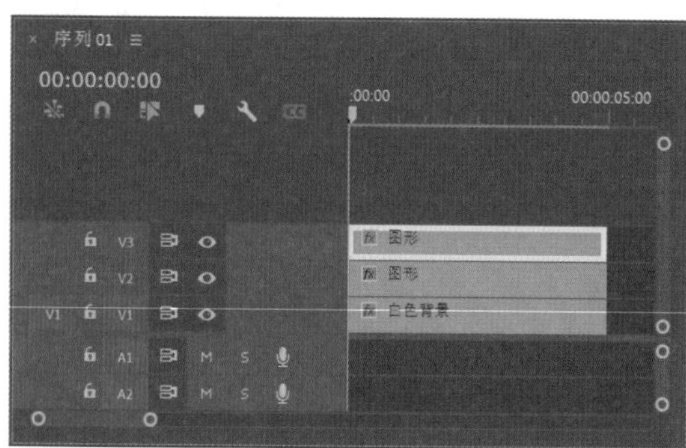

图4-27

03 在“效果控件”面板中，设置矩形的“填充”颜色为渐变色，“位置”为（650,360），如图4-28所示。其中，“填充”色的参数设置如图4-29和图4-30所示。

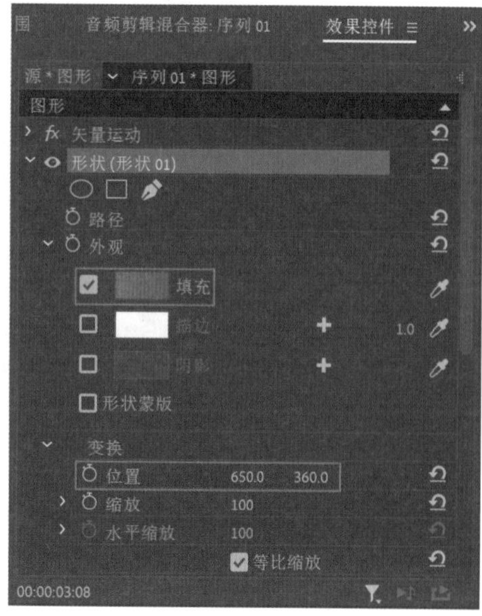

图4-28

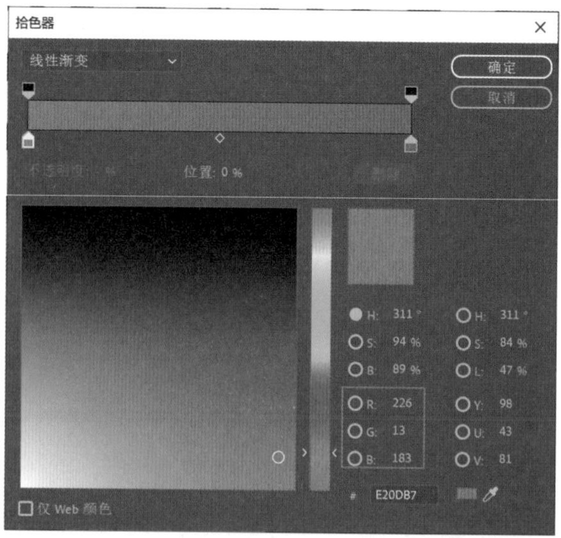

图4-29

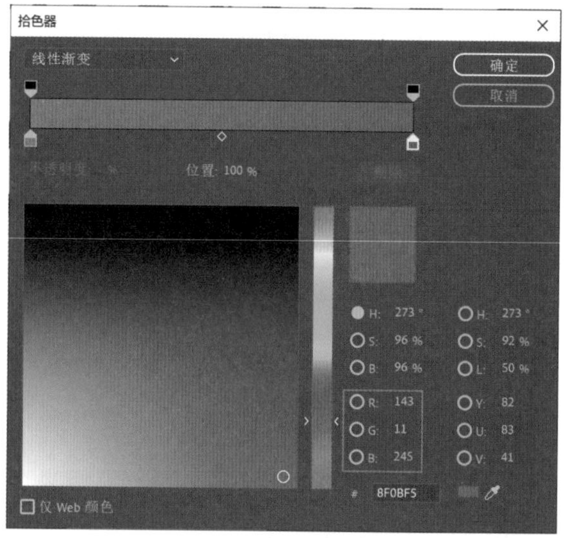

图4-30

04 设置完成后，在“节目监视器”面板中调整矩形的渐变色控制手柄位置如图4-31所示。

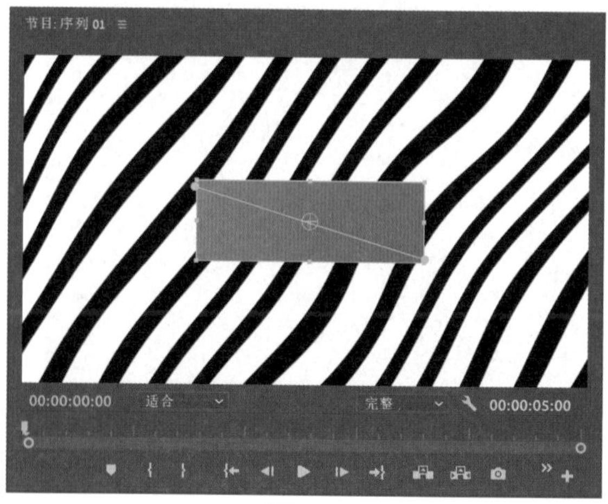

图4-31

05 使用“矩形工具”再次在V3轨道上创建一个矩形，如图4-32所示。

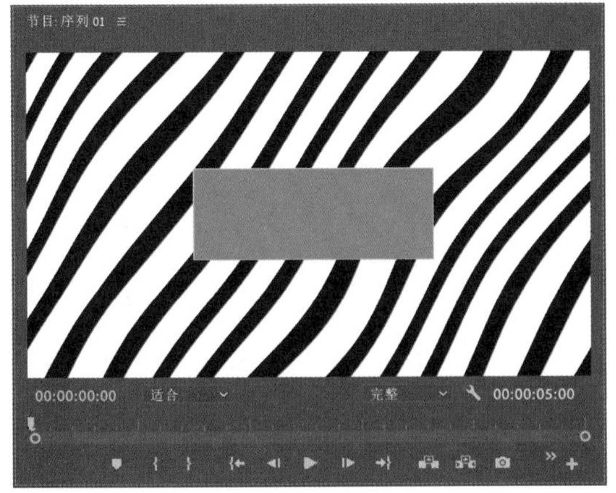

图4-32

06 设置“播放器指示位置”为00:00:00:10，在“效果控件”面板中，勾选“形状蒙版”复选框，取消勾选“等比缩放”复选框，设置“水平缩放”为0，并为“水平缩放”设置关键帧，如图4-33所示。

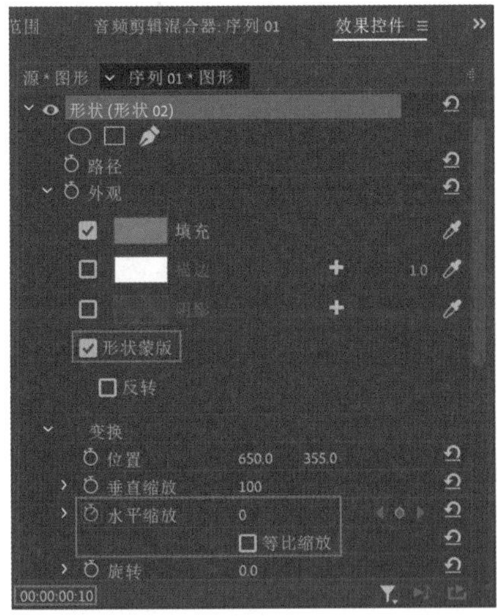

图4-33

07 设置“播放器指示位置”为00:00:00:20，在“效果控件”面板中，设置“水平缩放”为100，如图4-34所示。

08 设置“播放器指示位置”为00:00:03:10，在“效果控件”面板中，单击“水平缩放”后面的“添加关键帧”按钮，如图4-35所示。

09 设置“播放器指示位置”为00:00:03:20，在“效果控件”面板中，设置“水平缩放”为0，如图4-36所示。

10 设置完成后，按空格键播放视频动画，制作完成的文字背景动画效果如图4-37所示。

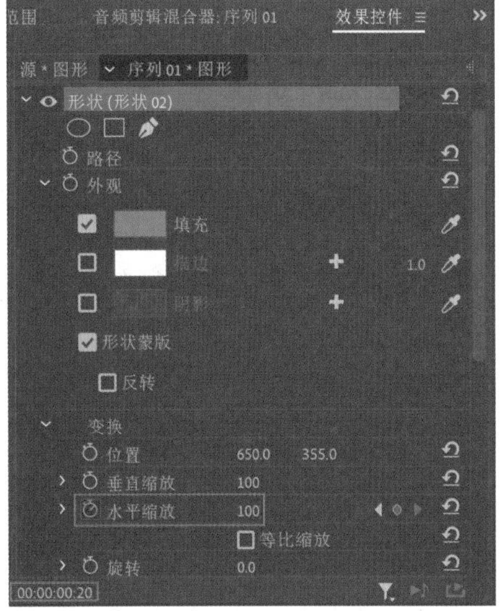

图4-34

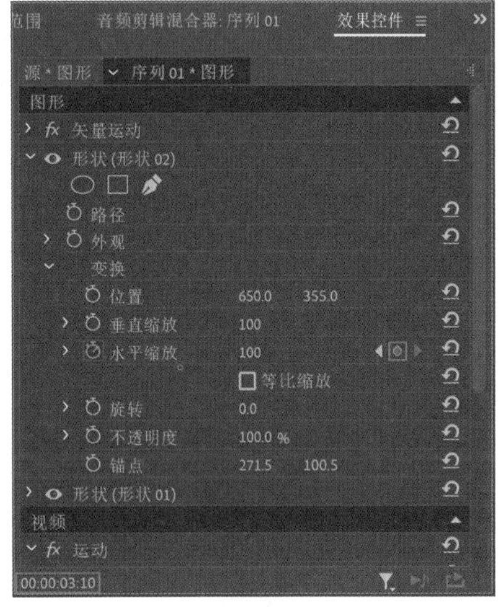

图4-35

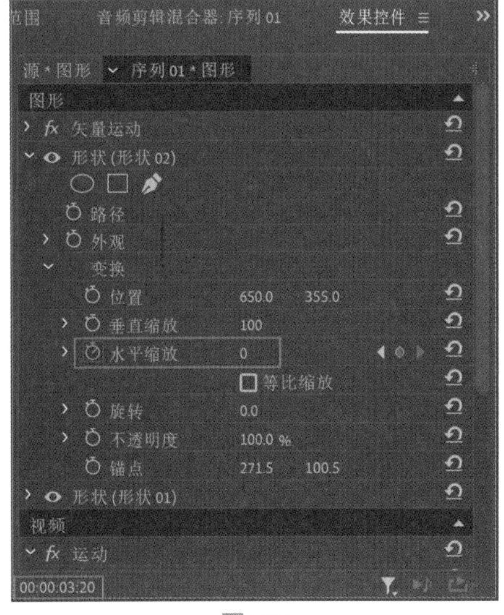

图4-36

图4-37

4.4 使用蒙版制作文字动画

01 单击“工具”面板中的“文字工具”按钮，如图4-38所示。

图4-38

02 在“节目监视器”面板中创建一个文本，如图4-39所示，并确保其位于V4轨道上。

03 在“效果控件”面板中，设置文本的“字体”为“微软雅黑”，单击“仿粗体”按钮，设置文本的“填充”颜色为白色，如图4-40所示。

04 设置“播放器指示位置”为00:00:01:05，为“位置”设置关键帧，如图4-41所示。

05 设置“播放器指示位置”为00:00:00:20，设置“位置”为（429,290），如图4-42所示。

06 设置“播放器指示位置”为00:00:03:00，在“效果控件”面板中，单击“位置”后面的“添加关键帧”按钮，如图4-43所示。

07 设置“播放器指示位置”为00:00:03:10，在“效果控件”面板中，设置“位置”为（429,290），如图4-44所示。

图4-39

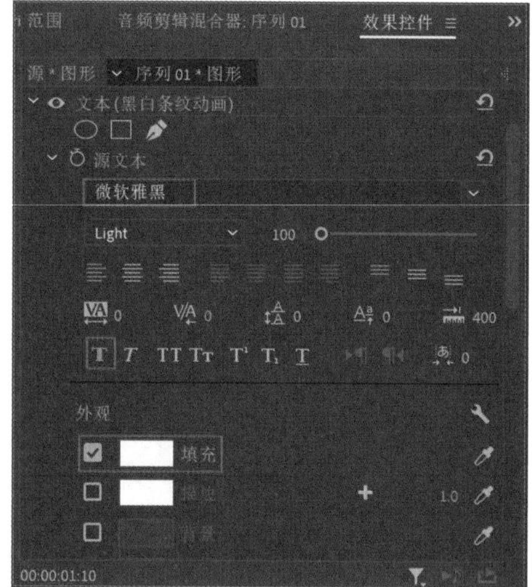

图4-40

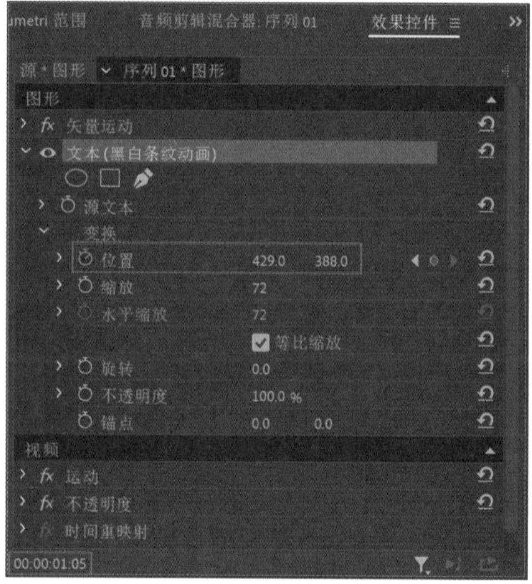

图4-41

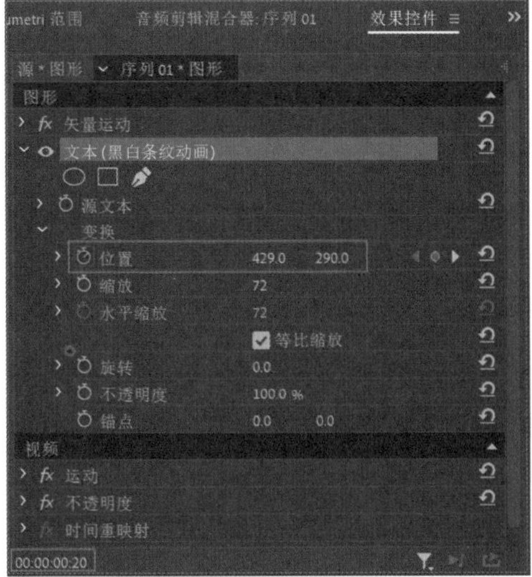

图4-42

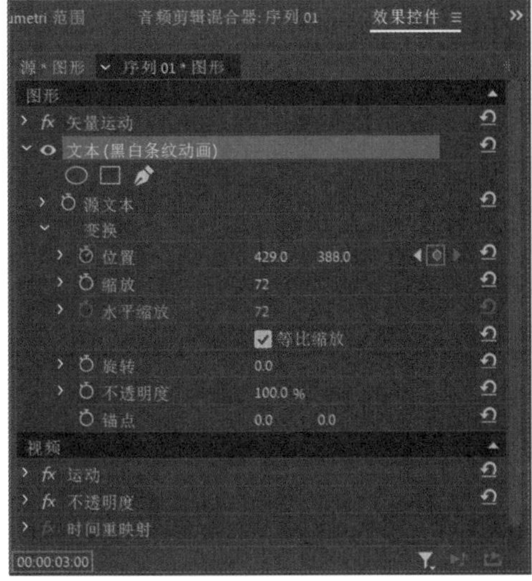

图4-43

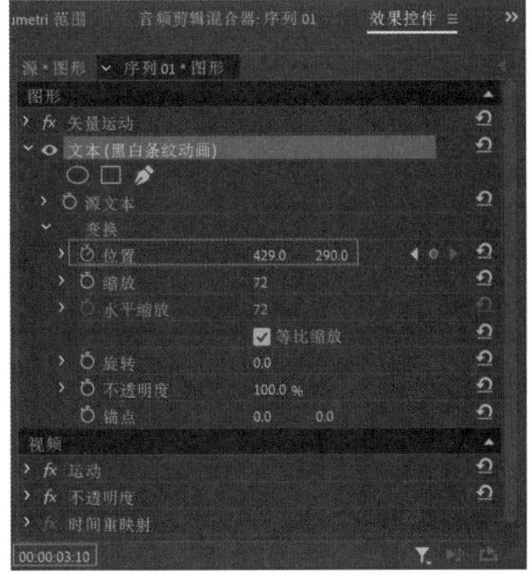

图4-44

08 在“节目监视器”面板中再次创建一个矩形图形，矩形的大小能够刚好盖住文本即可，如图4-45所示。

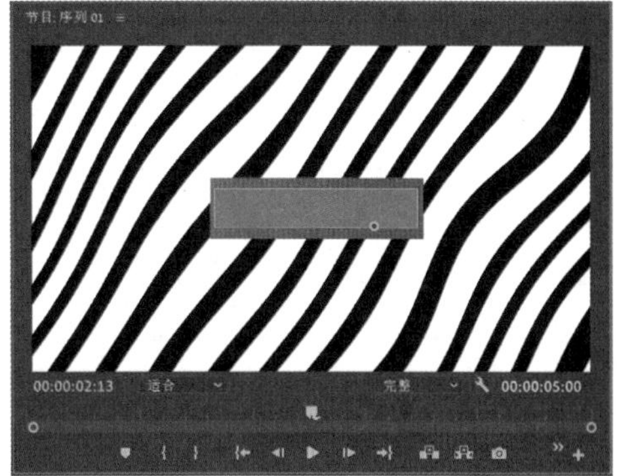

图4-45

09 在“效果控件”面板中，勾选“形状蒙版”复选框，如图4-46所示。

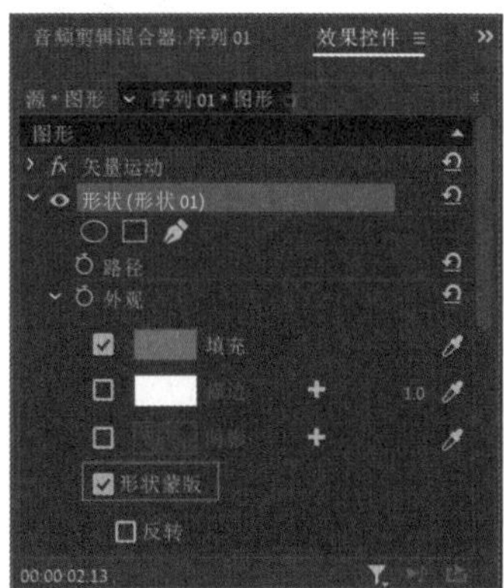

图4-46

10 设置完成后，按空格键播放视频动画，制作完成的文字变换动画效果如图4-47所示。

图4-47

图4-47（续）

4.5 使用波形变形制作条纹动画

01 设置“播放器指示位置”为00:00:05:00，在“节目监视器”面板中创建一个矩形，如图4-48所示。创建出来的矩形放置于V1轨道上，如图4-49所示。

图4-48

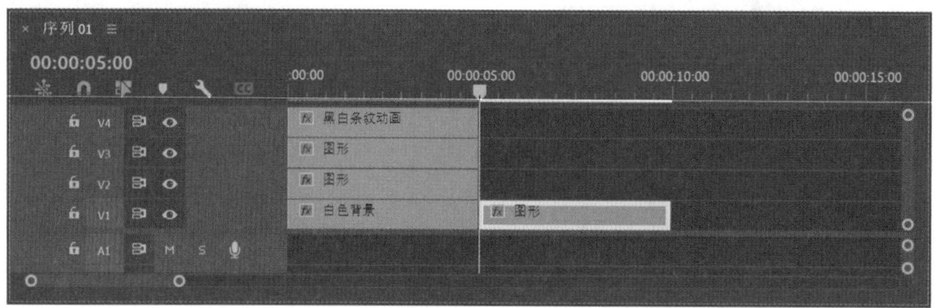

图4-49

02 在“效果控件”面板中，设置矩形图形的“填充”颜色为蓝色，如图4-50所示。“填充”颜色的参数设置如图4-51所示。

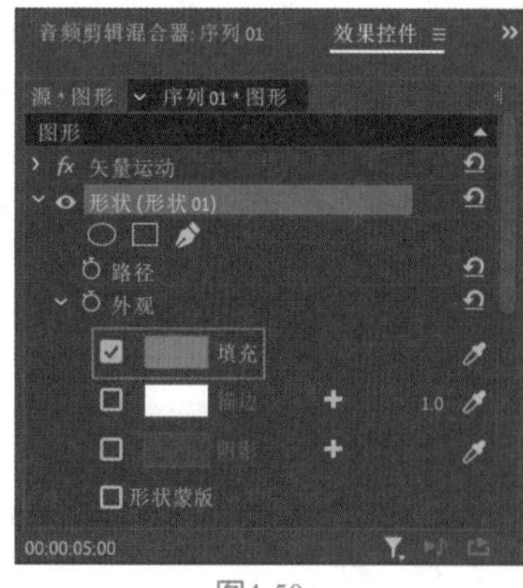

图4-50

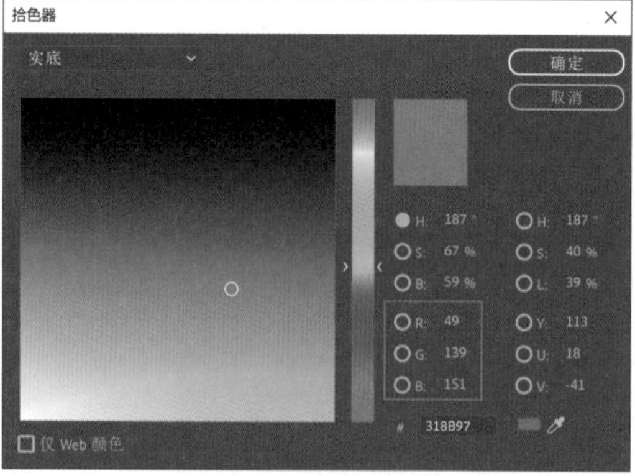

图4-51

03 设置完成后，“节目监视器”面板中的画面显示结果如图4-52所示。

04 选择V1轨道上图形剪辑，在“节目监视器”面板中创建第2个矩形，如图4-53所示，这样创建出来的矩形也在V1轨道上。

05 在“效果控件”面板中，设置“填充”颜色为绿色，勾选“阴影”复选框，设置阴影的“距离”为50.0，“模糊”为200，如图4-54所示。

图4-52

图4-53

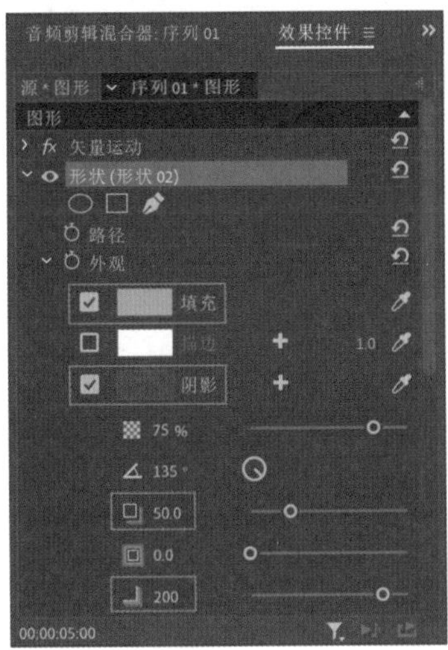

图4-54

06 设置完成后，“节目监视器”面板中的画面显示结果如图4-55所示。

07 使用同样的操作步骤创建第3个矩形，并调整“填充”颜色为浅蓝色，如图4-56所示。“填充”颜色的参数设置如图4-57所示。

08 使用同样的操作步骤创建第4个矩形，并调整“填充”颜色为白色，如图4-58所示。

09 将创建出来的图形进行复制，随机调整其位置和大小如图4-59所示。

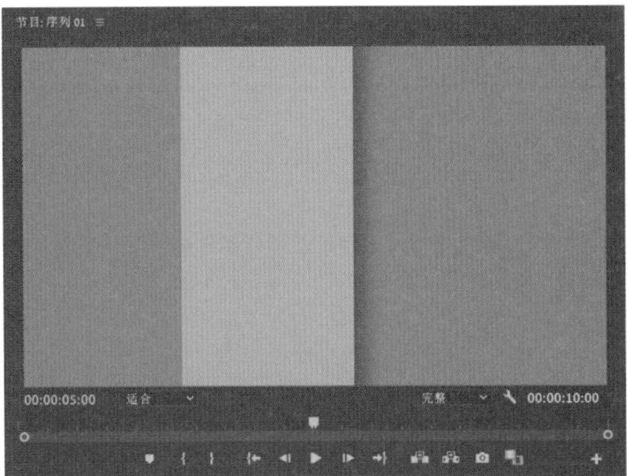

图4-55

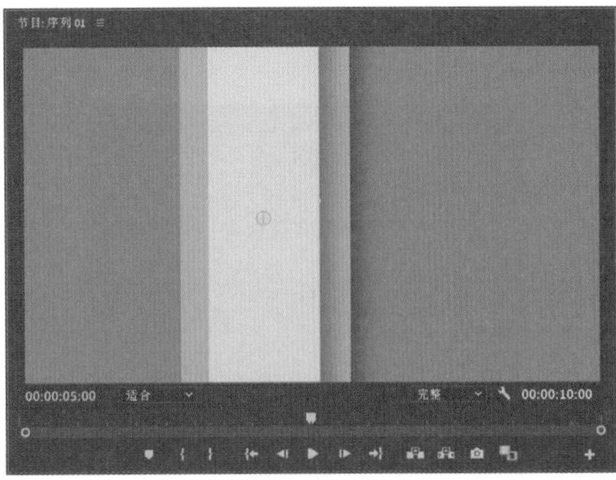

图4-56

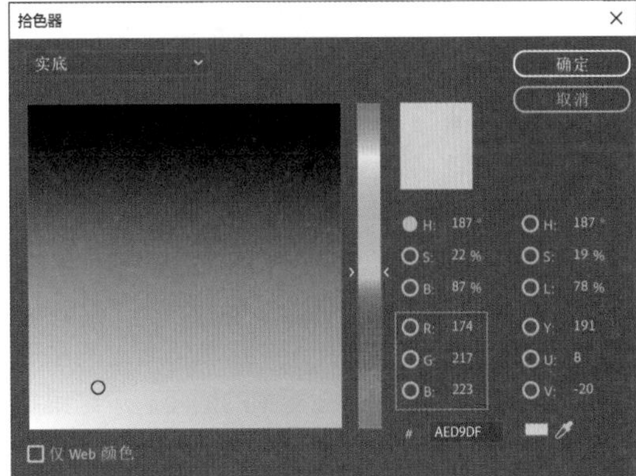

图4-57

图4-58

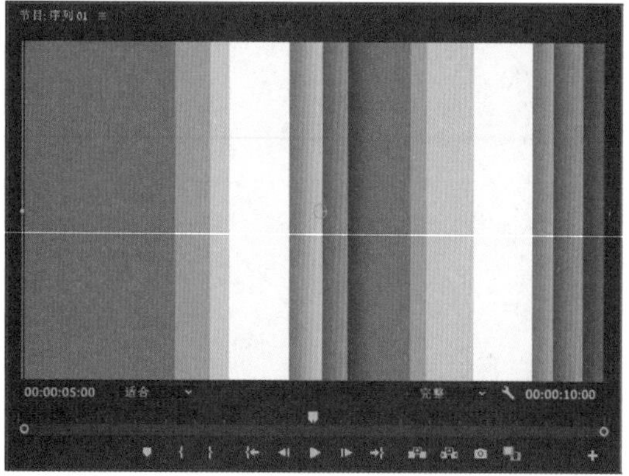

图4-59

10 在“效果”面板中找到“波形变形”效果，如图4-60所示。

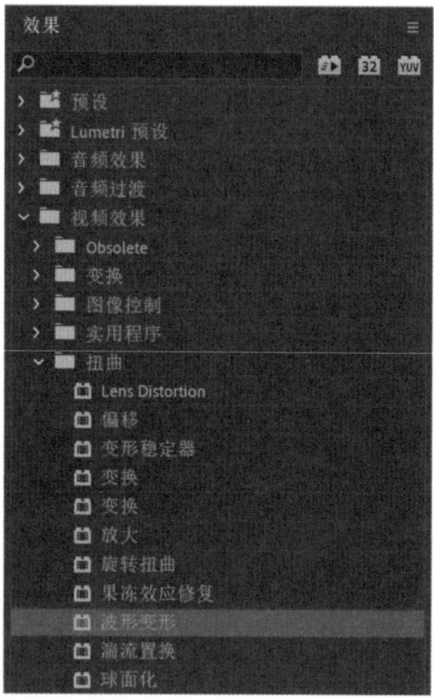

图4-60

11 将“波形变形”效果添加至V1轨道上的图形剪辑上后，“节目监视器”面板中的画面显示结果如图4-61所示。

12 在“效果控件”面板中，设置“波形类型”为“圆形”，“波形高度”为80，“波形宽度”为200，“方向”为0，如图4-62所示。

13 设置完成后，“节目监视器”面板中的画面显示结果如图4-63所示，可以看出如果背景和条纹处于一个轨道，就会出现画面边缘露出黑色的情况。

14 按住Alt键，将V1轨道上的剪辑复制到V2轨道上，如图4-64所示。

15 将V1轨道上剪辑的“波形变形”效果和条纹都删除后，“节目监视器”面板中的画面显示结果如图4-65所示。

16 在“效果控件”面板中，设置“波形速度”为0.1，如图4-66所示。设置完成后，即可在“节目监视器”面板中看到波形条纹缓慢变化的动画效果。

技巧与提示

“波形变形”效果自带动画，所以只需要更改“波形速度”来控制动画的快慢即可。

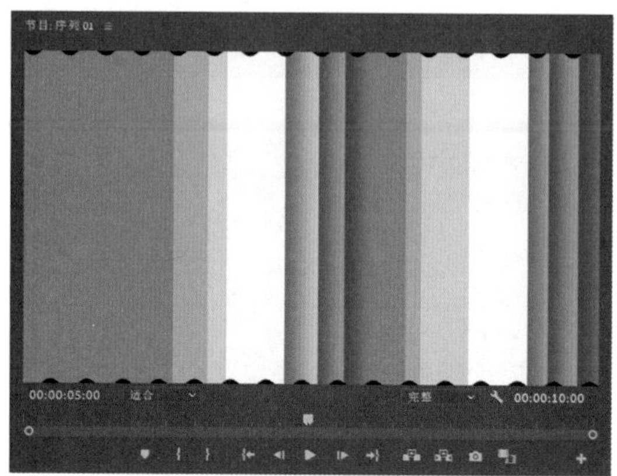

图4-61

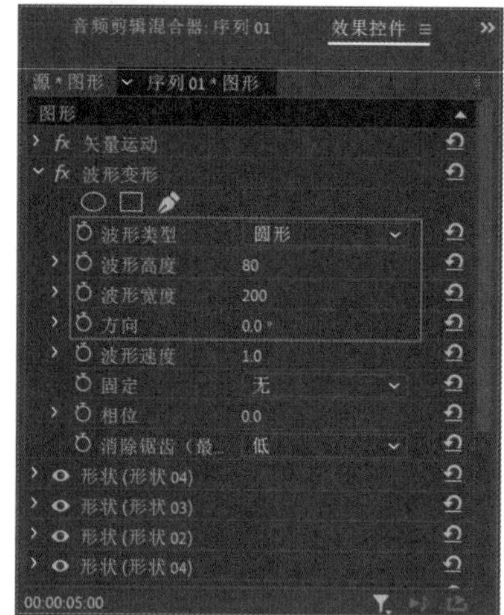

图4-62

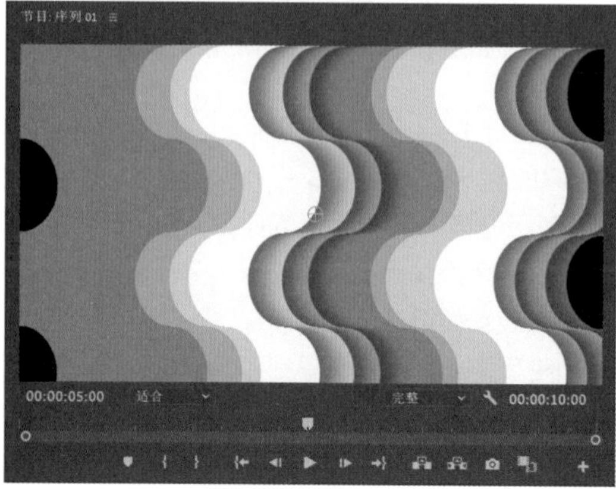

图4-63

图4-64

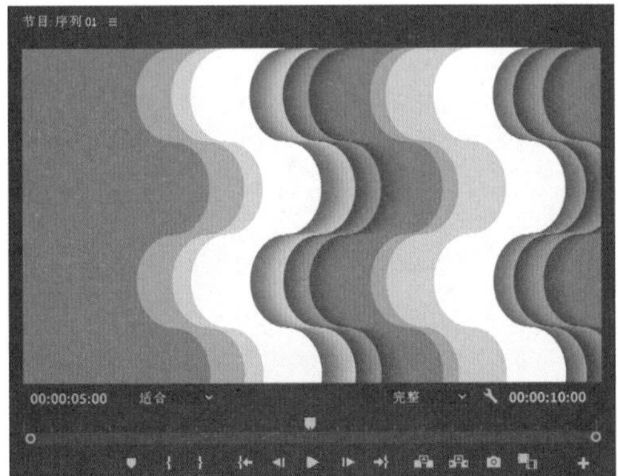

图4-65

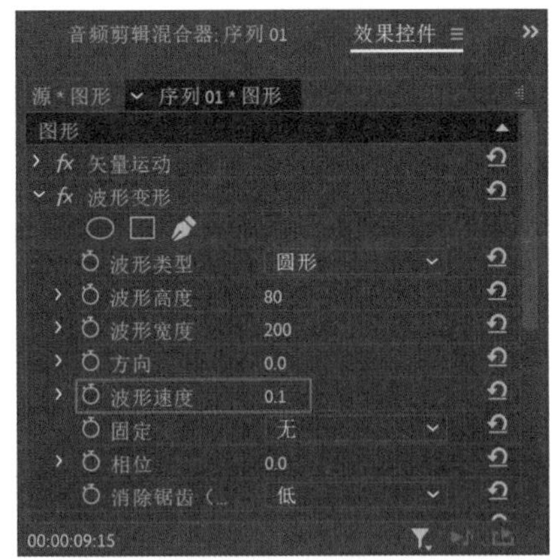

图4-66

4.6　使用基本 3D 制作线框翻转动画

01 设置“播放器指示位置”为00:00:05:00，在“节目监视器”面板中创建一个矩形，如图4-67所示。创建矩形时要确保新建的矩形位于V3轨道上，如图4-68所示。

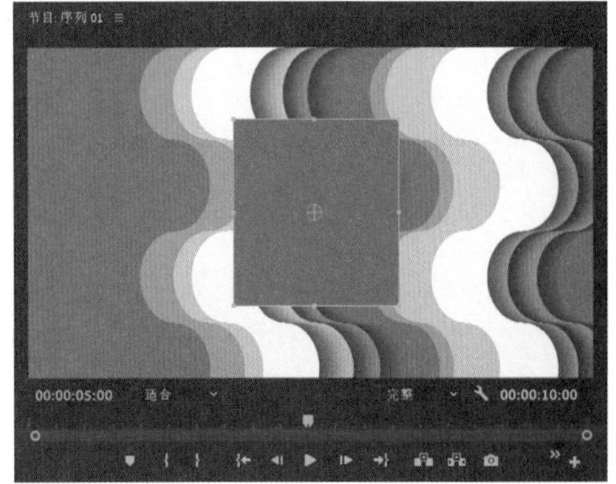

图4-67

02 在“效果控件”面板中，取消勾选“填充”复选框，勾选“描边”复选框，设置“描边宽度”为12，设置“位置”为（650,360），如图4-69所示。

03 设置完成后，“节目监视器”面板中的画面显示结果如图4-70所示。

图4-68

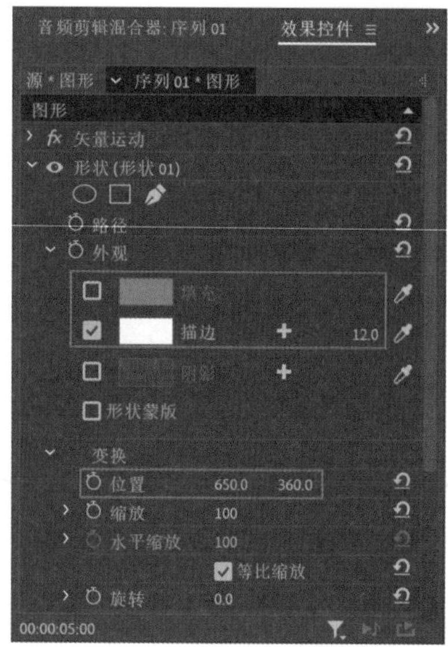
图4-69

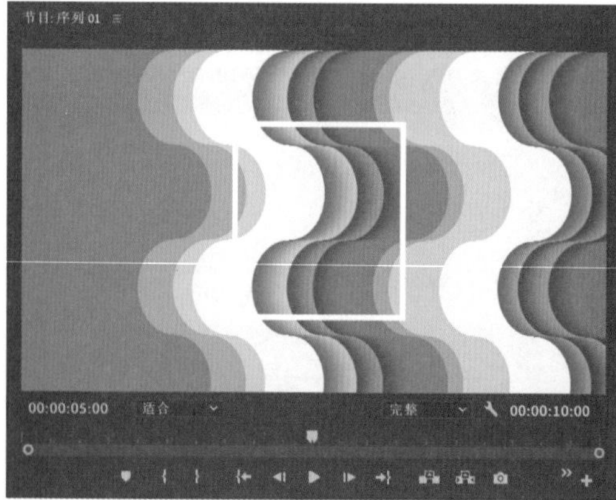
图4-70

04 在“效果”面板中找到“基本3D”效果，如图4-71所示，并将其添加至V3轨道中的图形剪辑上。

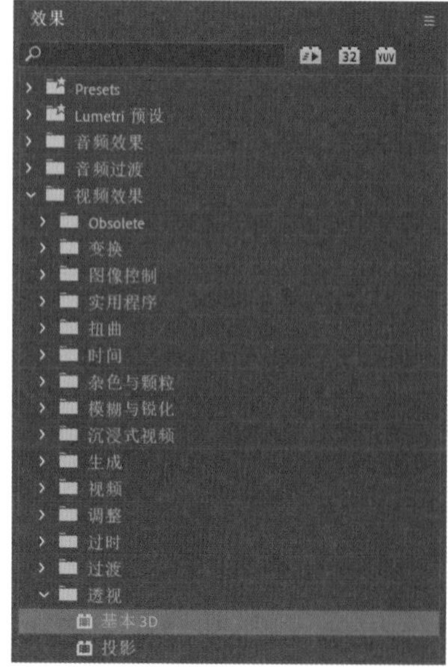
图4-71

05 设置“播放器指示位置”为00:00:06:00，在“效果控件”面板中，设置“旋转”为90，并为其设置关键帧，如图4-72所示。

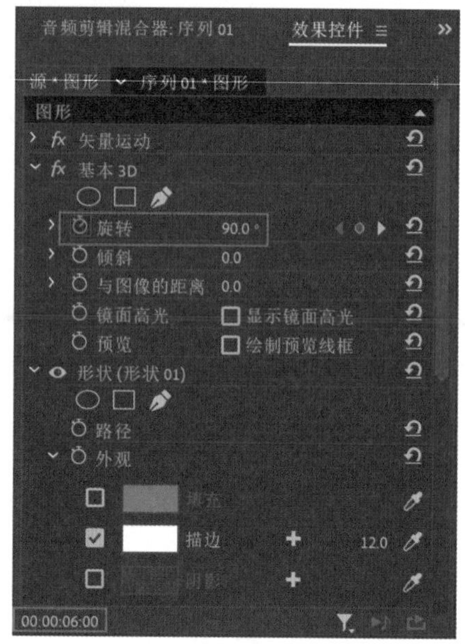
图4-72

06 设置“播放器指示位置”为00:00:06:10，在“效果控件”面板中，设置“旋转”为0，如图4-73所示。

图4-73

07 设置“播放器指示位置”为00:00:09:00，在“效果控件”面板中，单击“旋转”后面的“添加关键帧”按钮，为其添加一个关键帧，如图4-74所示。

08 设置“播放器指示位置”为00:00:09:10，在“效果控件”面板中，设置“旋转”为90°，如图4-75所示。

图4-74

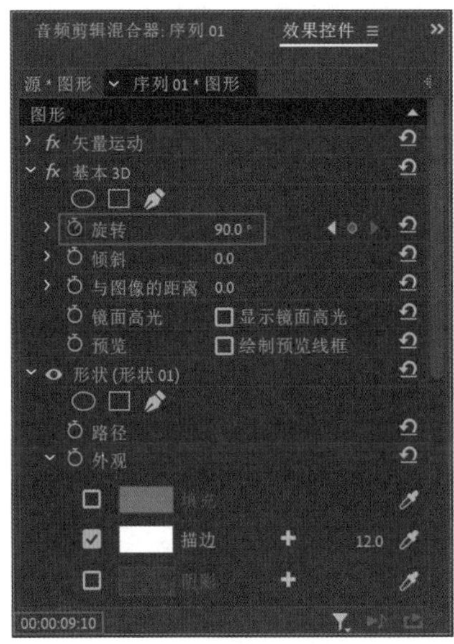

图4-75

09 在“节目监视器”面板中，调整白色线框的位置如图4-76所示。

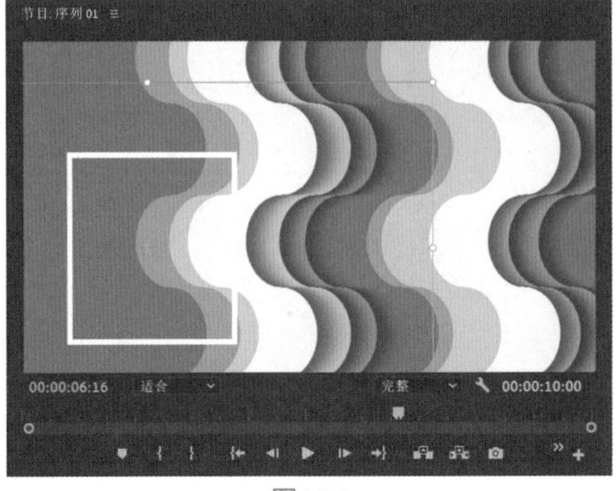

图4-76

4.7　使用块溶解制作文字动画

01 在V4轨道创建一个文本，在“节目监视器”面板中调整文本的位置如图4-77所示。

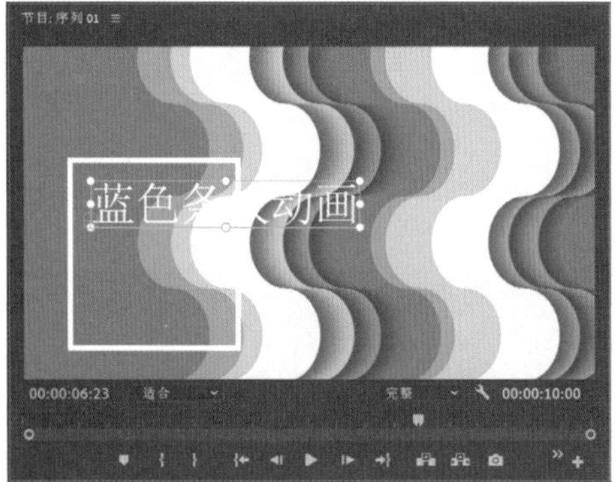

图4-77

02 使用“文字工具”对文本的字体大小进行调整，得到如图4-78所示的文本显示效果。

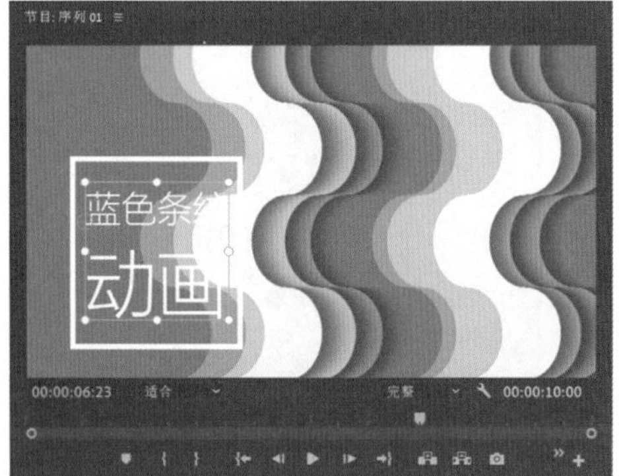

图4-78

03 在“效果控件”面板中，调整文本的“字体”为“微软雅黑”，勾选“描边”复选框，设置描边的颜色为黑色，“描边宽度”为3，如图4-79所示。

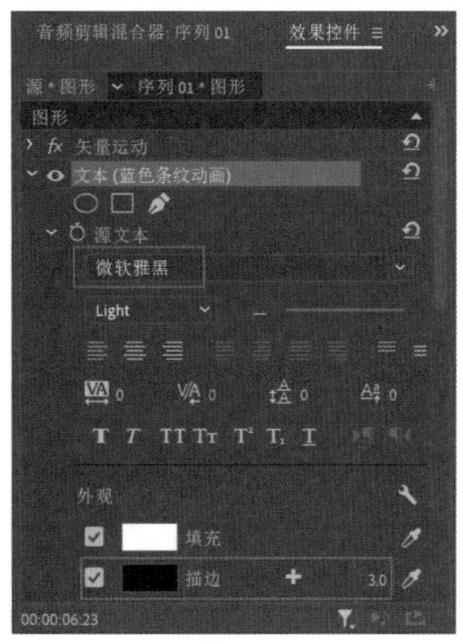

图4-79

04 设置完成后，“节目监视器”面板中的文本显示结果如图4-80所示。

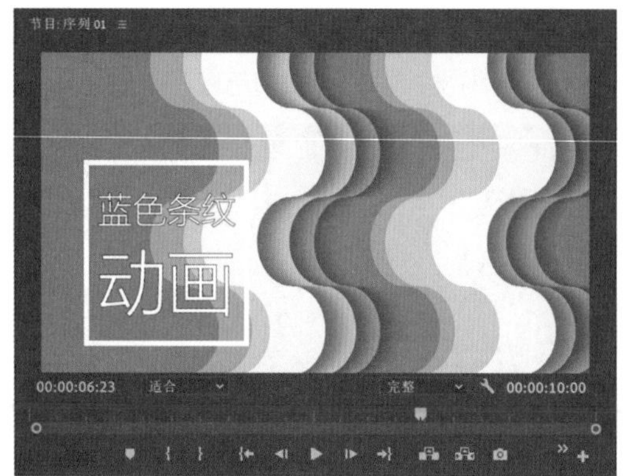

图4-80

05 在“效果”面板中找到“块溶解”效果，如图4-81所示。

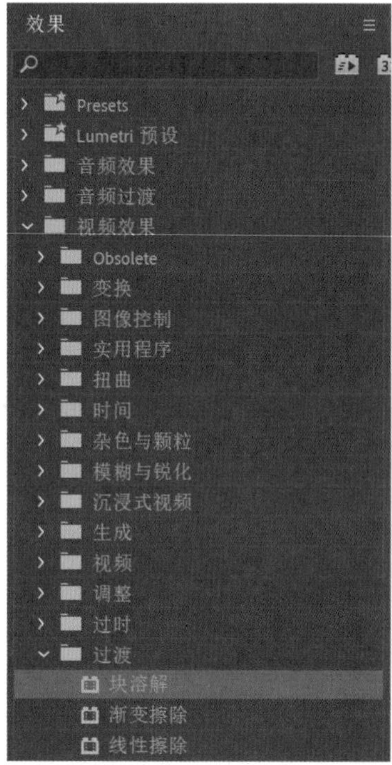

图4-81

06 设置“播放器指示位置”为00:00:06:10，在“效果控件”面板中，设置“过渡完成”为100%，并为其设置关键帧，如图4-82所示。

07 设置“播放器指示位置”为00:00:06:20，在“效果控件”面板中，设置“过渡完成”为0%，如图4-83所示。

08 设置“播放器指示位置”为00:00:08:14，在“效果控件”面板中，单击“过渡完成”后面的“添加关键帧”按钮，为其添加一个关键帧，如图4-84所示。

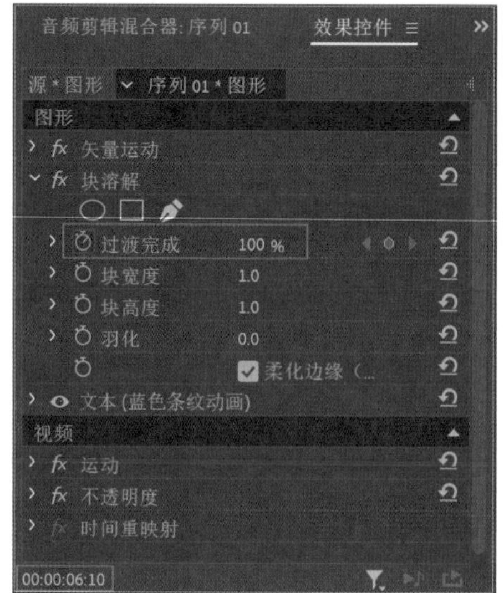

图4-82

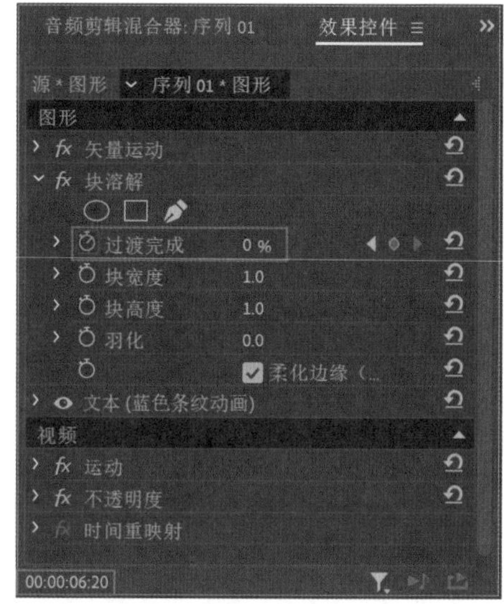

图4-83

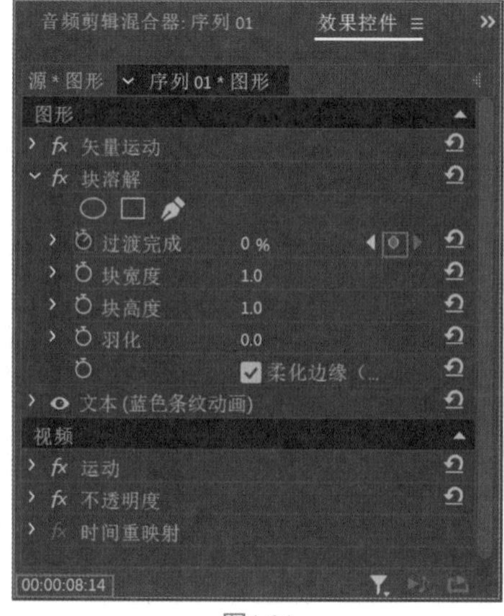

图4-84

09 设置“播放器指示位置”为00:00:08:24，在“效果控件”面板中，设置“过渡完成”为100%，如图4-85所示。

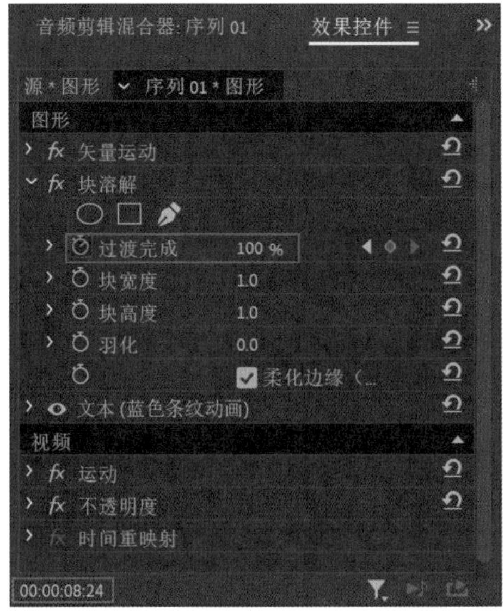

图4-85

10 这样，一段文字出现及消失的动画就制作完成了。按空格键播放视频动画，制作完成的蓝色条纹背景文字动画效果如图4-86所示。

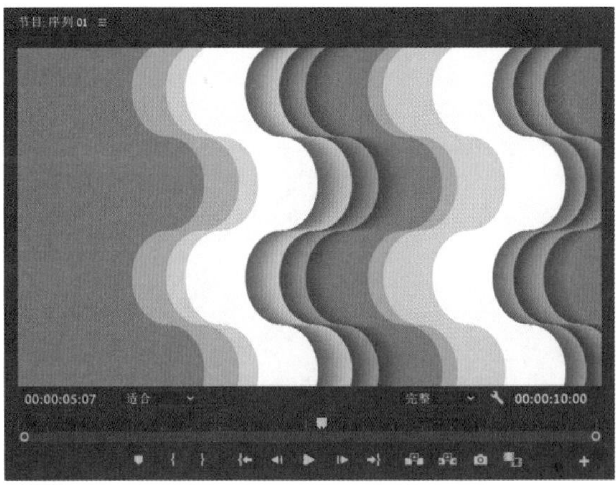

图4-86

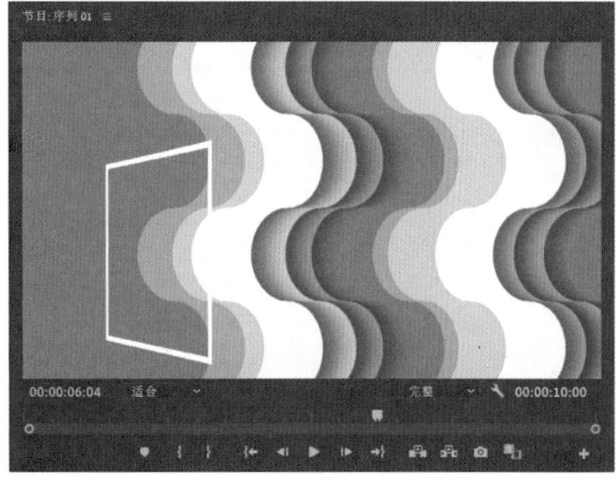

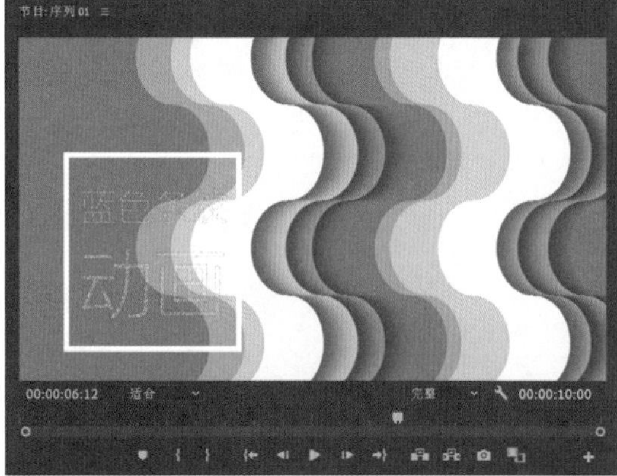

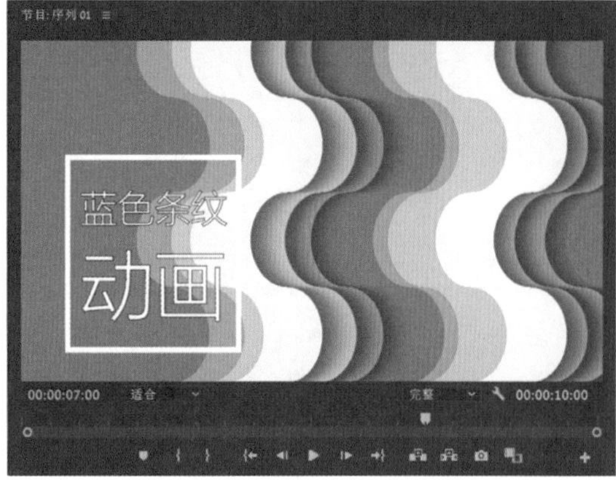

图4-86（续）

第 5 章

矢量图形动画——卡通小人

5.1 效果展示

本实例讲解如何使用图形来制作一个卡通小人的动画效果，图5-1所示为本章讲解的卡通小人动画完成效果。

图5-1

5.2 新建项目

01 启动Premiere Pro 2022软件，执行菜单栏中的“文件”|“新建”|“项目”命令，在“新建项目”对话框中，输入项目的“名称”为“卡通小人”，如图5-2所示。

图5-2

02 单击“新建项”按钮■，在弹出的菜单中执行“序列”命令，如图5-3所示。

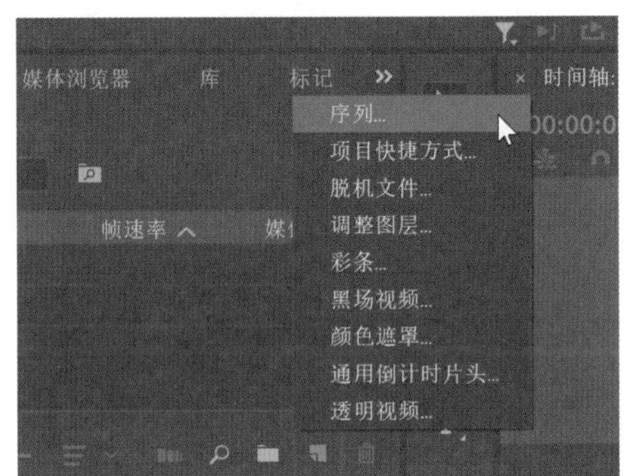

图5-3

03 在弹出的“新建序列”对话框中，选择“AVCHD 720p25”预设，创建一个序列，如图5-4所示。创建完成后，可以在“时间轴”面板中查看新创建出来的序列01，如图5-5所示。

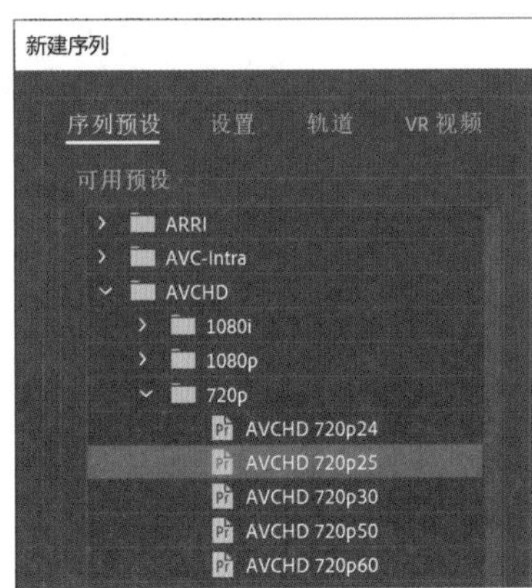

图5-4

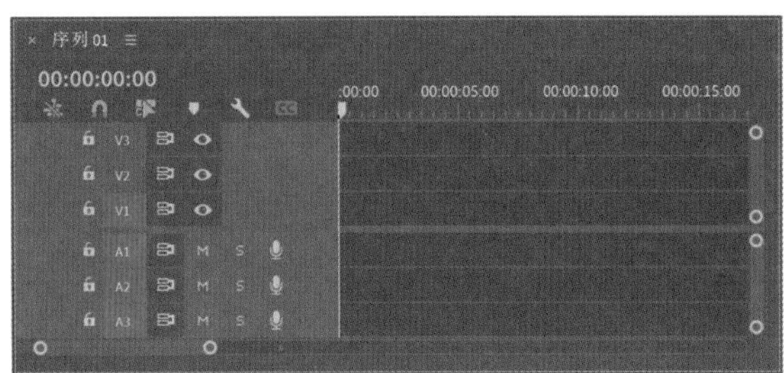

图5-5

04 单击“新建项”按钮■，在弹出的菜单中执行“颜色遮罩”命令，如图5-6所示。

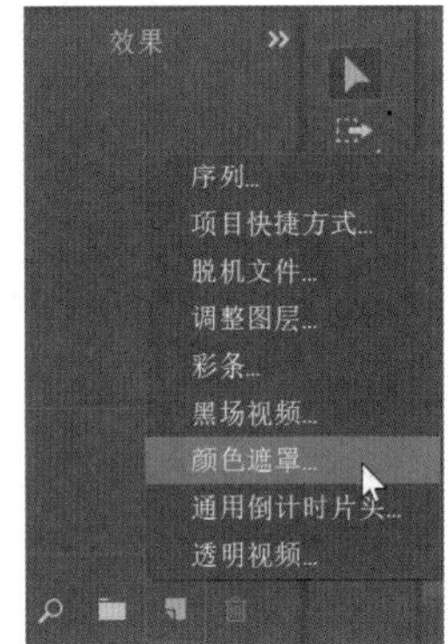

图5-6

05 在弹出的“新建颜色遮罩”对话框中，单击“确定”按钮，如图5-7所示。在弹出的“拾色器”对话框中，设置颜色为白色，如图5-8所示。

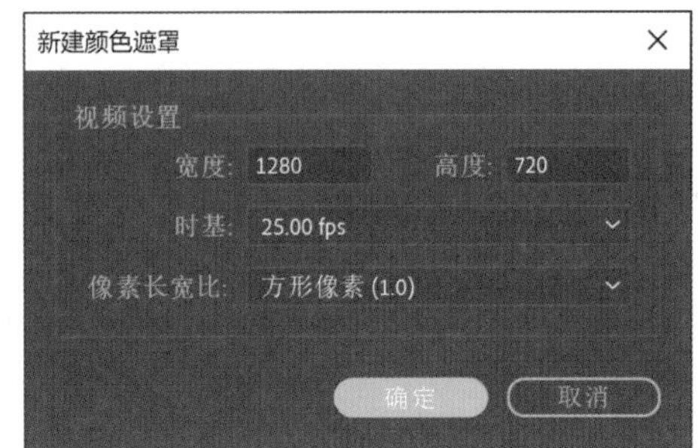

图5-7

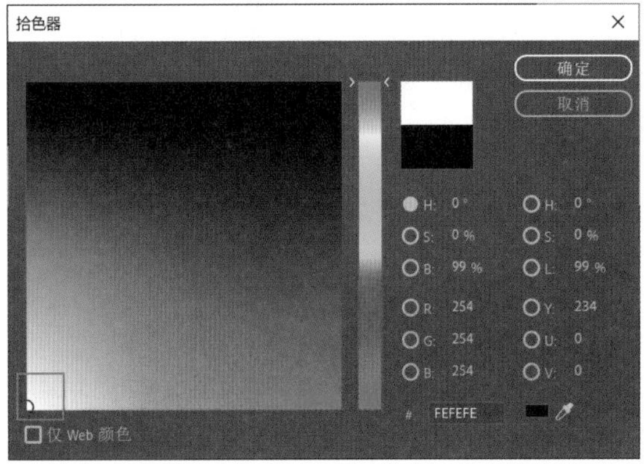

图5-8

06 在弹出的“选择名称”对话框中，更改“选择新遮罩的名称”为白色背景，如图5-9所示。设置完成后，观察“项目”面板，可以看到这里多了一个“白色背景”，如图5-10所示。

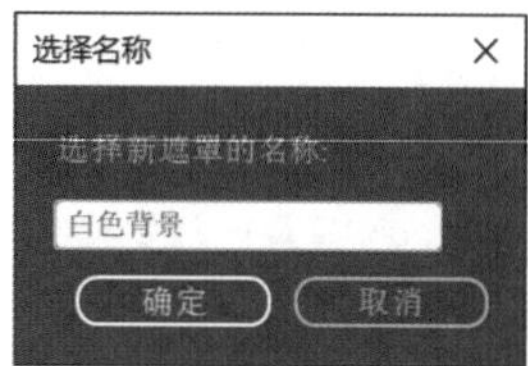

图5-9

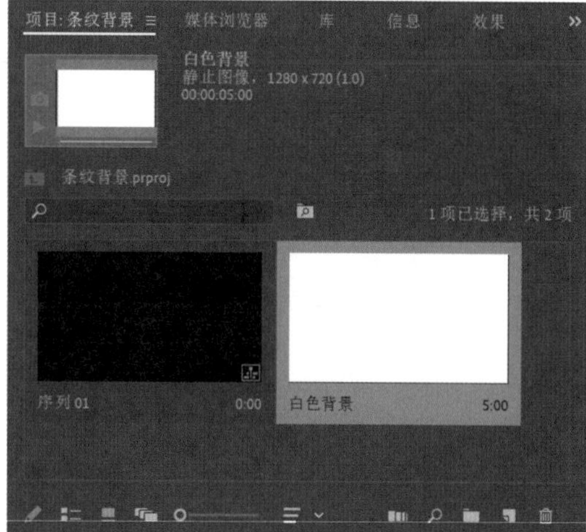

图5-10

07 将“项目”面板中的白色背景添加到“时间轴”面板中序列01中的V1轨道中，如图5-11所示。

图5-11

5.3 使用椭圆工具制作身体

01 在“工具”面板中，单击“椭圆工具”按钮，如图5-12所示。在“节目监视器”面板中创建一个椭圆，如图5-13所示。创建时，应确保该图形位于V2轨道上。

02 在“效果控件”面板中，更改图形的名称为“身体”，设置椭圆的“填充”颜色为红色，如图5-14所示。其中，“填充”颜色的参数设置如图5-15所示。

03 在“效果控件”面板中，将创建出来的图形进行复制，并设置下方的图形名称为“身体阴影”，如图5-16所示。

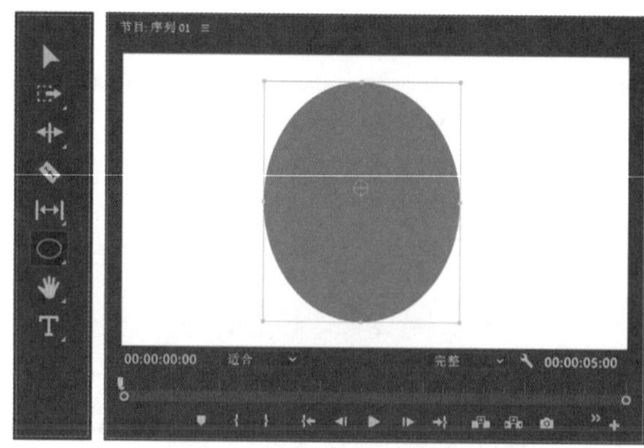

图5-12 图5-13

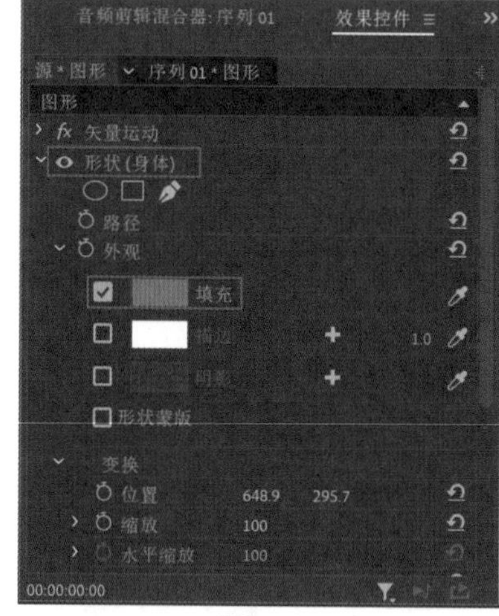

图5-14

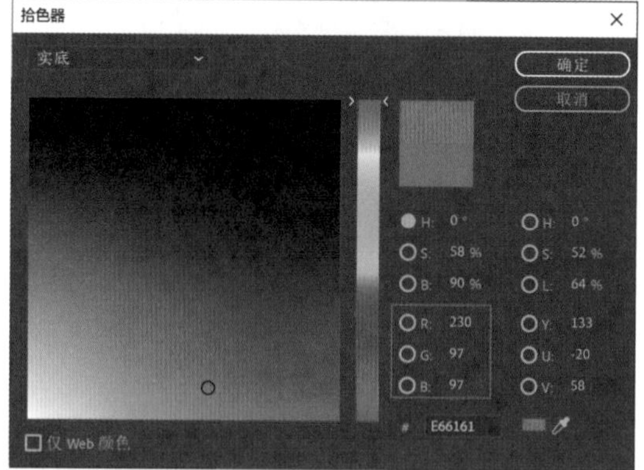

图5-15

◎技巧与提示

由于在Premiere Pro软件中制作角色需要大量的图形，所以为每一个图形命名是非常重要的一件事，不但有利于将来在项目中对动画进行修改，也有利于在不同的部门中进行工作对接。

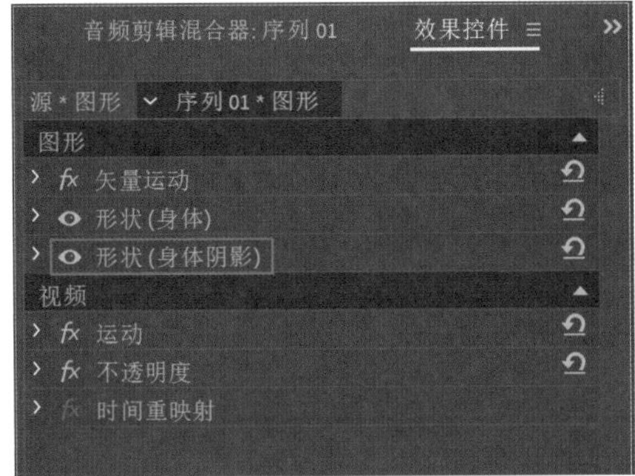

图5-16

04 更改“身体阴影”图形的“填充”颜色如图5-17所示，设置完成后，调整“身体”图形的位置如图5-18所示。

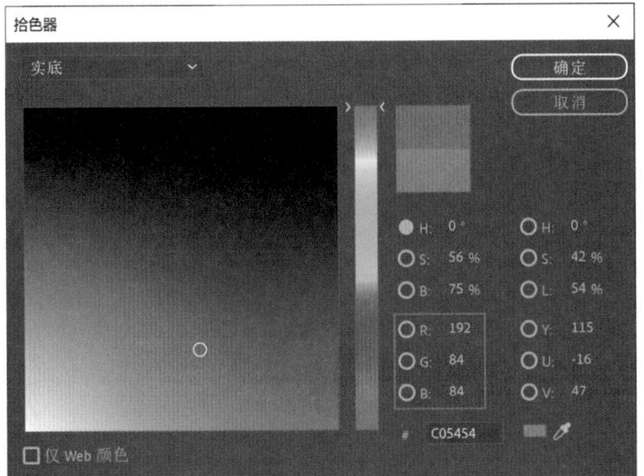

图5-17

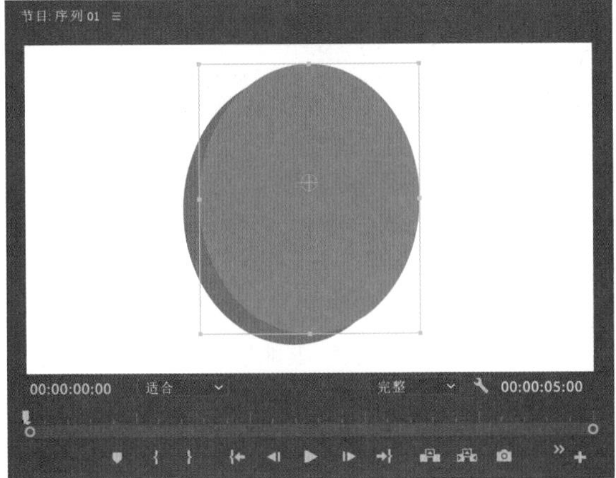

图5-18

05 在“效果控件”面板中，再次复制一个图形，更改其名称为“身体蒙版”，如图5-19所示。

06 在“效果控件”面板中，勾选“身体蒙版”图形的“形状蒙版”复选框，如图5-20所示。

07 在“节目监视器”面板中，调整“身体蒙版”图形的位置和大小如图5-21所示，完成卡通小人身体的制作。

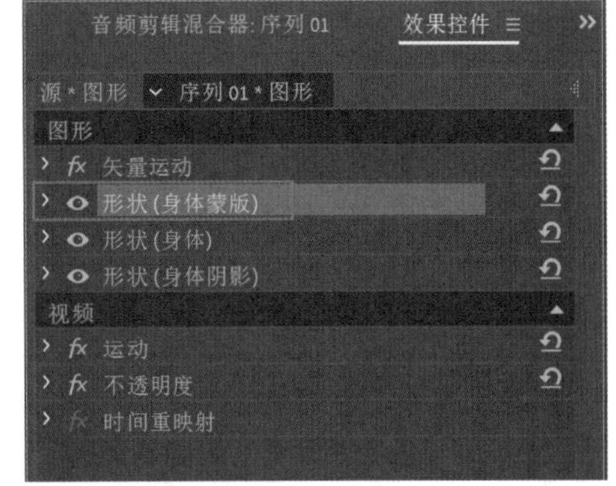

图5-19

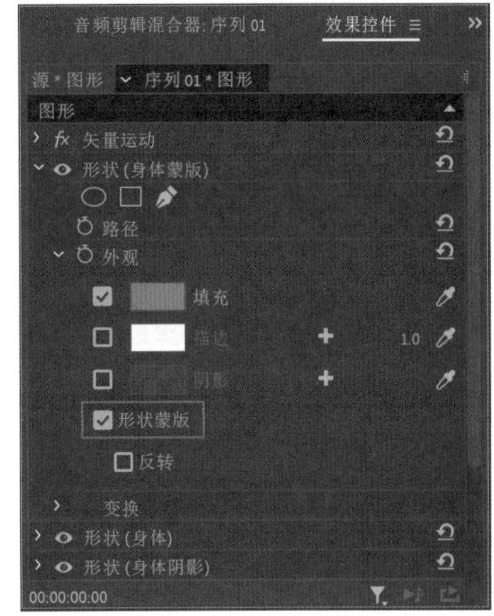

图5-20

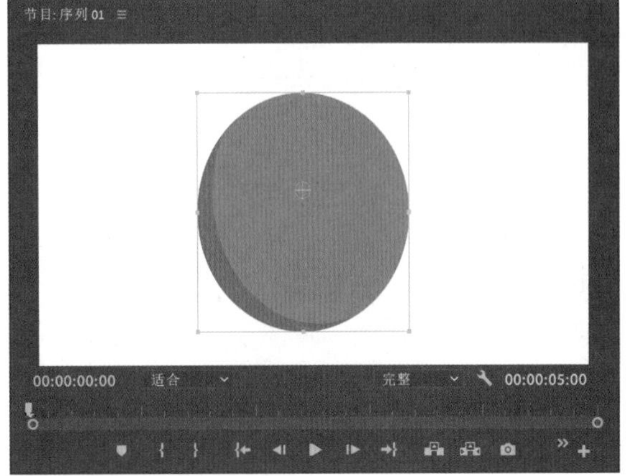

图5-21

08 在“效果控件”面板中，展开“矢量运动”卷展栏，调整“位置”和“缩放”值，如图5-22所示。调整“位置”和“缩放”值时应时刻注意“节目监视器”面板中的画面效果，所以，“位置”和“缩放”值无法给用户提供具体的数值来参考。

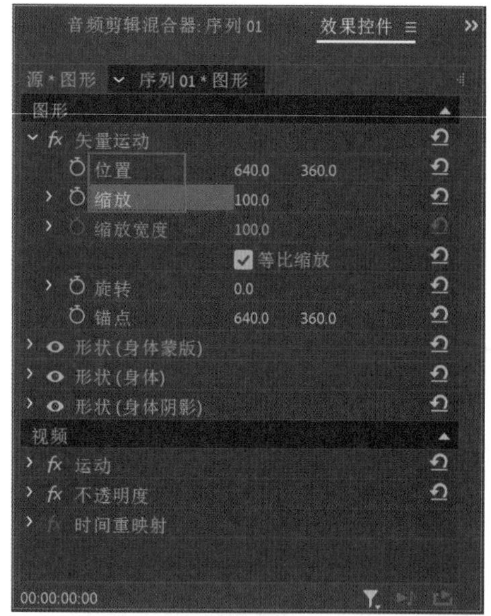

图5-22

09 调整完成后，卡通小人的身体显示结果如图5-23所示。

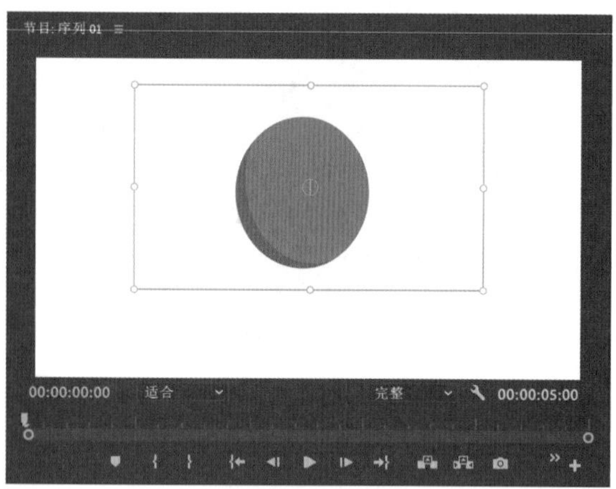

图5-23

10 在“时间轴”面板中，将V2轨道上的剪辑名称更改为“身体”，如图5-24所示。

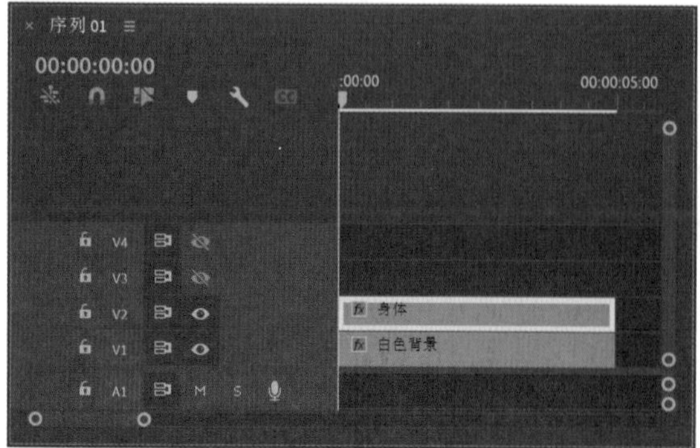

图5-24

5.4 使用椭圆工具制作眼睛

01 在“工具”面板中，单击“椭圆工具”按钮，如图5-25所示。在“节目监视器”面板中创建一个圆形图形，如图5-26所示。创建时，应确保该图形位于V3轨道上。

图5-25

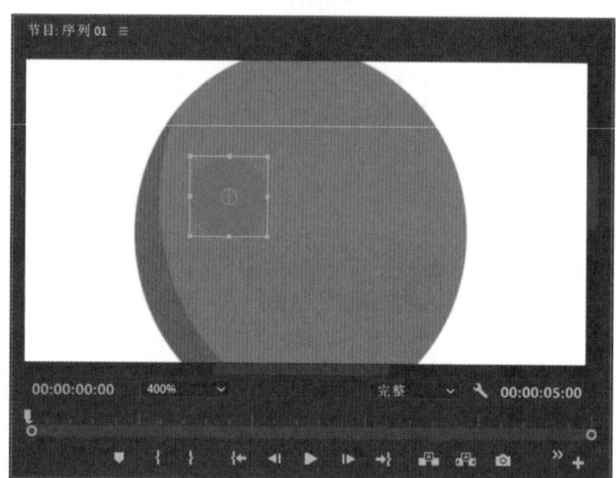

图5-26

02 在“效果控件”面板中，设置图形的名称为“白色眼球”，设置“填充”颜色为白色，如图5-27所示。

03 在“效果控件”面板中，对圆形图形进行复制，并更改名称为“黑色眼珠”，设置其“填充”颜色为黑色，如图5-28所示。设置完成后，在“节目监视器”面板中调整黑色眼珠的大小和位置如图5-29所示。

04 在“效果控件”面板中，对圆形图形再次进行复制，更改其名称为“眼睛蒙版”，并勾选“形状蒙版”和“反转”复选框，如图5-30所示。

05 在“节目监视器”面板中，调整“眼睛蒙版”图形的大小和位置如图5-31所示，用来控制角色的眨眼睛效果。

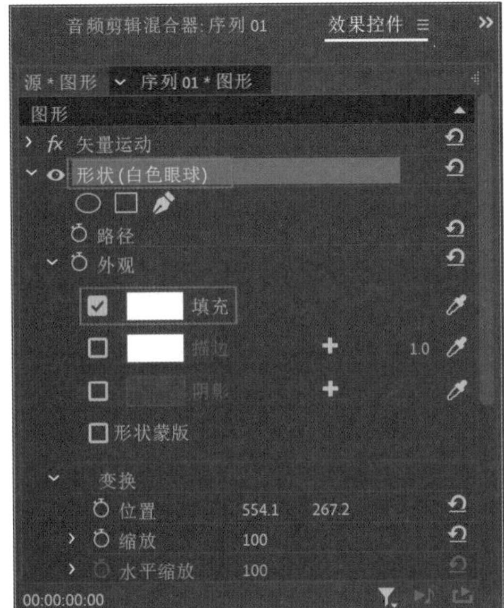
图5-27

图5-28

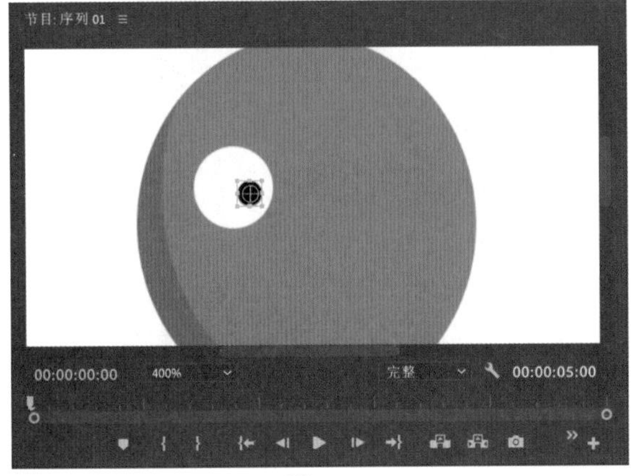
图5-29

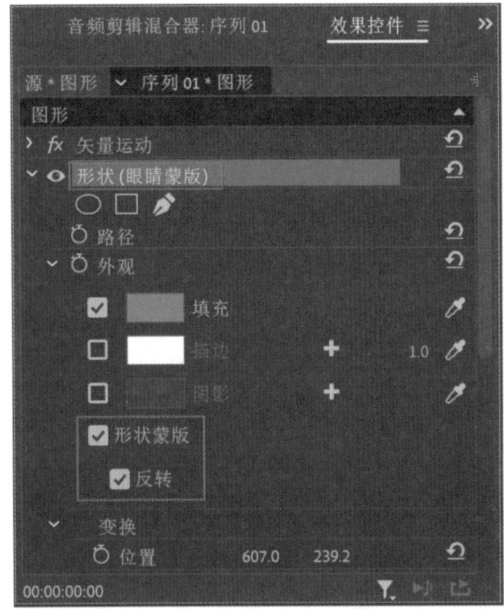
图5-30

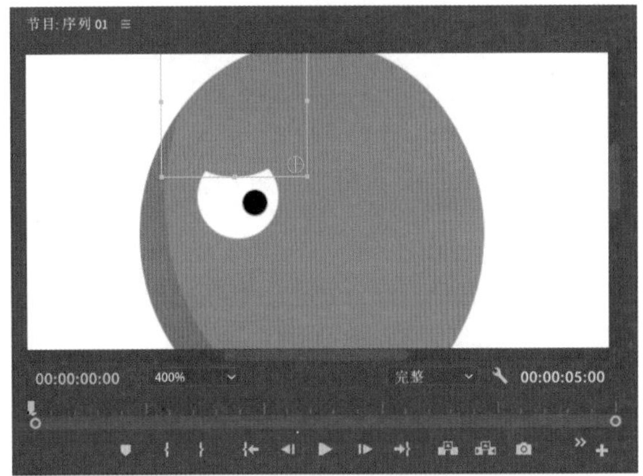
图5-31

06 设置完成后，在“时间轴”面板中，按住Alt键，复制V3轨道上的图形剪辑至V4轨道上，并分别对其重命名为“左眼”和“右眼”，如图5-32所示。

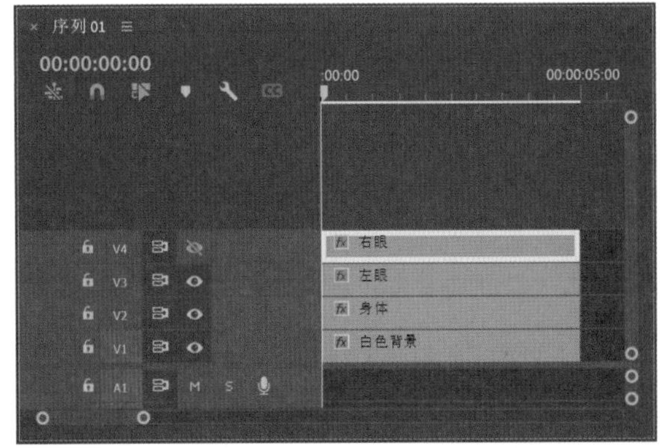
图5-32

07 在“时间轴”面板中选择“左眼”剪辑，在“效果控件”面板中，展开“矢量运动”卷展栏，调整“位置”值，如图5-33所示。“节目监视器”面板中新复制出来的眼睛位置如图5-34所示。

图5-33

图5-34

◎技巧与提示·◦

注意，调整“位置”值时，应时刻注意“节目监视器”面板中的卡通角色视觉效果，所以该值无法给出具体的参数值供用户参考。

5.5 使用钢笔工具绘制嘴巴和头发

01 在“工具”面板中，单击“钢笔工具”按钮，如图5-35所示。在“节目监视器”面板中绘制如图5-36所示的线条。创建时，应确保该线条位于V5轨道上。

图5-35

图5-36

02 在“效果控件”面板中，更改图形的名称为“微笑”，取消勾选“填充”复选框，勾选“描边”复选框，设置“描边”颜色为黑色，宽度为9.0，如图5-37所示。

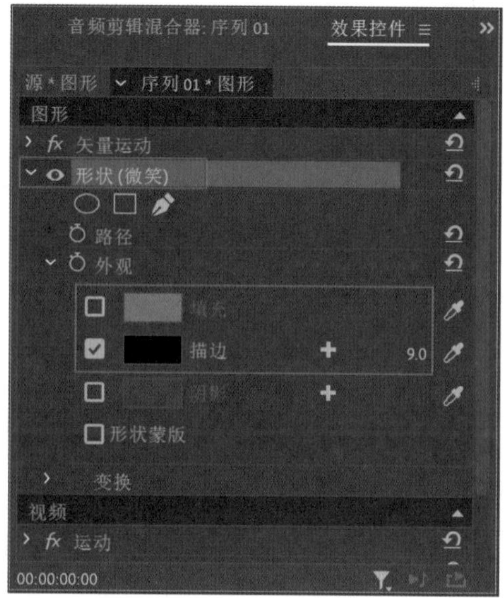

图5-37

03 设置完成后，在“时间轴”面板中，将V5轨道上的剪辑名称也更改为“微笑”，如图5-38所示。

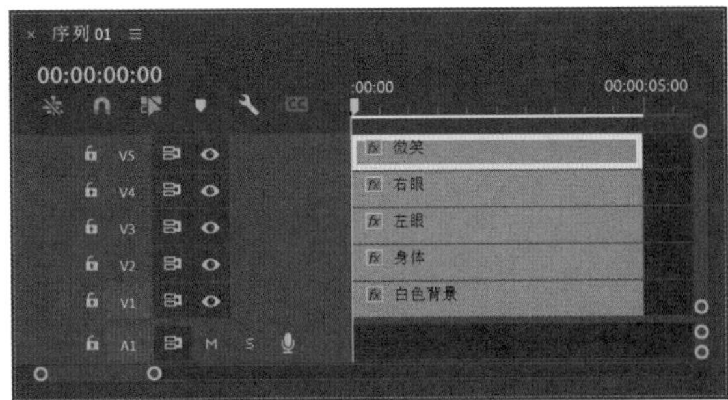

图5-38

04 观察“节目监视器”面板，添加了微笑嘴形的卡通角色显示效果如图5-39所示。

图5-39

05 使用同样的操作步骤绘制出角色的四肢，如图5-40和图5-41所示。绘制时，应注意角色的四肢分别位于不同的轨道上，如图5-42所示。

06 绘制完成后的卡通小人显示效果如图5-43所示。

图5-40

图5-41

图5-42

图5-43

5.6　制作卡通小人动画效果

01 在“节目监视器”面板中，选择卡通小人的左手，如图5-44所示。

图5-44

02 设置“播放指示器位置”为00:00:00:00，在“效果控件”面板中，为“路径”“旋转”设置关键帧，如图5-45所示。

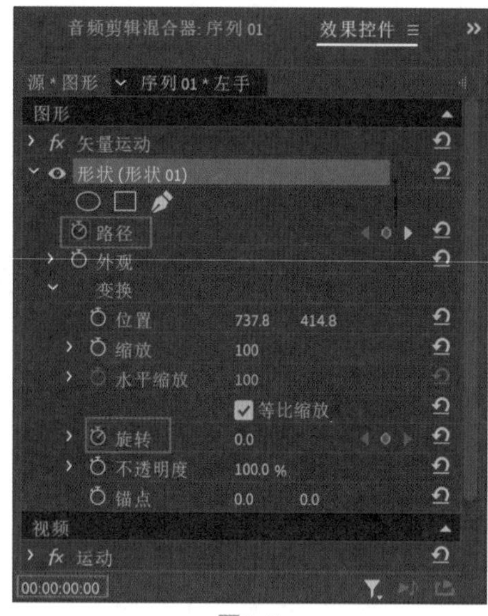

图5-45

03 设置“播放指示器位置”为00:00:00:10，在“节目监视器”面板中，调整卡通小人左手的形态如图5-46所示。

图5-46

04 在“节目监视器”面板中，选择卡通小人的左眼，如图5-47所示。

图5-47

05 设置“播放指示器位置”为00:00:00:00，在“效果控件”面板中，找到“眼睛蒙版”的“位置”值，并为其添加关键帧，如图5-48所示。

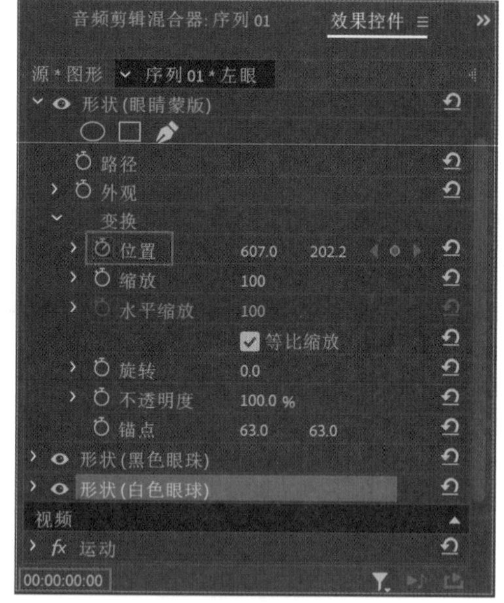

图5-48

06 微调“位置”的同时，在“节目监视器”面板中得到如图5-49所示的效果。注意要根据“节目监视器”面板中的眼睛显示结果来调试该值，所以无法给出具体的参数供用户参考。

07 设置“播放指示器位置”为00:00:00:10，在“效果控件”面板中为“位置”添加关键帧。设置“播放指示器位置”为00:00:00:05，调整“位置”值，直至在“节目监视器”面板中得到如图5-50所示的闭眼睛效果。

08 以同样的操作步骤制作出小人另一个眼睛的眨眼睛动画。调整完成后，在“效果控件”面板中更改小人左手动画关键帧的位置如图5-51所示。使小人的眨眼睛动画和挥手动画不要在同一时间内发生。

图5-49

图5-50

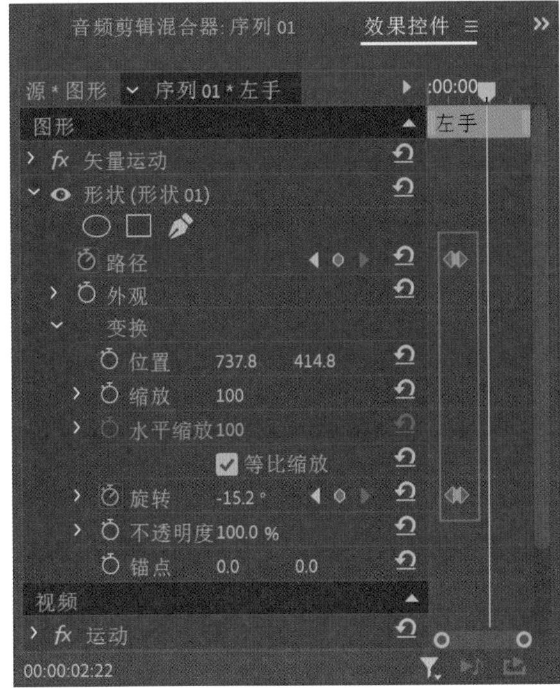

图5-51

5.7　制作简单卡通场景

01 在“时间轴”面板中新建一个序列02，如图5-52所示。

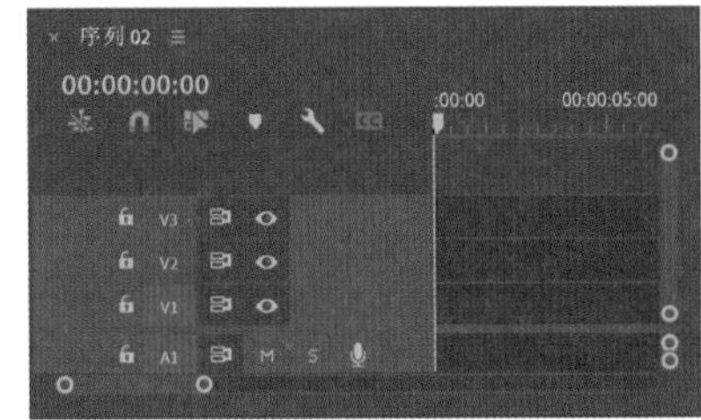

图5-52

02 使用“矩形工具”在“节目监视器”面板中绘制如图5-53所示的图形，用来制作背景天空。

图5-53

03 在“效果控件”面板中，更改矩形图形的名称为“蓝色天空”，设置“填充”颜色为蓝色，如图5-54所示。其中，“填充”颜色的参数设置如图5-55所示。

图5-54

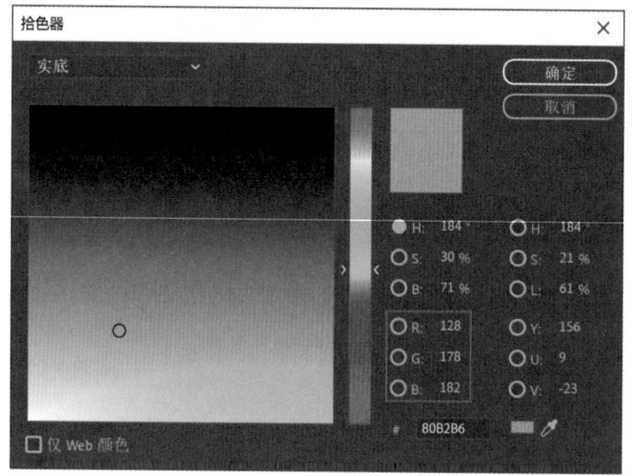

图5-55

04 设置完成后，“节目监视器”面板中的画面显示结果如图5-56所示。

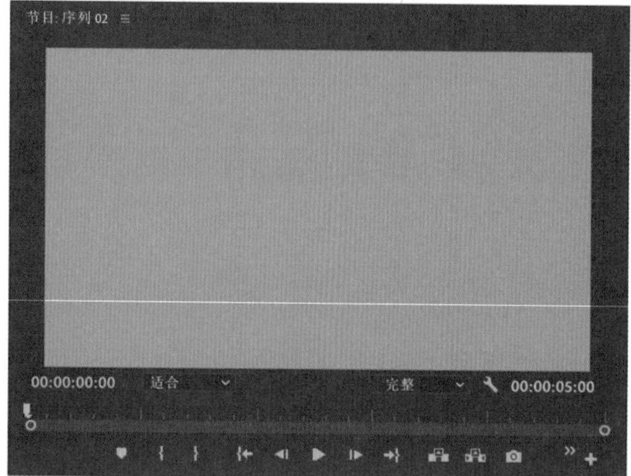

图5-56

05 使用同样的操作步骤在V1轨道上使用“矩形工具”创建一个灰色的矩形作为地面，如图5-57所示，并在“效果控件”面板中更改图形名称为“灰色地面”。

图5-57

06 使用“钢笔工具”在“节目监视器”面板中绘制如图5-58所示的图形，用来制作远山。

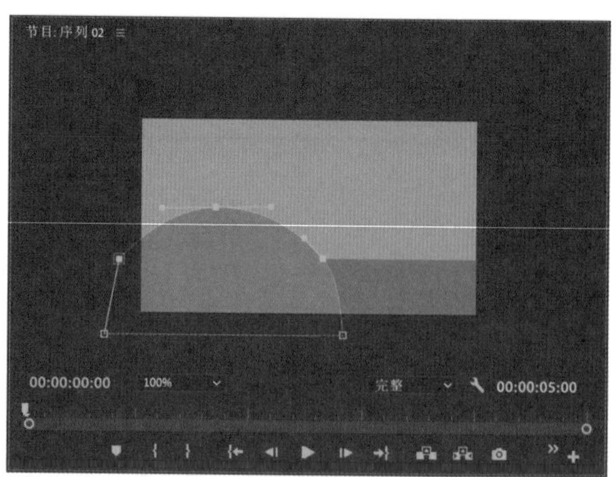

图5-58

技巧与提示

使用“钢笔工具”绘制远山时，按住Alt键，可以调整曲线上的手柄来控制线的弧度。

07 在“效果控件”面板中，更改图形的名称为“绿色远山”，并调整“填充”颜色为绿色，如图5-59所示。其中，“填充”颜色的参数设置如图5-60所示。

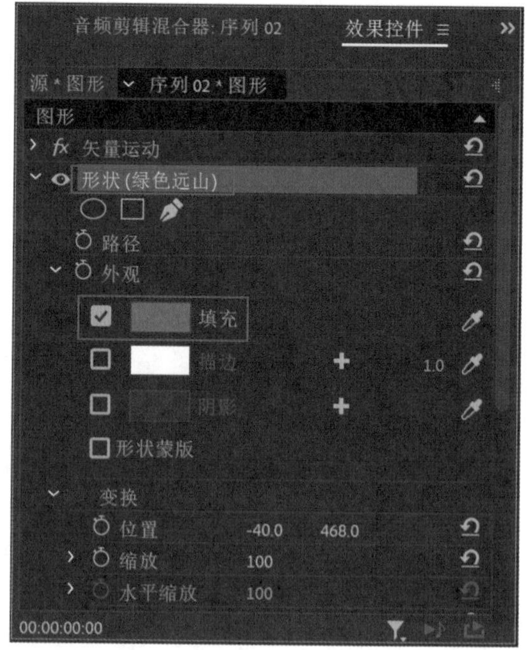

图5-59

08 设置完成后，“节目监视器”面板中的画面显示结果如图5-61所示。

09 在“效果控件”面板中，调整“绿色远山”的位置如图5-62所示。设置完成后，“节目监视器”面板中的画面显示结果如图5-63所示。

10 使用“钢笔工具”在“节目监视器”面板中绘制如图5-64所示的云朵形状图形。

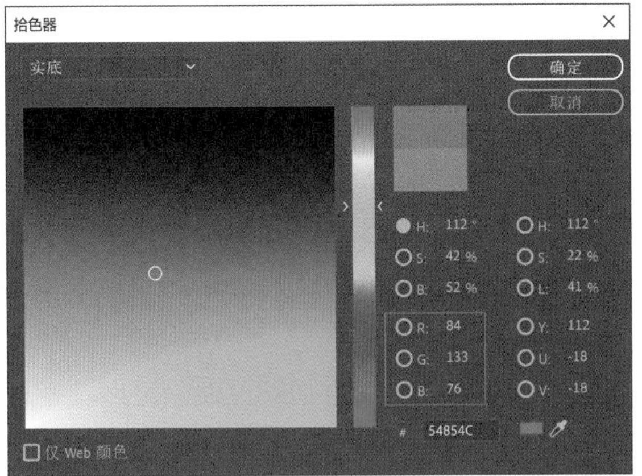
图5-60

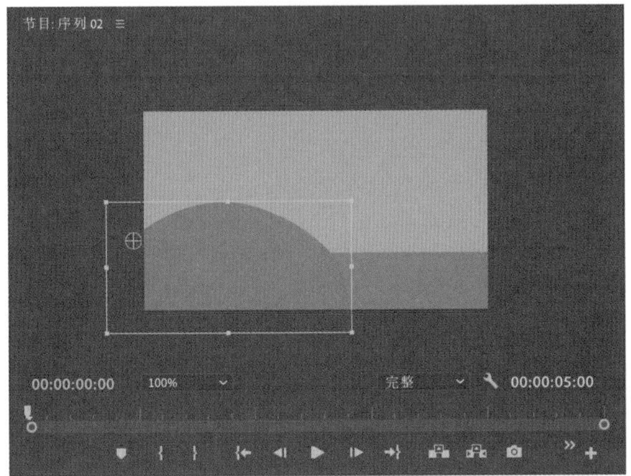
图5-61

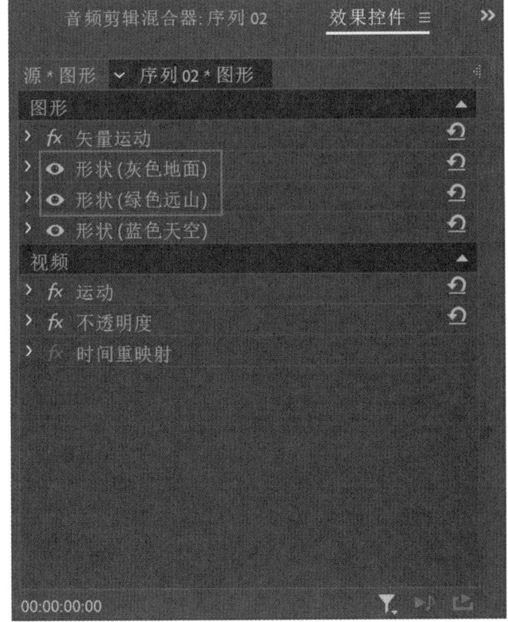
图5-62

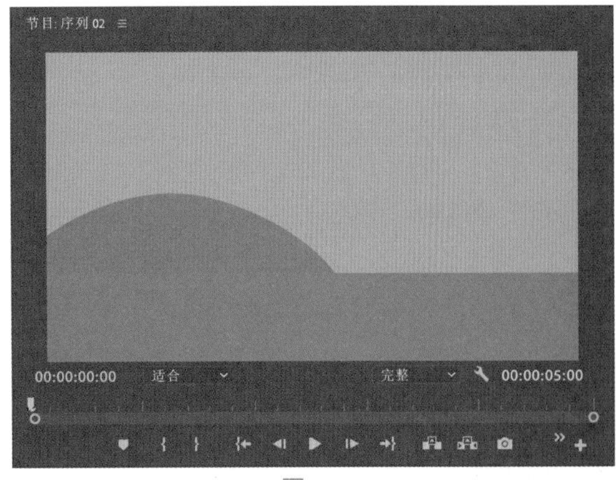
图5-63

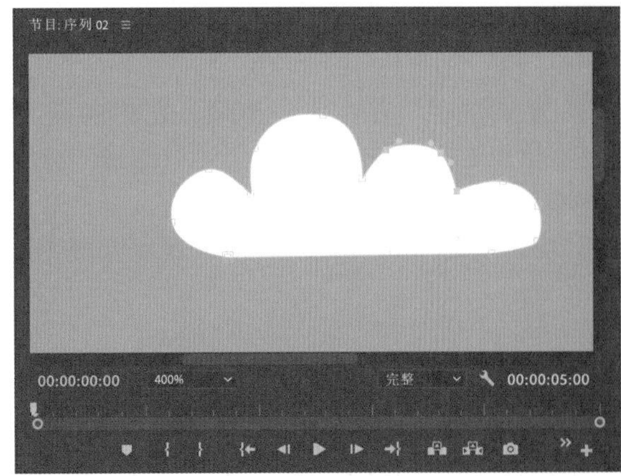
图5-64

11 在“效果控件”面板中更改图形的名称为“白色云朵”，并调整“填充”颜色为白色，如图5-65所示。

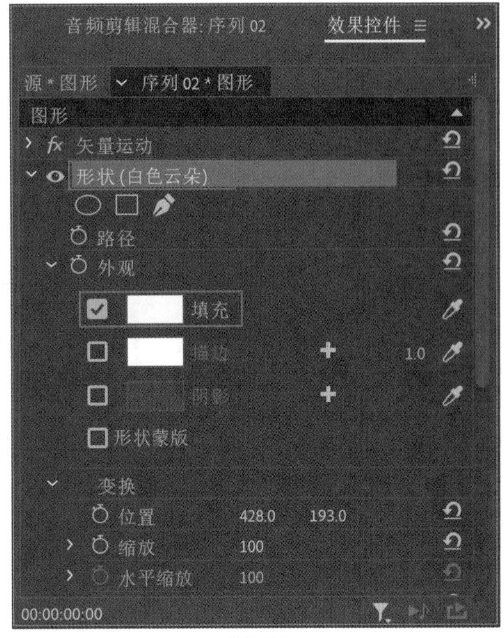
图5-65

12 用同样的步骤在“节目监视器”面板中绘制如图5-66所示的树木图形。

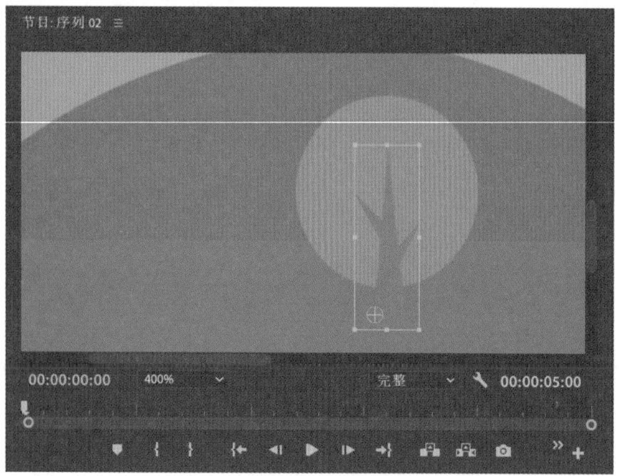

图5-66

13 绘制完成后，在“节目监视器”面板中将这些绘制的图形进行复制并调整位置，制作出如图5-67所示的场景效果。

图5-67

14 在“项目”面板中，单击“新建项”按钮，在弹出的菜单中执行“调整图层”命令，如图5-68所示。

图5-68

15 在弹出的“调整图层”对话框中，单击“确定”按钮，如图5-69所示，即可在“项目”面板中创建一个调整图层。

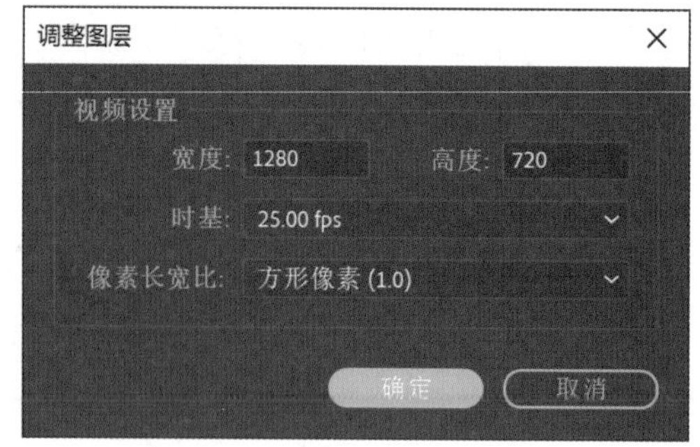

图5-69

16 将“项目”面板中的“调整图层”放置在“时间轴”面板中序列02中的V2轨道上，如图5-70所示。

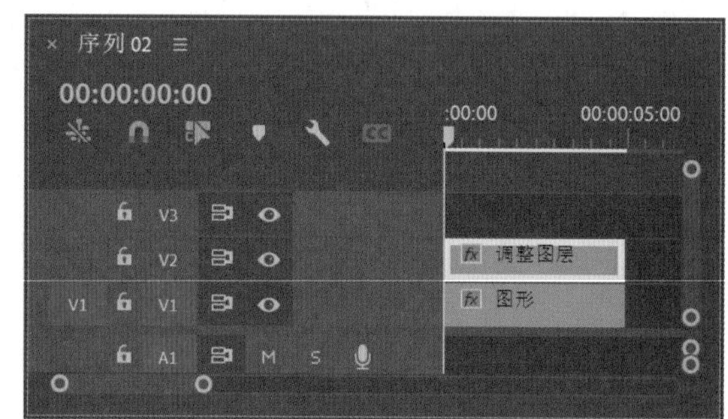

图5-70

17 在“效果”面板中找到“黑白”效果，如图5-71所示，并将其添加至V2轨道上的调整图层上，即可得到黑白效果的卡通场景，如图5-72所示。这样，就制作出了彩色和黑白色的卡通场景。

图5-71

图5-72

5.8　场景合并

01 将“项目”面板中的序列01拖曳至“时间轴”面板中序列02的V3轨道上，如图5-73所示。

图5-73

02 在“节目监视器”面板中可以看到现在序列01的画面完全盖住了之前制作的卡通场景，如图5-74所示。

图5-74

03 在“时间轴”面板中打开序列01，单击V1轨道上眼睛形状的“切换轨道输出”按钮，隐藏V1轨道上的剪辑内容，如图5-75所示。

04 这样，在“节目监视器”面板中观看动画，则可以看到卡通小人和我们刚刚制作的卡通场景合并在一起的效果，如图5-76所示。

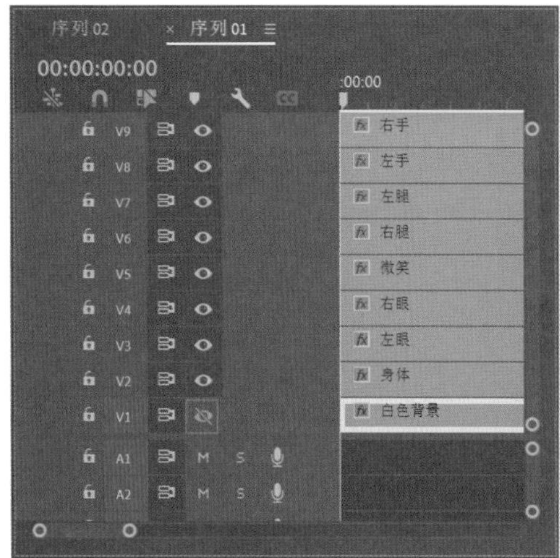

图5-75

图5-76

05 在“效果控件”面板中，可以通过调整“位置”值来控制卡通小人在场景中的位置，如图5-77所示。

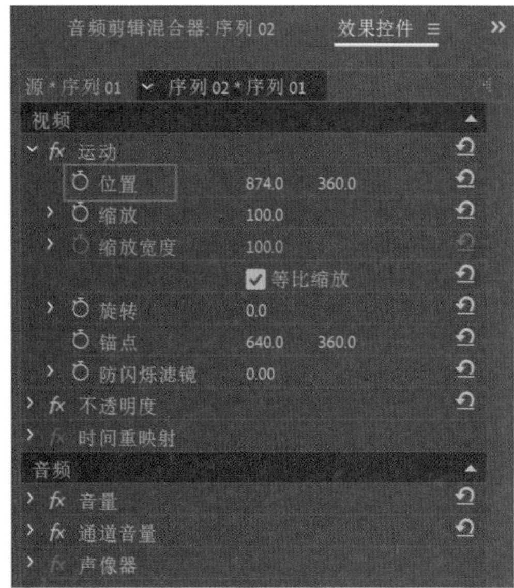

图5-77

06 在“时间轴”面板中，单击V2轨道上眼睛形状的“切换轨道输出”按钮，隐藏V2轨道上的调整图层，如图5-78所示，可以将黑白色的卡通场景恢复为彩色的场景效果。

图5-78

07 本实例最终完成的卡通动画效果如图5-79所示。

图5-79

技巧与提示

用户学习完本章实例，可以举一反三，绘制出街道、楼房、汽车等图形，也可以制作出非常复杂的卡通场景动画。

第 6 章

专业调色工具——美化视频

6.1 效果展示

中文版Premiere Pro 2022软件为用户提供了多种不同的专业调色效果，这些效果里的参数有的非常简单，有的则非常复杂，并且有很大一部分效果中的参数是完全一样的。本实例主要讲解“Lumetri颜色”效果的使用方法，该效果几乎包含了所有的调色参数，不但可以调整画面的亮度、对比度，还可以制作出偏色、去色、单色保留、颜色替换、晕影及多种预设效果。如果用户希望能够在该软件中随心所欲地处理自己拍摄的视频或照片，那么一定要熟练掌握该效果的使用方法。图6-1所示为使用“Lumetri颜色”效果处理后的各种画面效果对比。

图6-1

图6-1（续）

6.2 导入素材

01 启动Premiere Pro 2022软件，执行菜单栏中的“文件”|“新建”|“项目”命令，在“新建项目”对话框中，输入项目的“名称”为“美化视频”，如图6-2所示。

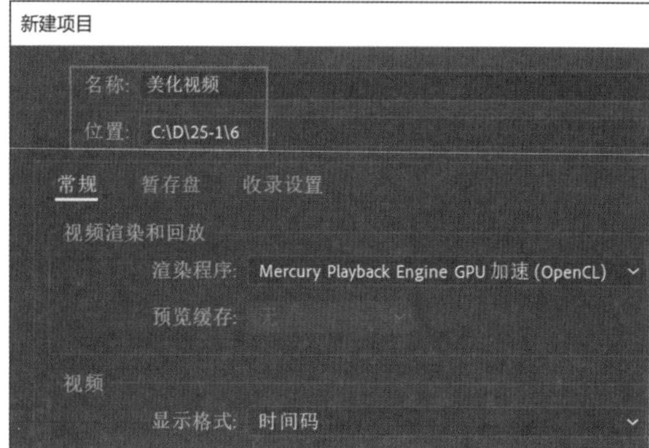

图6-2

02 单击“新建项”按钮，在弹出的菜单中执行“序列”命令，如图6-3所示。

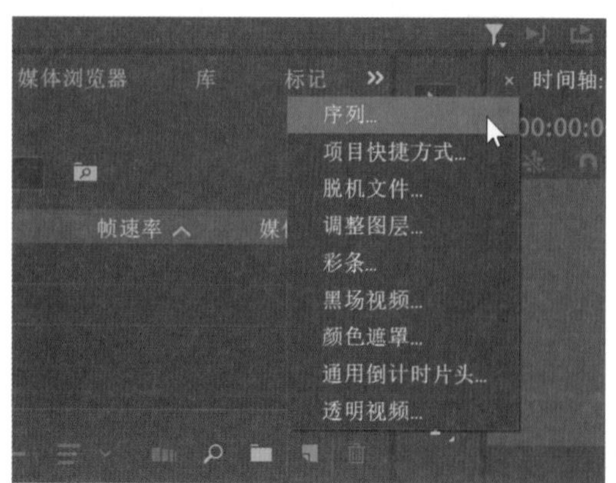

图6-3

03 在弹出的“新建序列”对话框中，选择“AVCHD 720p25”预设，创建一个序列，如图 6-4所示。创建完成后，可以在“时间轴”面板中查看新创建出来的序列01，如图6-5所示。

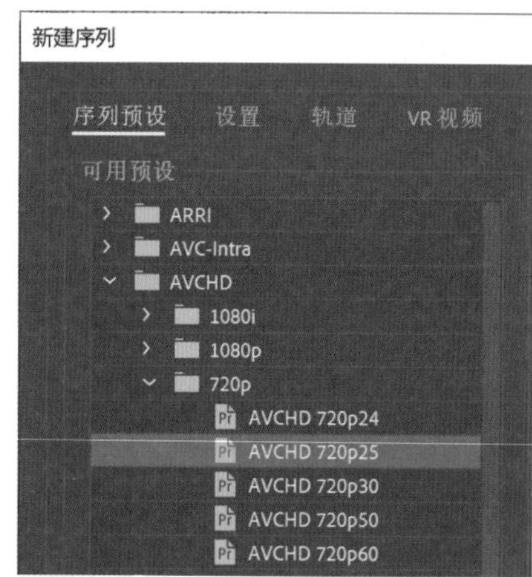

图6-4

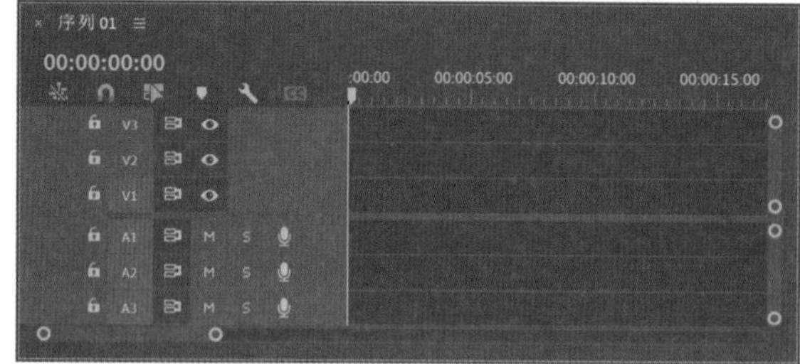

图6-5

04 在“项目”面板中，双击空白区域，导入“6-1.MOV”“6-2.MOV”“6-3.MOV”素材，如图6-6所示。

05 将“项目”面板中的“6-1.MOV”素材添加到“时间轴”面板中“序列01”上的V1视频轨道上，这时，系统会自动弹出“剪辑不匹配警告”对话框，如图6-7所示。单击“保持现有设置”按钮，即可在“时间轴”面板中查看添加进来的剪辑，如图6-8所示。

06 在“效果控件”面板中，设置“缩放”为67.0，如图6-9所示。设置完成后，“节目监视器”面板中的画面显示结果如图6-10所示。

图6-6

图6-7

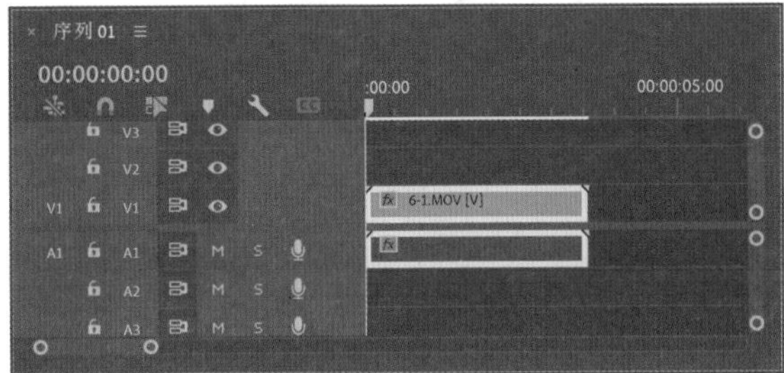

图6-8

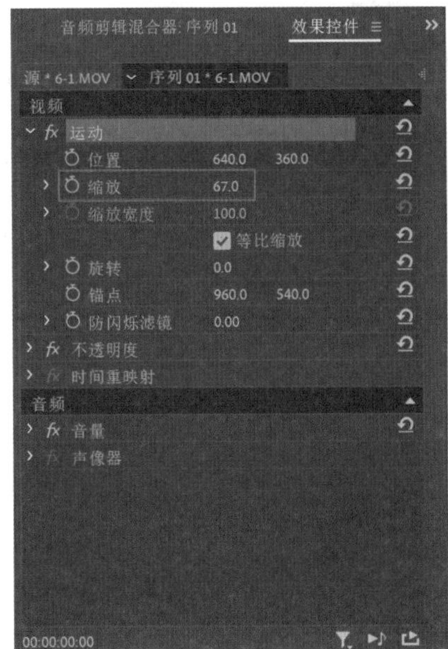

图6-9

图6-10

07 在“效果”面板中找到“Lumetri颜色”效果，如图6-11所示，并将其添加至V1轨道中的视频剪辑上。

图6-11

08 添加完成后，在“效果控件”面板中，可以看到“Lumetri颜色”效果中有“基本校正”“创意”“曲线”“色轮和匹配”“HSL辅助”“晕影”6个卷展栏，如图6-12所示。接下来对其中较为常用的参数进行详细讲解。

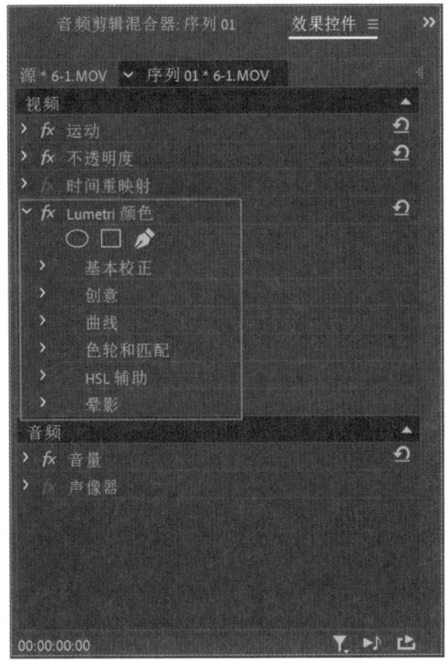

图6-12

> **技巧与提示**
>
> 中文版Premiere Pro 2022软件还为用户单独提供了“Lumetri颜色”面板，在“Lumetri颜色”面板中对参数进行设置和在“效果控件”面板中对“Lumetri颜色”效果进行参数设置的结果是一样的。

6.3 对图像进行基本校正

01 调整“基本校正”卷展栏内的参数可以对图像进行色彩的基本校正，参数设置如图6-13所示。

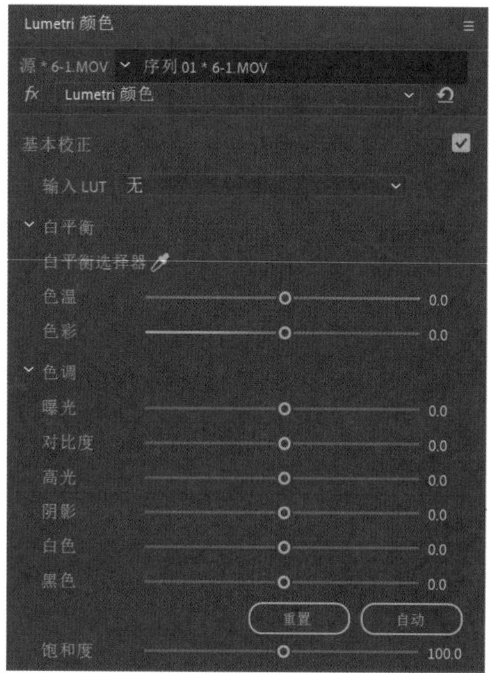

图6-13

02 “基本校正”卷展栏中的第一个参数是“输入LUT”，可以使用LUT（查询表）中的预设可以为剪辑进行色彩调整，如图6-14所示。注意这些预设效果有的非常相似，几乎没有明显的视觉差异，如图6-15～图6-18所示为视频剪辑应用了LUT（查询表）中个别预设后的画面显示结果。

03 图像的白平衡可以反映出画面拍摄时的采光条件，调整白平衡下方的“色温”和“色彩”效果可以有效改进图像的环境色彩。将“色温”的滑块向左移动，如图6-19所示，可以使画面看起来偏冷色，如图6-20所示；将“色温”的滑块向右移动，如图6-21所示，则可以使画面看起来偏暖色，如图6-22所示。

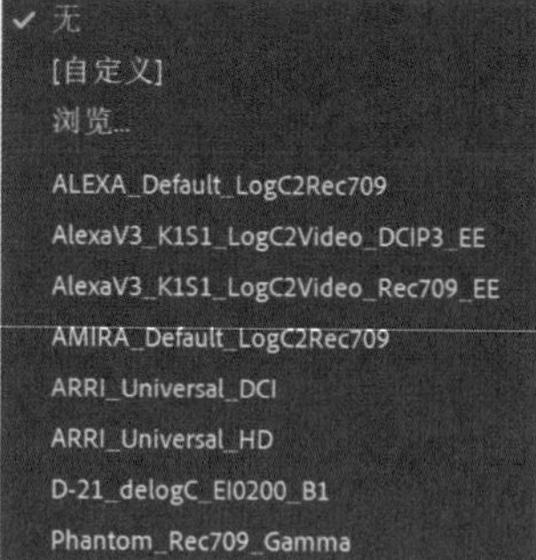

图6-14

图6-15

图6-16

图6-17

图6-18

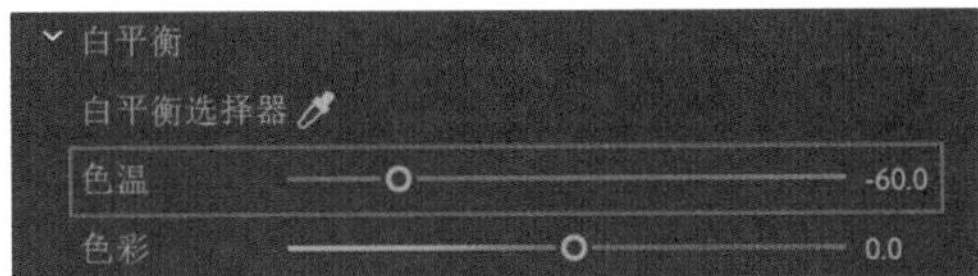

图6-19

图6-20

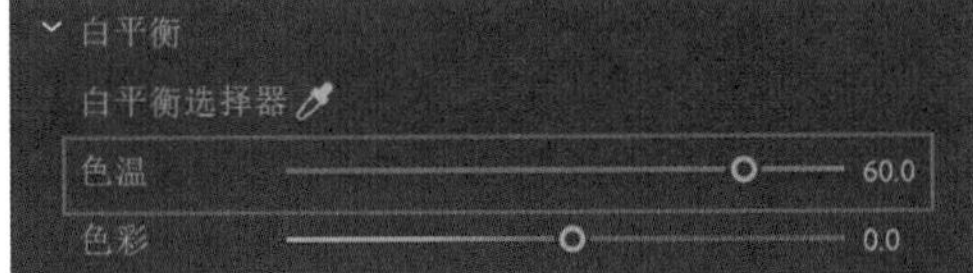

图6-21

图6-22

04 将“色彩”的滑块向左移动，如图6-23所示，可以增加画面的绿色色彩，如图6-24所示；将“色彩”的滑块向右移动，如图6-25所示，则可以增加画面的洋红色色彩，如图6-26所示。

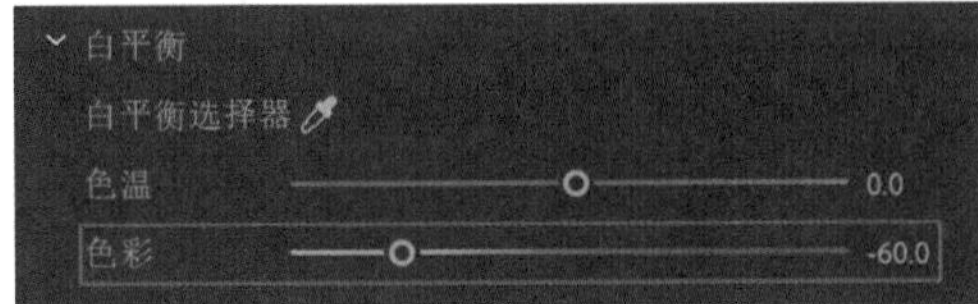

图6-23

图6-24

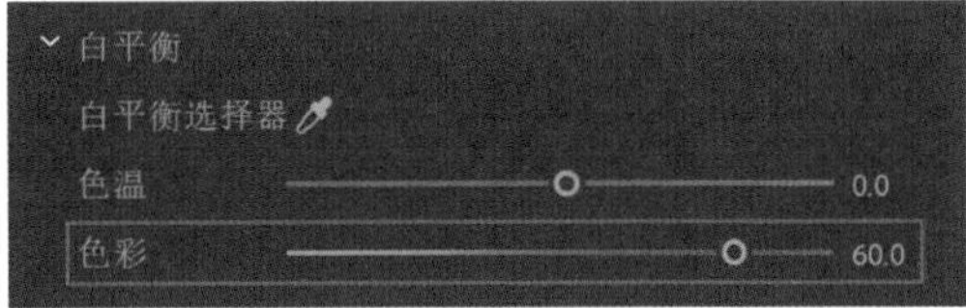

图6-25

图6-26

05 使用“色调”卷展栏中的“曝光”可以更改视频剪辑的亮度，如图6-27所示为“曝光”为0和3的图像显示结果对比。

图6-27

06 “色调”卷展栏中的“对比度”可以更改视频剪辑的对比度，如图6-28所示为“对比度”为-100和50的图像显示结果对比。

图6-28

图6-28（续）

07 “色调”卷展栏中的“高光”效果可以更改视频剪辑中的亮域，如图6-29所示为“高光”为-100和100的图像显示结果对比。

图6-29

08 “色调”卷展栏中的“阴影”可以调整视频剪辑中的暗区，如图6-30所示为“阴影”为-100和100的图像显示结果对比。

09 “色调”卷展栏中的“白色”可以使视频剪辑中高光的部分更白，图6-31所示为“白色”为0和100的图像显示结果对比。

图6-30

图6-30（续）

图6-31

10 “色调”卷展栏中的“黑色”可以使视频剪辑中阴影的部分更黑，图6-32所示为“黑色”为0和-100的图像显示结果对比。

11 “色调”卷展栏中的“饱和度”可以均匀调整视频剪辑中所有色彩的饱和度，“饱和度”越小，图像越接近黑白色；“饱和度”越大，图像的色彩越鲜艳，图6-33所示为“饱和度”为0和200的图像显示结果对比。

图6-32

图6-32（续）

图6-33

12 调整“Lumetri颜色”效果的参数值时，建议用户在“Lumetri范围”面板中观察图像的“波形（RGB）”图，如图6-34所示。

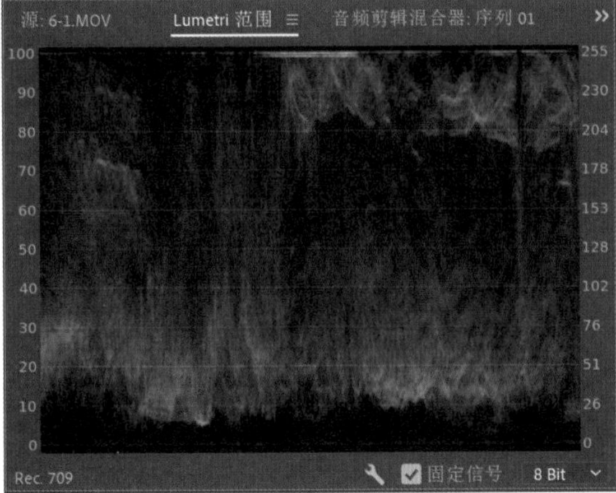

图6-34

技巧与提示

在“波形RGB”图上右击，可以在弹出的快捷菜单中显示出图像的“矢量示波器HLS”“矢量示波器YUV”“分量RGB”和“直方图”，如图6-35所示。注意波形RGB也称为波形（RGB）。

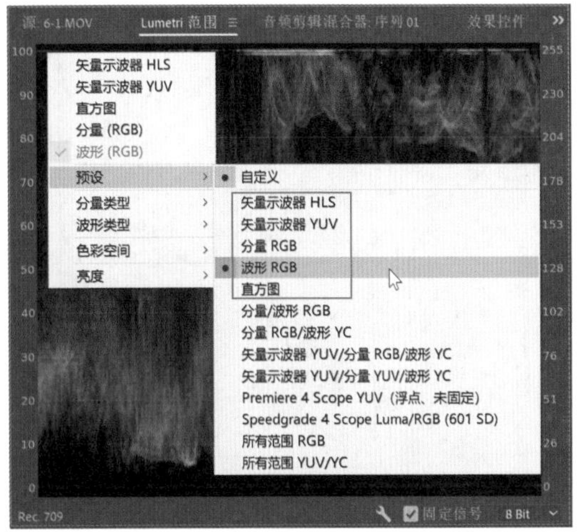

图6-35

用户还可以使用“预设”里的一些设置同时显示图像的多个信息图，图6-36所示为同时显示图像的“矢量示波器YUV”“分量RGB”和“波形YC”图。

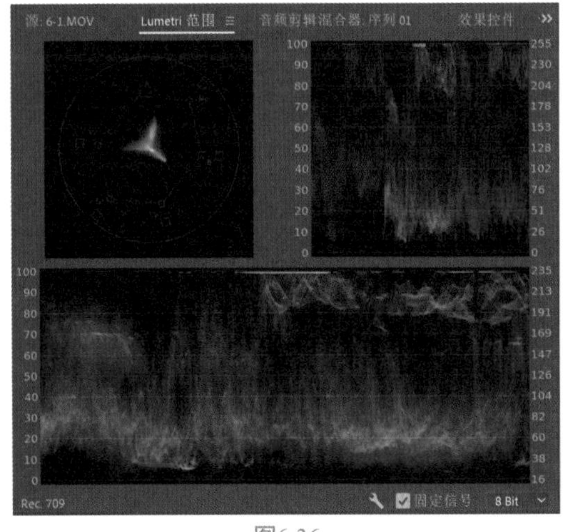

图6-36

6.4 对图像进行创意调色

01 调整“创意”卷展栏内的参数可以对图像进行创意调色，参数设置如图6-37所示。

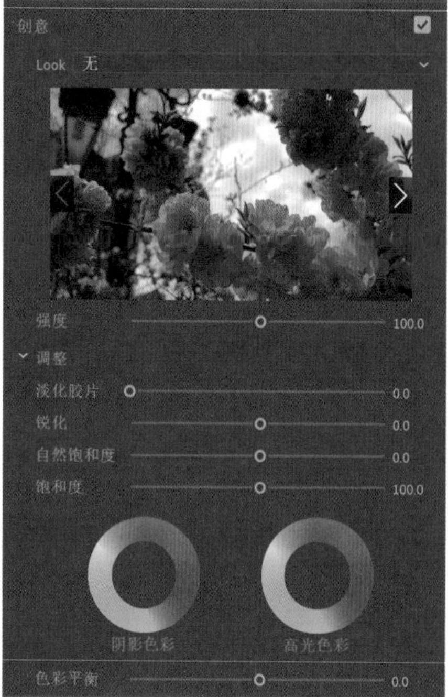

图6-37

02 “创意”卷展栏中为用户提供了各种Look预设，选择这些预设时，还可以通过下方的“Look缩览图查看器”来观看预设效果，如图6-38所示。

图6-38

03 用户不但可以通过单击预览“Look缩览图查看器”左侧和右侧的箭头按钮来进行预览效果的切换，如图6-39所示。还可以通过调整“Look缩览图查看器”下方的“强度”来控制视频剪辑应用该预设的强度值。

04 “调整”卷展栏中的“淡化胶片”可以为视频剪辑应用淡化胶片效果，图6-40所示为“淡化胶片”为0和100的图像显示结果对比。

图6-39

图6-40

05 “调整”卷展栏中的“锐化”可以通过调整视频剪辑边缘的清晰度来创建更加清晰的视频，“锐化”值越小，图像看起来越模糊；“锐化”值越大，图像看起来越清晰。图6-41所示为“锐化”为-100和100的图像显示结果对比。

图6-41

图6-41（续）

06 “调整”卷展栏中的“自然饱和度”更改视频中所有低饱和度颜色的饱和度，而对高饱和度颜色的影响较小。图6-42所示为“自然饱和度”为-100和100的图像显示结果对比。

图6-42

07 “调整”卷展栏中的“饱和度”跟“自然饱和度”产生的效果较为相似，该值可以均匀更改视频中所有颜色的饱和度。

08 “调整”卷展栏中的色彩轮分为“阴影色彩”轮和“高光色彩”轮，分别用于控制视频画面中阴影部分和高光部分的色彩值。设置“阴影色彩”轮和“高光色彩”轮的位置如图6-43所示，则可以得到如图6-44所示的画面效果。

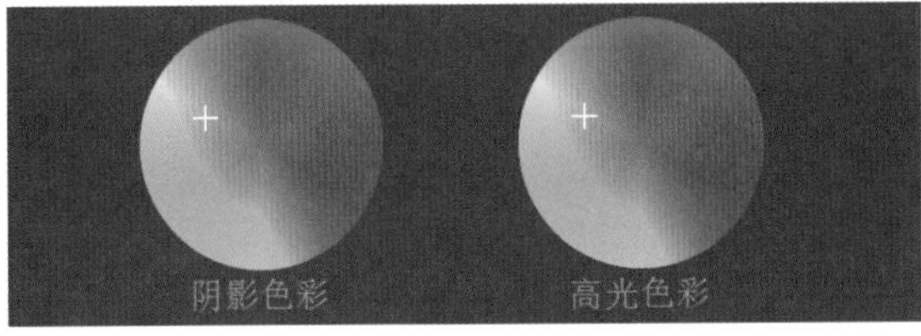

图6-43

图6-44

09 “调整”卷展栏中的“色彩平衡”可以平衡剪辑中任何多余的洋红色或绿色，调整该值不会对图像产生较明显的视觉变化。

6.5 对图像进行曲线调整

01 通过设置“曲线”卷展栏内的曲线形态可以对图像进行快速精准颜色调整，该卷展栏内的曲线分为“RGB 曲线”和“色相饱和度曲线”2种类型，如图6-45所示。

图6-45

02 通过调整 RGB 曲线可以控制图像的亮度和色调范围。其中，白色的主曲线控制亮度，将主曲线调整如图6-46所示的形态，可以看到图像被提亮了，如图6-47所示。

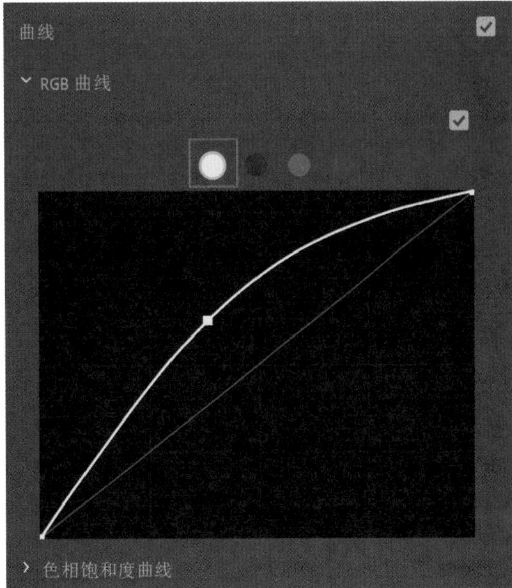

图6-46

图6-47

◎技巧与提示

按住Ctrl键可以删除曲线上的控制顶点。

03 单击红色按钮，调整曲线的形态如图6-48所示，可以看到图像偏红色多一些，如图6-49所示。

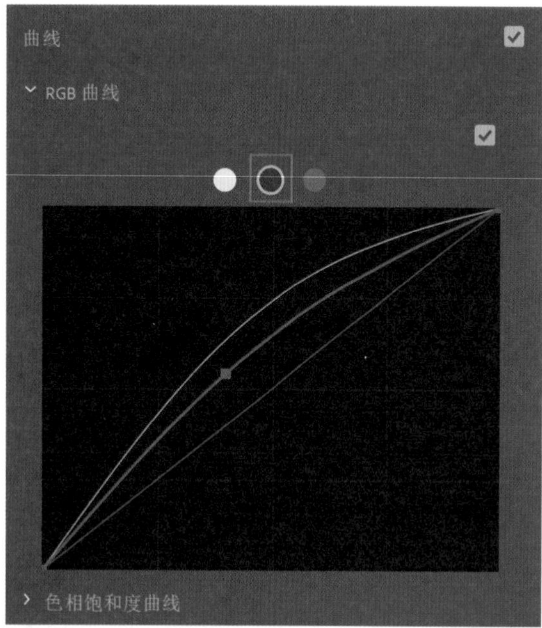

图6-48

图6-49

04 调整“色相与饱和度”曲线如图6-50所示的形态，则可以降低图像中除红色区域之外其他颜色的饱和度，从而实现单色保留效果，如图6-51所示。

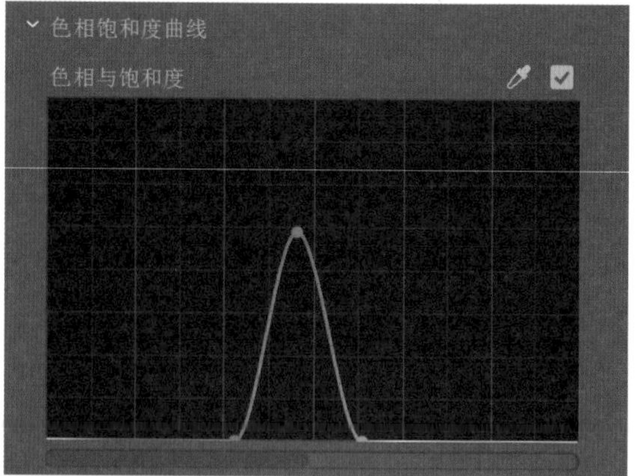

图6-50

图6-51

◎技巧与提示

通过“保留颜色”效果可以实现单色保留的画面结果。

05 调整“色相与饱和度”曲线如图6-52所示的形态，则可以降低图像中红色区域的饱和度，如图6-53所示。

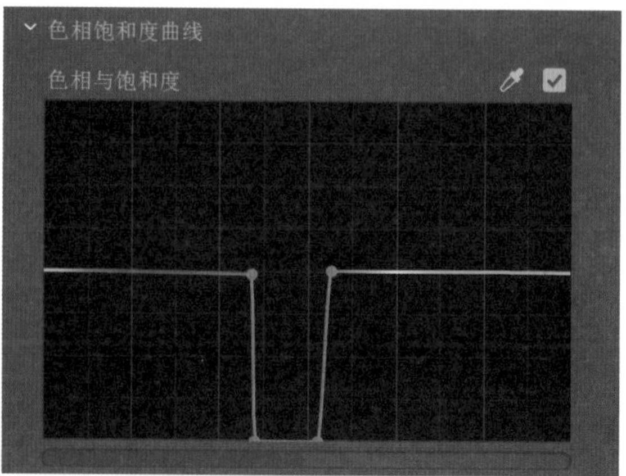

图6-52

图6-53

06 调整“色相与色相”曲线如图6-54所示，则可以更改图像中红色区域的颜色，从而实现颜色替换，如图6-55所示。

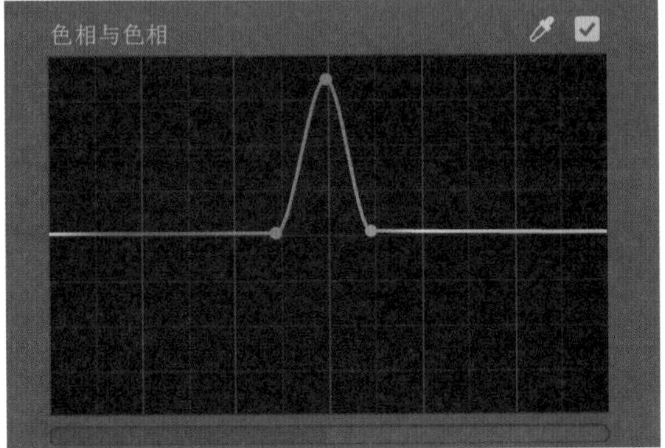

图6-54

图6-55

07 调整“色相与亮度”曲线如图6-56所示，则可以提高图像中红色区域的亮度，如图6-57所示。

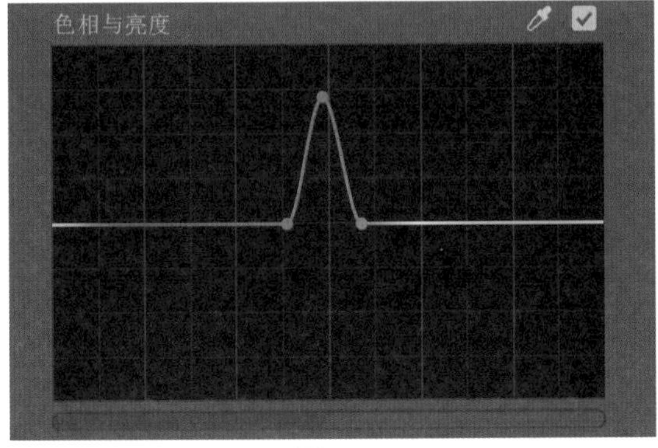

图6-56

图6-57

08 调整“亮度与饱和度”曲线如图6-58所示，则可以降低图像中较亮区域的饱和度，如图6-59所示。

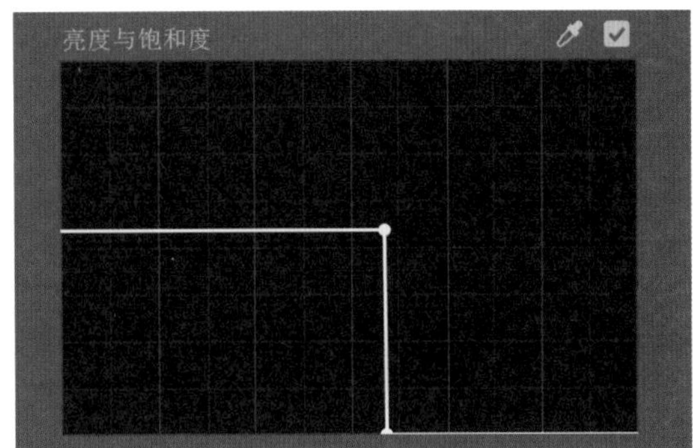

图6-58

图6-59

09 调整“饱和度与饱和度”曲线如图6-60所示，则可以使图像中饱和度较高的部分更高，图像中饱和度较低的部分更低，如图6-61所示。

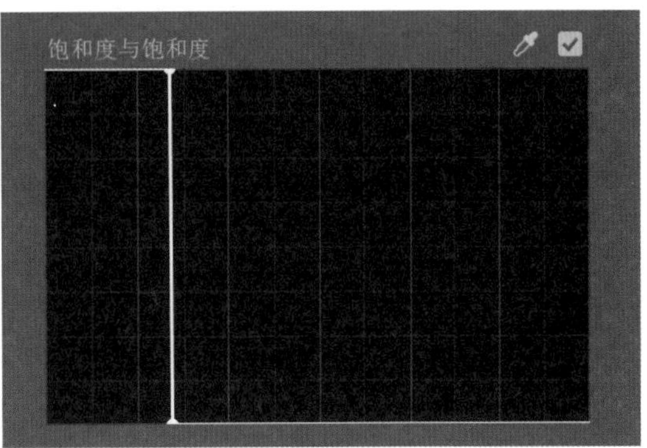

图6-60

图6-61

6.6 对图像进行色轮调色

01 可以使用色轮仅对画面的中间调、高光或阴影区域进行颜色调整，如图6-62所示。

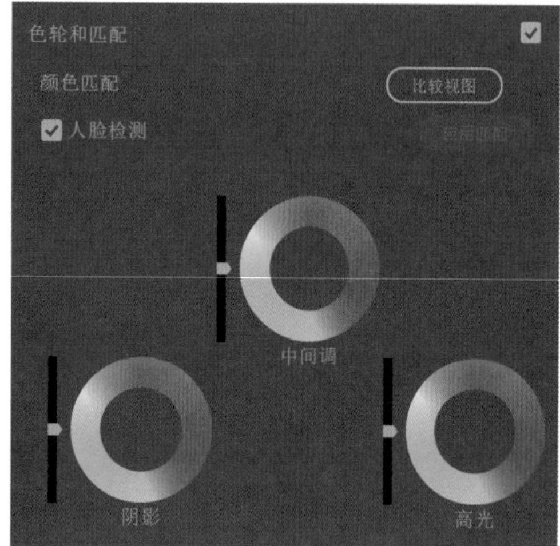

图6-62

02 单击“比较视图”按钮，如图6-63所示。“节目监视器”面板则会显示出“参考”和“当前”2个画面，如图6-64所示。

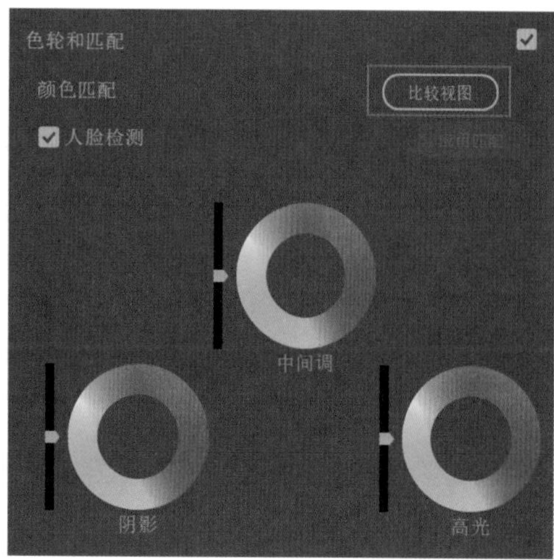

图6-63

图6-64

03 分别将“中间调”“高光”“阴影”色轮的位置调整如图6-65所示位置处，则可以得到如图6-66所示的画面效果。

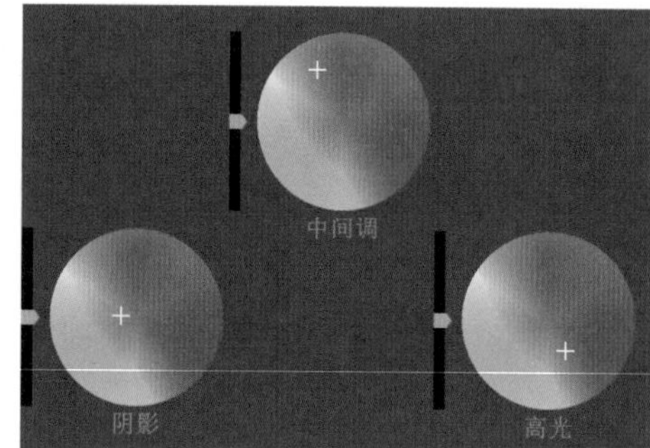

图6-65

图6-66

04 分别将“中间调”“高光”“阴影”色轮的位置调整如图6-67所示位置处，则可以得到如图6-68所示的画面效果。

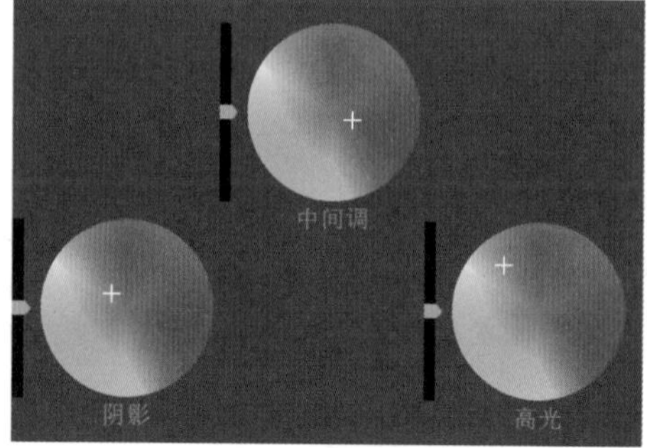

图6-67

图6-68

6.7 对图像进行区域调色

01 展开“HSL辅助”卷展栏，该卷展栏允许用户先根据图像的颜色来建立选区，进而调整区域内的色彩。选择红色，调整S滑块和L滑块的位置如图6-69所示，在“节目监视器”面板中观察选区范围，如图6-70所示。

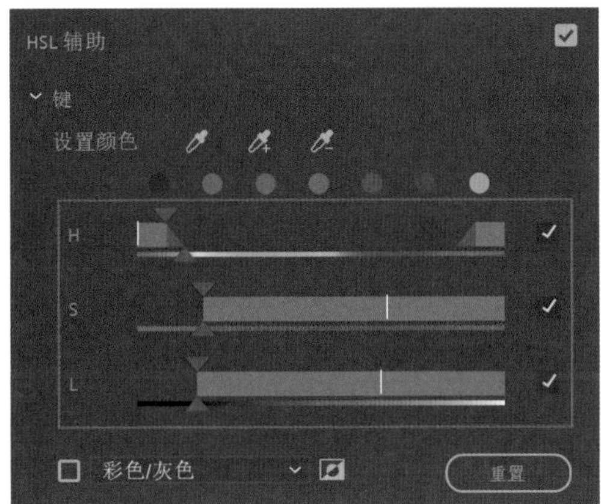

图6-69

图6-70

02 在“更正”卷展栏中，调整色轮的位置如图6-71所示，即可更改选区部分的颜色。

03 设置完成后，观察“节目监视器”面板，可以看到花瓣的颜色改为了黄色，如图6-72所示为花瓣颜色调整前后的效果对比。

04 在“更正”卷展栏中，调整色轮的位置如图6-73所示，调整完成后的画面效果如图6-74所示。

05 色轮下方还提供了“色温”“色彩”“对比度”“锐化”“饱和度”参数，如图6-75所示。这些参数的使用方法可以参考本小节之前的参数讲解进行学习。需要注意的是，这些参数仅仅作用于建立的选区。如果没有创建选区，则这些参数的调试不会有任何效果。

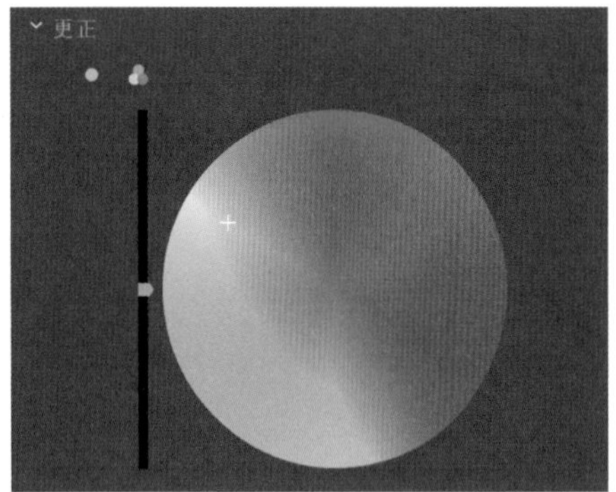

图6-71

图6-72

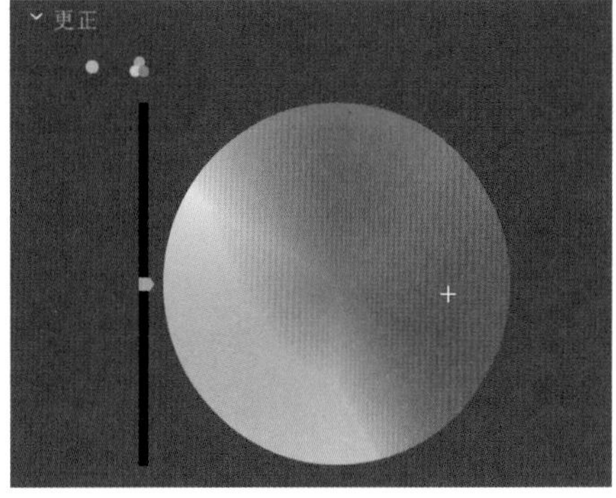

图6-73

图6-74

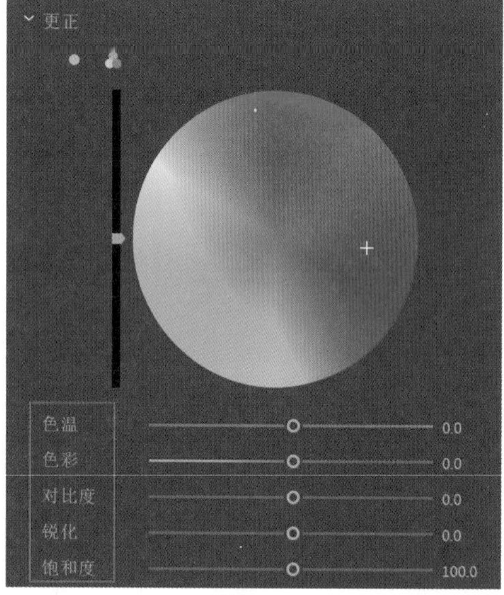

图6-75

6.8 给图像添加晕影效果

01 通过为剪辑添加“晕影”效果可以吸引观众关注画面中的特定内容，“晕影”卷展栏中的参数设置如图6-76所示。

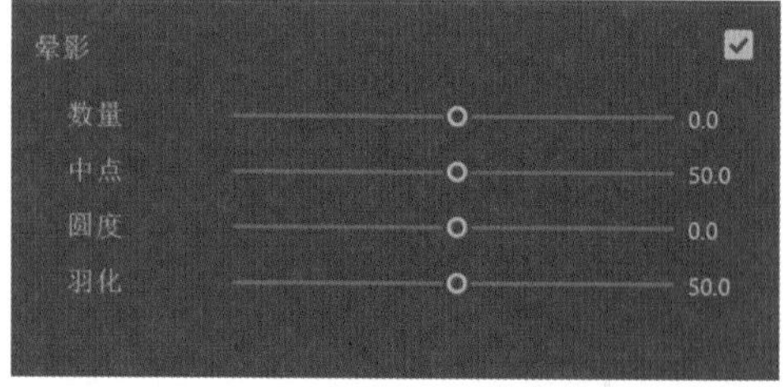

图6-76

02 将“数量”的滑块向左移动，如图6-77所示，可以为画面添加变暗的晕影效果，如图6-78所示；将“数量”的滑块向右移动，如图6-79所示，则可以为画面添加变亮的晕影效果，如图6-80所示。

03 “中心”用来控制晕影的范围。设置“中心”为0，如图6-81所示。观察图像的边缘晕影范围如图6-82所示。

04 “圆度”用来控制晕影的形状。设置“圆度”为-80，如图6-83所示。观察图像边缘的晕影形状如图6-84所示。

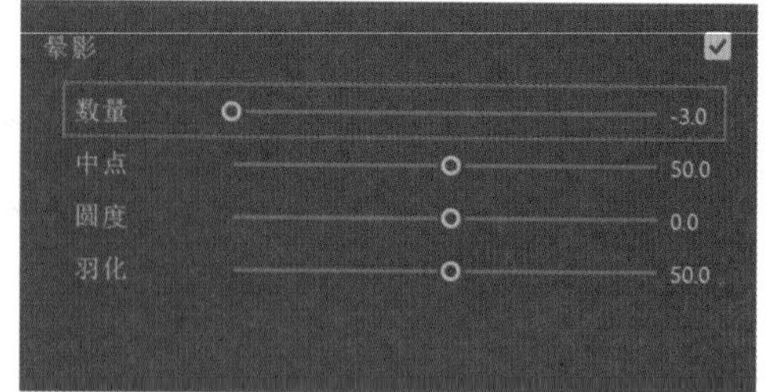

图6-77

图6-78

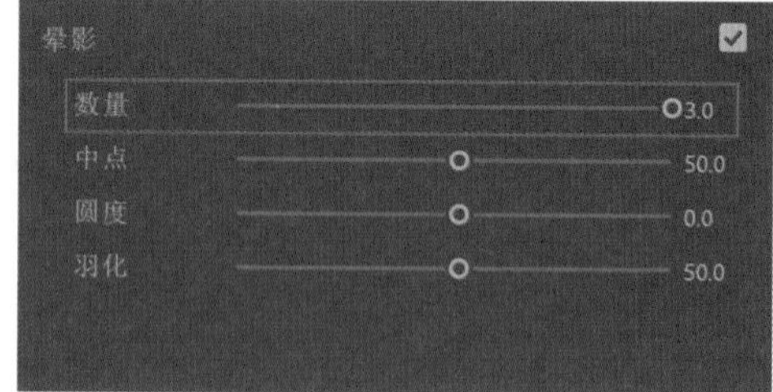

图6-79

图6-80

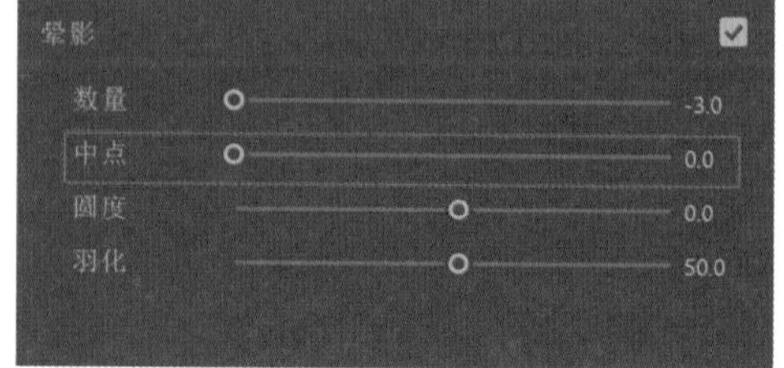

图6-81

图6-82

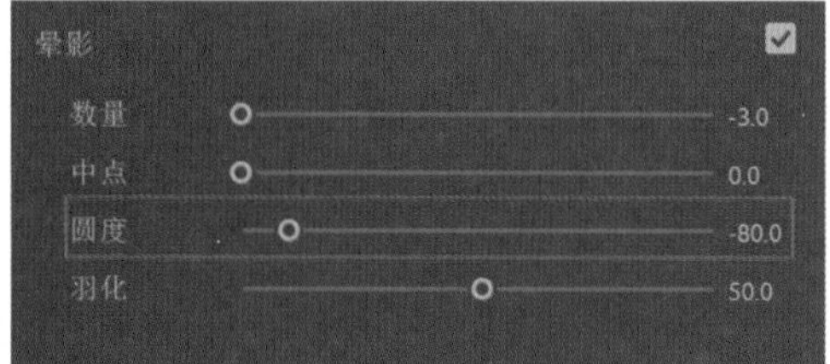

图6-83

图6-84

05 “羽化”用来控制晕影边缘的虚实程度。设置“羽化”为0，如图6-85所示。观察图像边缘的晕影形状如图6-86所示。

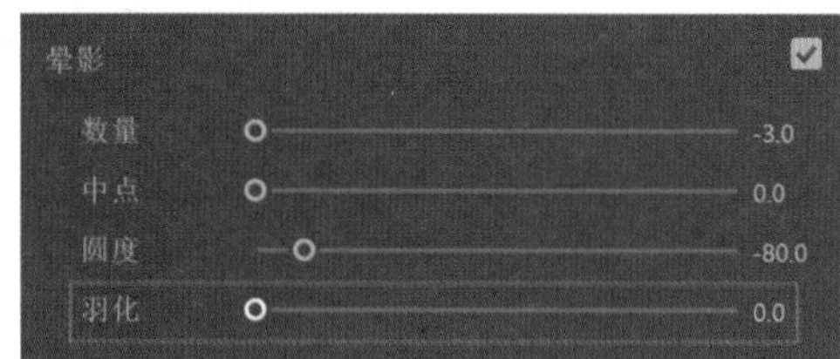

图6-85

图6-86

6.9　使用调色图层为多个剪辑一起校色

01 将“项目”面板中的“6-2.MOV”“6-3.MOV”素材添加到“时间轴”面板中“序列01”上的V1视频轨道上，如图6-87所示。

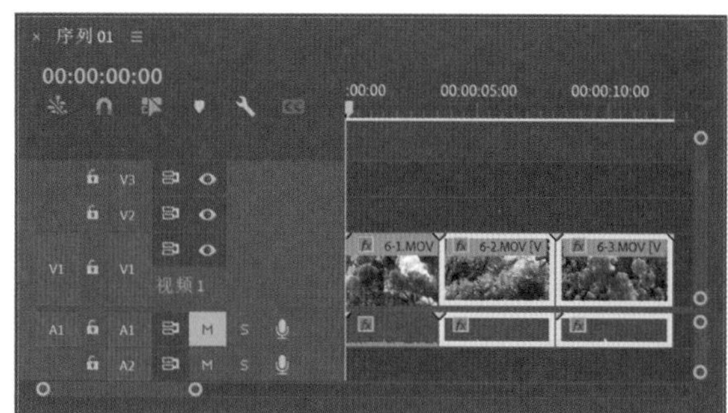

图6-87

02 在“创建”面板中，单击“新建项”按钮，在弹出的菜单中执行“调整图层”命令，如图6-88所示。

图6-88

03 在系统弹出的“调整图层”对话框中，单击“确定”按钮，如图6-89所示。

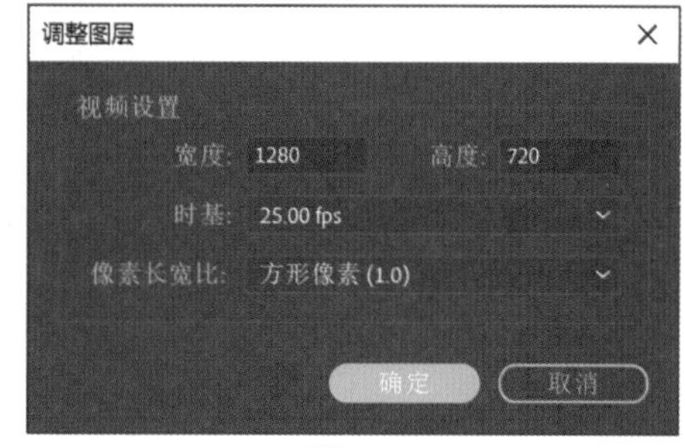

图6-89

04 将“创建”面板中的“调整图层”添加到“时间轴”面板中的V2轨道上，如图6-90所示。

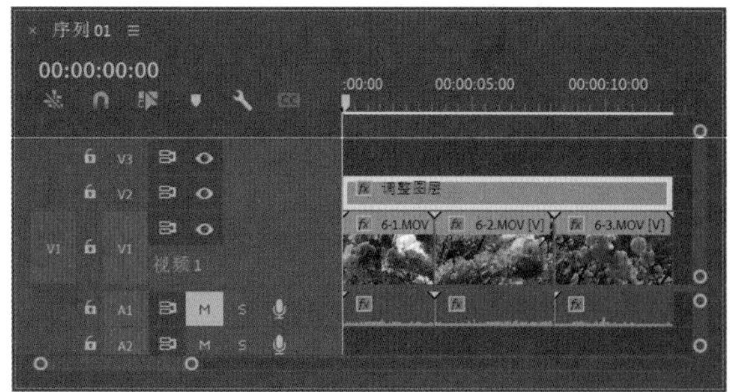

图6-90

05 在“效果控件”面板中，对刚刚调好参数的“Lumetri颜色”效果右击，并在弹出的快捷菜单中执行“剪切”命令，如图6-91所示。

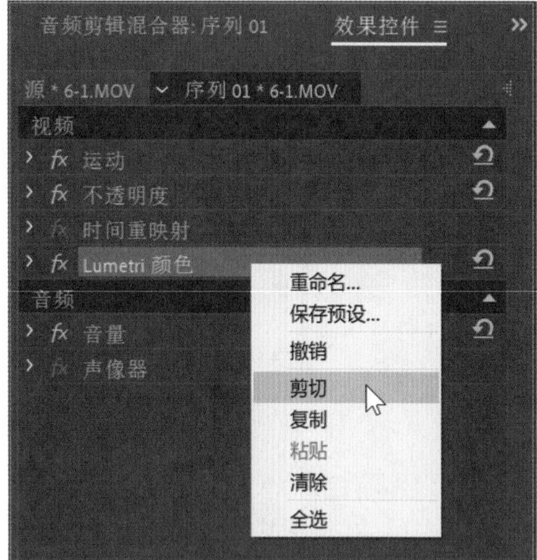

图6-91

06 选择“调整图层”剪辑，在“效果控件”面板中的空白位置处右击，并在弹出的快捷菜单中执行“粘贴”命令，如图6-92所示。

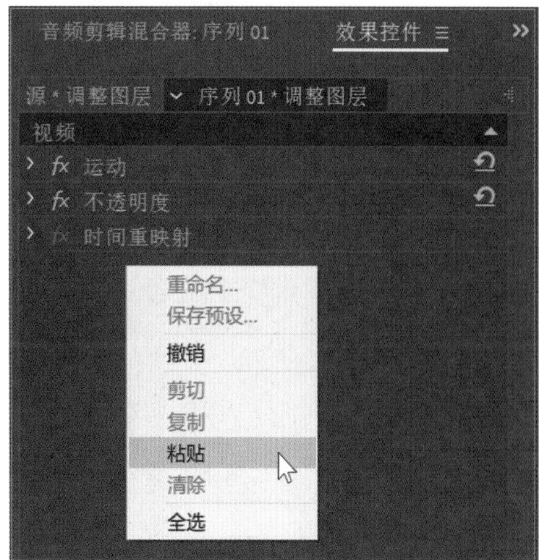

图6-92

07 设置完成后，“时间轴”面板中V1轨道上的3段视频剪辑就都有了统一的调色效果，如图6-93～图6-95所示。

图6-93

图6-94

图6-95

技巧与提示

“Lumetri颜色”视频效果功能强大，内置参数非常多，用户应熟练掌握该视频效果的使用方法。另外，一张图像或一段视频的颜色究竟要调整到什么程度才是最好的？这一点十个人可能有十种不同的看法。由于每一个人对于画面亮度、色彩的喜好都不一样，所以，颜色校正确实是一件非常主观的工作。

6.10　制作橙色夏日调色风格

接下来学习使用“Lumetri颜色”效果中的一些参数，来制作橙色夏日调色风格的颜色效果。调色前后的画面对比效果如图6-96所示。

图6-96

01 在“效果控件”面板中，单击“Lumetri颜色”效果后面的“重置效果”按钮，如图6-97所示。重置该效果中的所有参数。

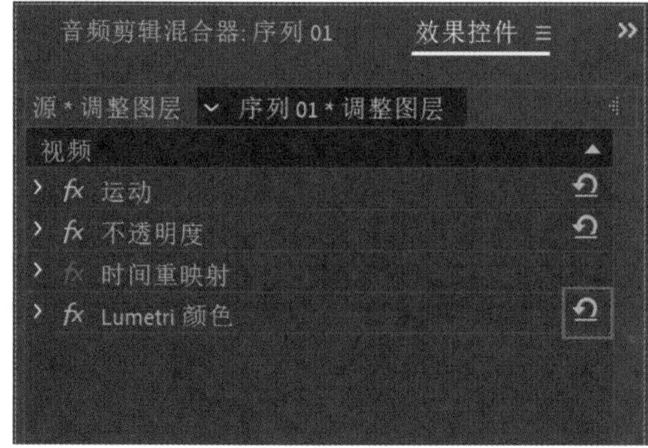

图6-97

02 观察“节目监视器”面板，画面显示结果如图6-98所示。

03 展开“基本校正”卷展栏，设置“曝光”为2，“对比度”为-100，“饱和度”为120，如图6-99所示。设置完成后，“节目监视器”面板中的画面显示结果如图6-100所示。

图6-98

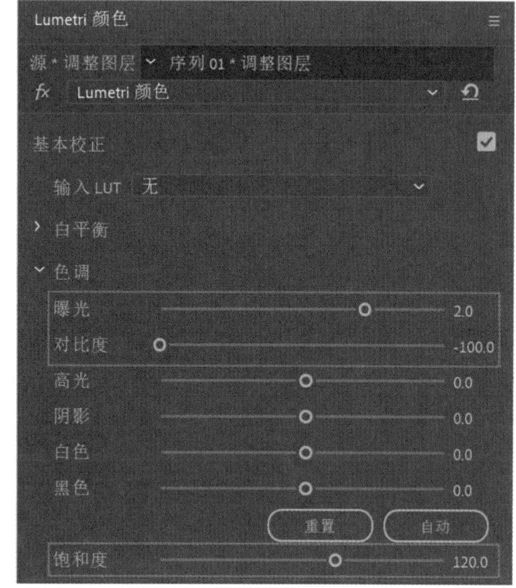

图6-99

图6-100

04 在“创意”卷展栏中，设置“淡化胶片”为100，如图6-101所示。设置完成后，“节目监视器”面板中的画面显示结果如图6-102所示。

图6-101

图6-102

05 在“曲线”卷展栏中，调整“RGB曲线”的形态如图6-103所示。设置完成后，“节目监视器”面板中的画面显示结果如图6-104所示。

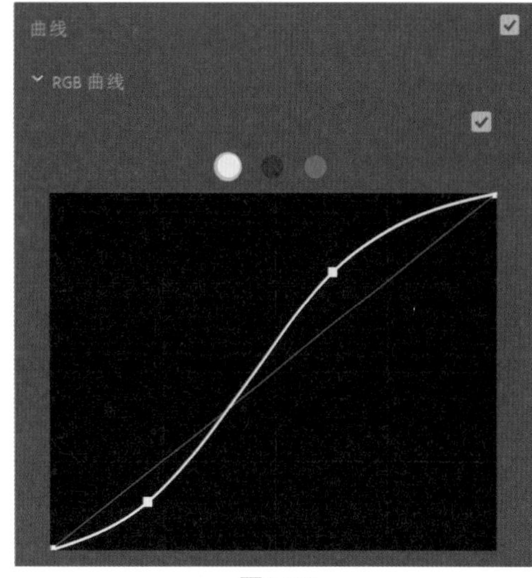

图6-103

图6-104

06 在“色轮和匹配”卷展栏中，调整“中间调”色轮和“阴影”色轮的位置如图6-105所示。本实例的最终完成效果如图6-106所示。

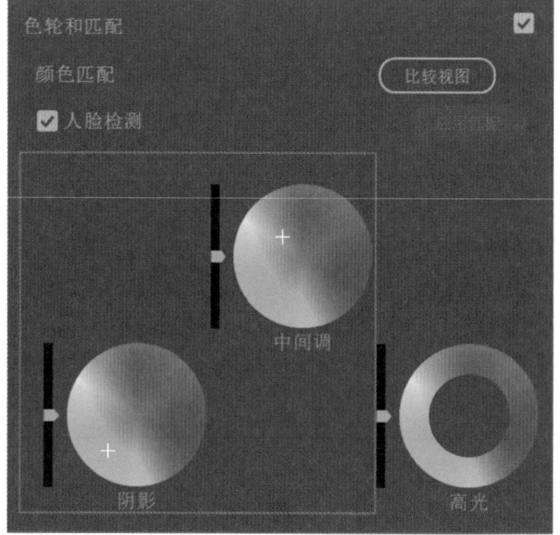

图6-105

图6-106

07 调试完成“Lumetri颜色”效果中的参数后，可以单击“Lumetri颜色”面板后面的三道杠按钮，在弹出的菜单中执行“导出.look”命令，如图6-107所示，将其保存为一个扩展名为look的预设文件。

图6-107

08 然后，在“创意”卷展栏中，执行Look下拉列表中的“浏览”命令，如图6-108所示。浏览刚刚导出的look文件。

图6-108

09 预设文件添加完成后，可以通过调整“强度”滑块来控制该预设的效果，如图6-109所示。

图6-109

第 7 章

图片排版动画——照片墙

7.1 效果展示

本实例通过制作一个照片墙效果的片头动画来讲解Premiere Pro 2022软件中如何使用多个序列来制作动画效果，图7-1所示为本章讲解的照片墙动画完成效果。

图7-1

7.2 导入图片素材

01 启动Premiere Pro 2022软件，执行菜单栏中的“文件”｜“新建”｜“项目”命令，在“新建项目”对话框中，输入项目的“名称”为“照片墙”，如图7-2所示。

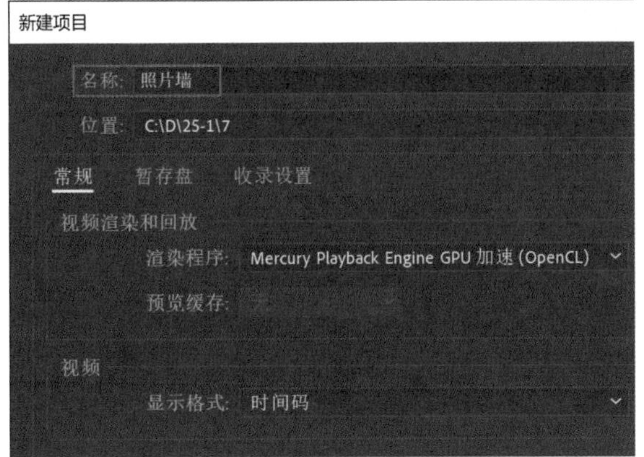

图7-2

02 在“项目”面板中，双击空白区域，导入本章提供的16张图片素材，如图7-3所示。

图7-3

03 单击“新建项”按钮，在弹出的菜单中执行“序列”命令，如图7-4所示。

04 在弹出的“新建序列”对话框中，选择“AVCHD 720p25”预设，创建一个序列，如图7-5所示。创建完成后，可以在“时间轴”面板中查看新创建出来的序列01，如图7-6所示。

05 将“项目”面板中的“7（1）.jpg”“7（2）.jpg”“7（3）.jpg”“7（4）.jpg”“7（5）.jpg”“7（6）.jpg”6张图片添加至序列01的V1轨道上，如图7-7所示。

06 将“时间轴”面板中序列01中的所有图片剪辑全部选中，右击，并在弹出的快捷菜单中执行“速度/持续时间”命令，如图7-8所示。

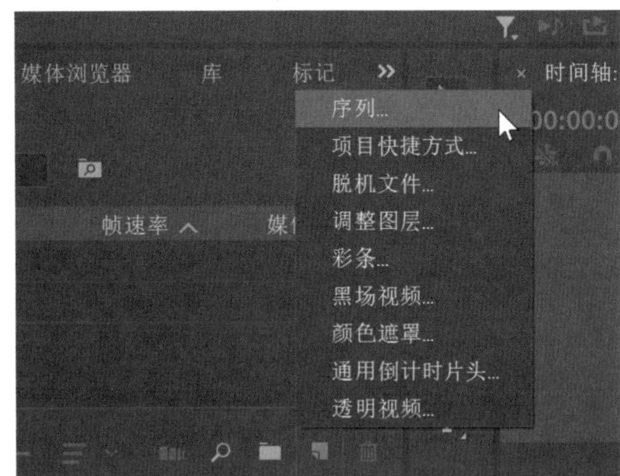

图7-4

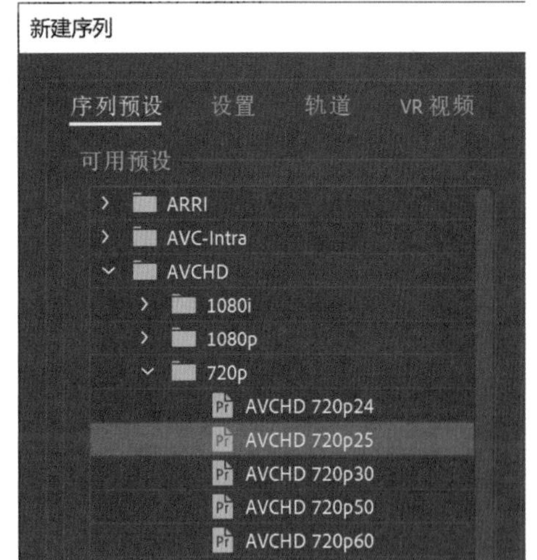

图7-5

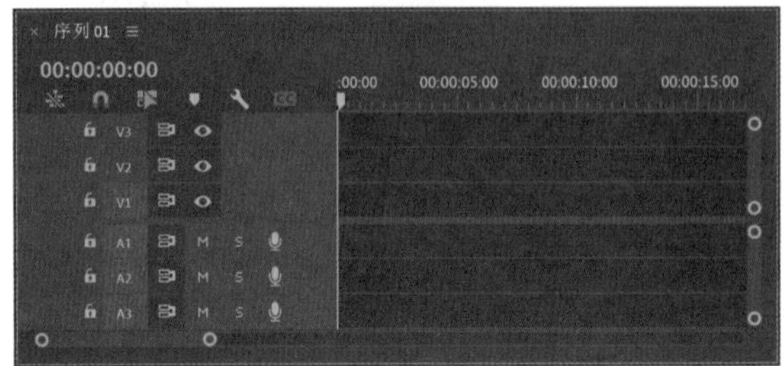

图7-6

07 在弹出的“剪辑速度/持续时间”对话框中，设置“持续时间”为00:00:00:15，勾选“波纹编辑，移动尾部剪辑”复选框，如图7-9所示。

08 设置完成后，观察“时间轴”面板，可以看到这段照片剪辑的时间长度已经被缩短了，如图7-10所示。

图7-7

图7-8

剪辑速度/持续时间
持续时间: 00:00:00:15
波纹编辑，移动尾部剪辑
确定
取消

图7-9

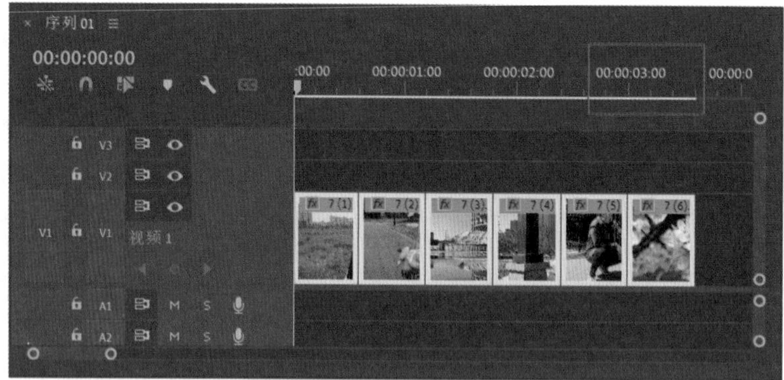
图7-10

7.3 使用变换效果制作照片掉落动画

01 设置“播放指示器位置”为00:00:00:00，在“节目监视器”面板中的画面显示结果如图7-11所示。

02 在“效果”面板中找到“变换”效果，如图7-12所示，并将其添加至序列01中的“7（1）.jpg”图片剪辑上。

03 在“效果控件”面板中，设置“位置”为（640，-364），并为其设置关键帧，如图7-13所示。

图7-11

图7-12

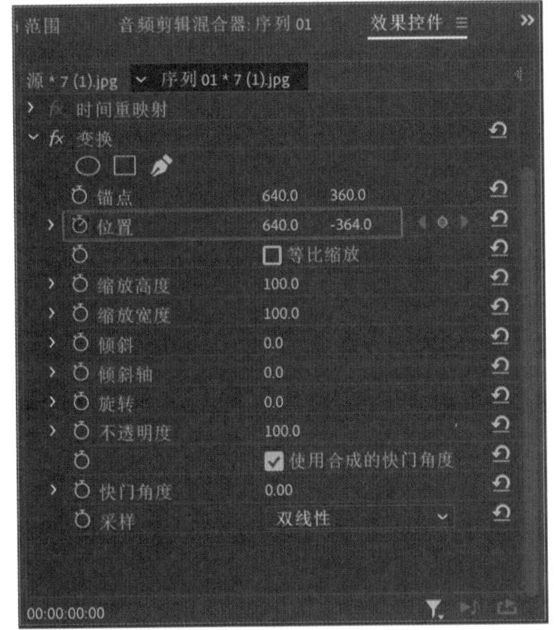

图7-13

04 设置“播放指示器位置”为00:00:00:08，在“效果控件”面板中单击“位置”后面的“重置参数”按钮，取消勾选“使用合成的快门角度”复选框，设置“快门角度”为300，如图7-14所示。

05 设置完成后，即可得到一张照片从上向下掉落并且带有运动模糊效果的动画，如图7-15所示。

06 在“效果控件”面板中，右击并复制这个“变换”效果，如图7-16所示。在“时间轴”面板中，选择其他的图片剪辑，按快捷键Ctrl+V，即可将调整完动画效果的“变换”效果粘贴到其他的图片剪辑上。

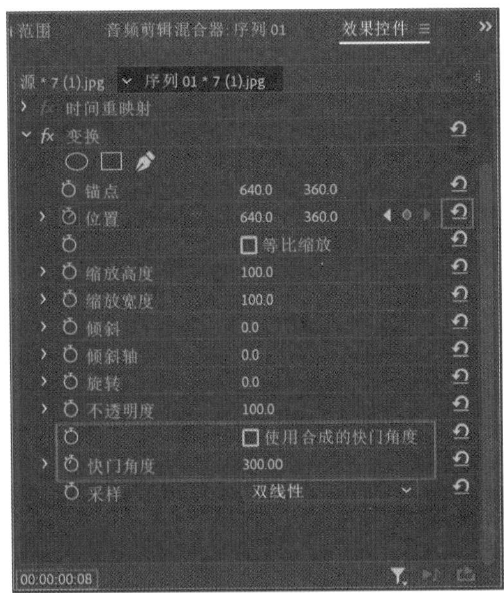

图7-14

图7-15

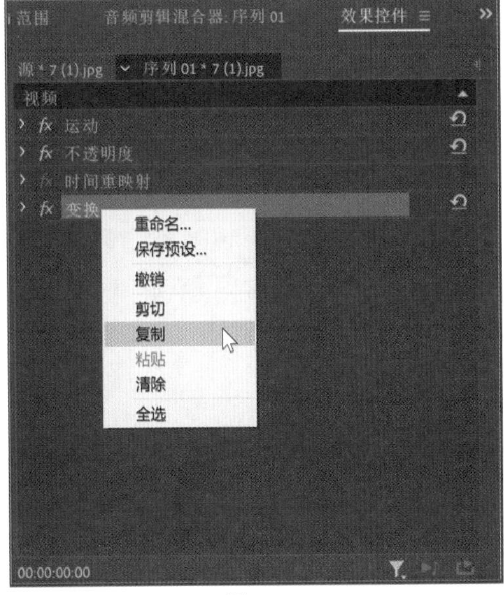

图7-16

07 在“时间轴”面板中，选中所有的图片剪辑，按Alt键，以拖曳的方式复制这些图片剪辑至V2轨道上，如图7-17所示。

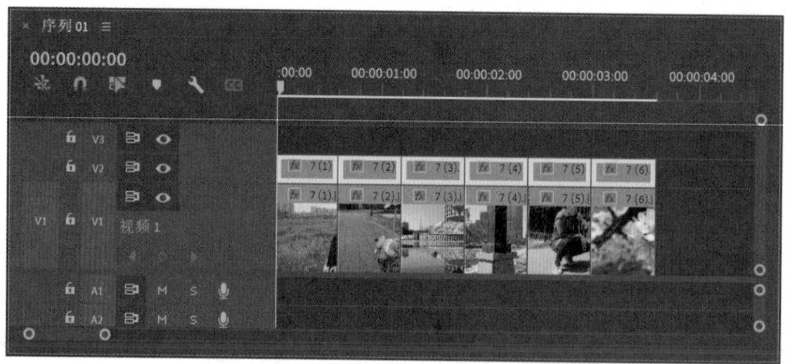

图7-17

08 将V1轨道上每一个图片剪辑的“变换”效果删除后，移动其位置如图7-18所示。

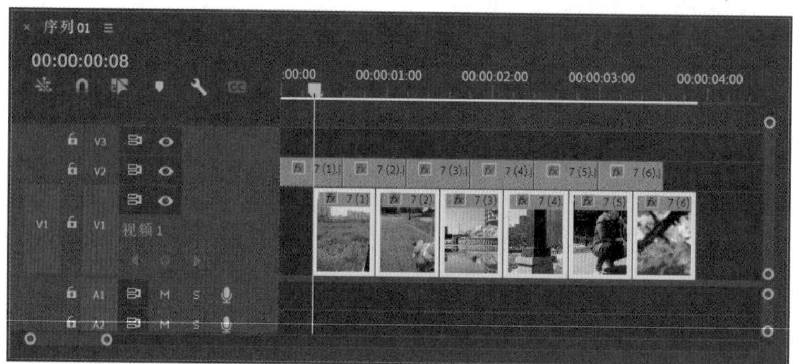

图7-18

09 设置完成后，按空格键播放视频动画，制作完成后的照片掉落动画效果如图7-19所示。

图7-19

图7-19（续）

7.4 创建照片墙

01 单击“新建项”按钮▣，在弹出的菜单中执行“序列”命令，如图7-20所示。

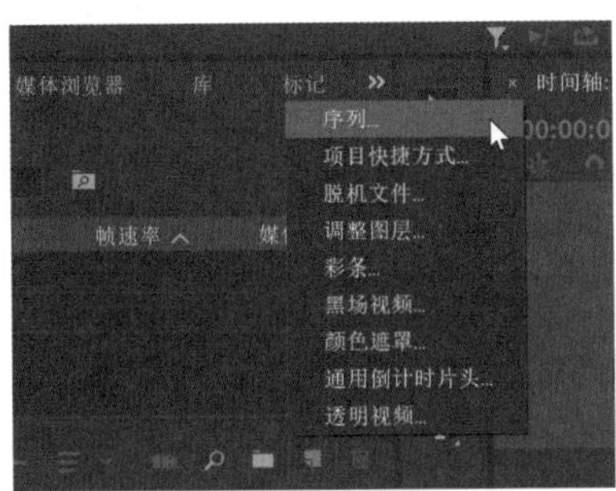

图7-20

02 在弹出的“新建序列”对话框中，设置“编辑模式”为“自定义”，“帧大小”为5120，“水平”为2880，如图7-21所示。

03 将“项目”面板中的“7（1）.jpg”“7（2）.jpg”“7（3）.jpg”“7（4）.jpg”分别添加到V1、V2、V3、V4轨道上，如图7-22所示。

04 选择V1轨道上的图片剪辑，在“效果控件”面板中，设置“位置”为（2560,360），如图7-23所示。

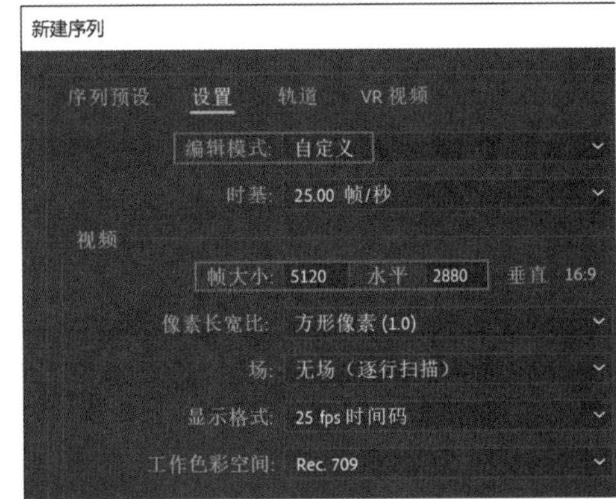

图7-21

◎技巧与提示·◦

因为要在一个方向排4张图片，所以新建序列的“帧大小”和“水平”应分别是序列01对应参数的4倍大小。

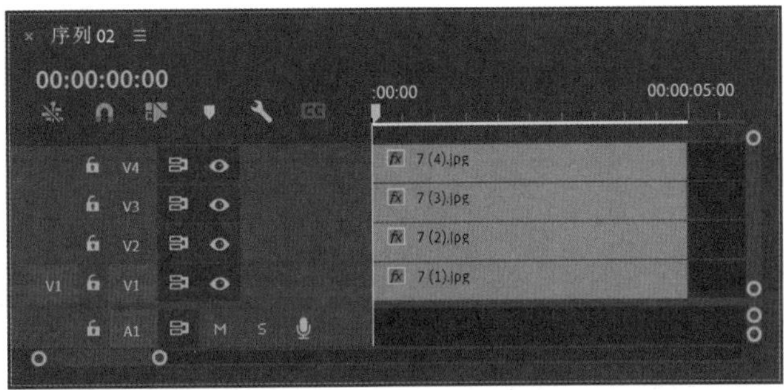

图7-22

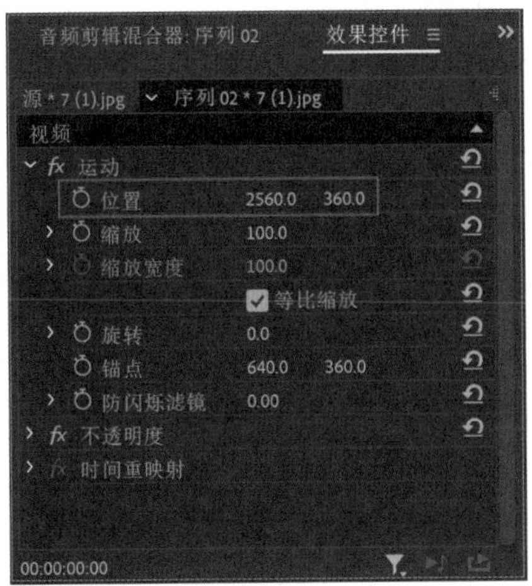

图7-23

05 选择V2轨道上的图片剪辑，在“效果控件”面板中，设置“位置”为（2560,1080），如图7-24所示。

06 选择V3轨道上的图片剪辑，在“效果控件”面板中，设置“位置”为（2560,1800），如图7-25所示。

07 选择V4轨道上的图片剪辑，在“效果控件”面板中，设置“位置”为（2560,2520），如图7-26所示。

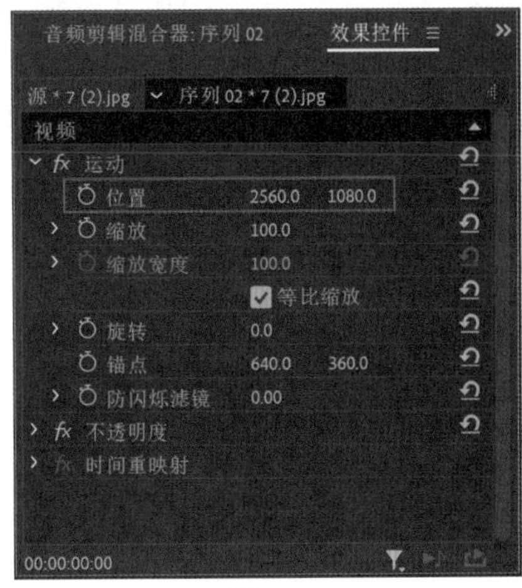

图7-24

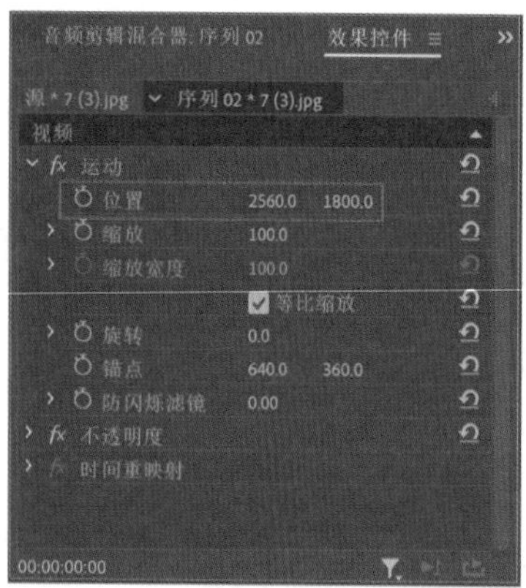

图7-25

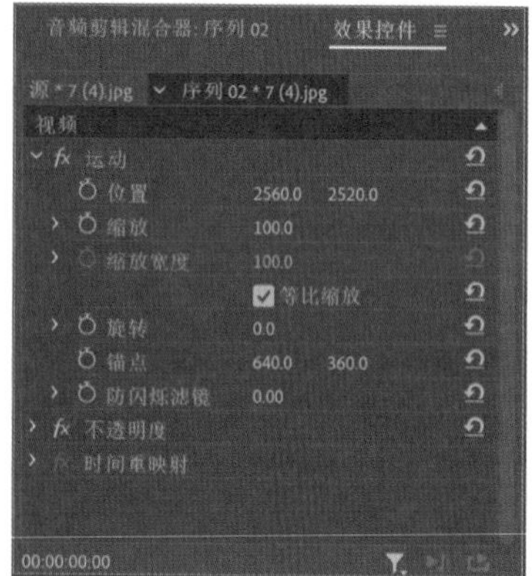

图7-26

08 设置完成后，“节目监视器”面板中的画面显示结果如图7-27所示。

图7-27

09 以同样的操作步骤创建序列03和序列04，添加图片素材并调整图片剪辑的位置如图7-28和图7-29所示。

10 单击“新建项”按钮，在弹出的菜单中执行“序列”命令，如图7-30所示。

11 在自动弹出的“新建序列”对话框中，设置“编辑模式”为“自定义”，“帧大小”为3840，“水平”为2160，如图7-31所示。

图7-28

图7-29

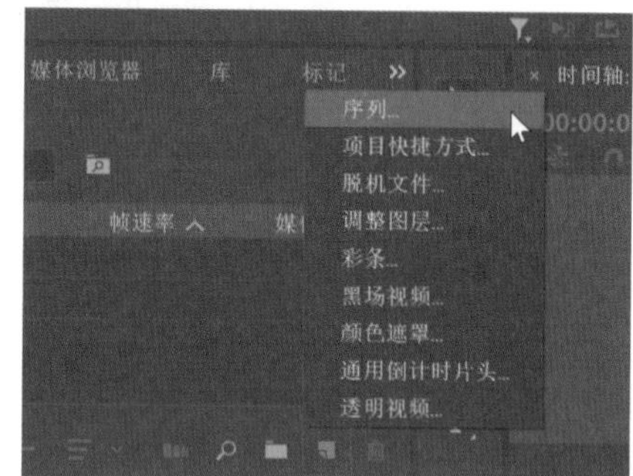

图7-30

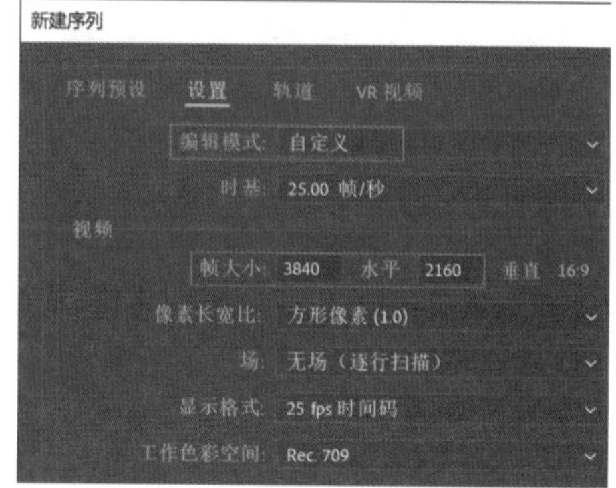

图7-31

◎技巧与提示·∘

因为要在一个方向显示3张图片，所以新建序列的“帧大小”和“水平”应分别是序列01对应参数的3倍大小。

12 在“项目”面板中，将序列02添加至序列05中的V1轨道上，如图7-32所示。这时，在弹出的“剪辑不匹配警告”对话框中，单击“保持现有设置”按钮，如图7-33所示。

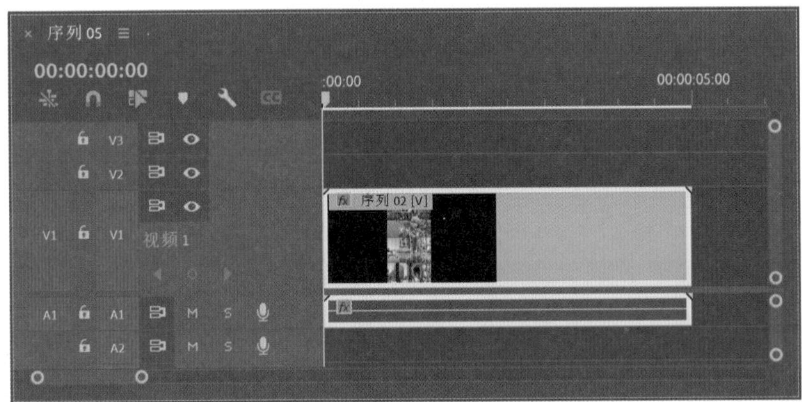

图7-32

图7-33

13 设置完成后，“节目监视器”面板中的画面显示结果如图7-34所示。

图7-34

14 在“效果控件”面板中，设置“位置”为（640,720），如图7-35所示。

15 设置完成后，“节目监视器”面板中的画面显示结果如图7-36所示。

16 将序列03添加至序列05中的V2轨道上，如图7-37所示。

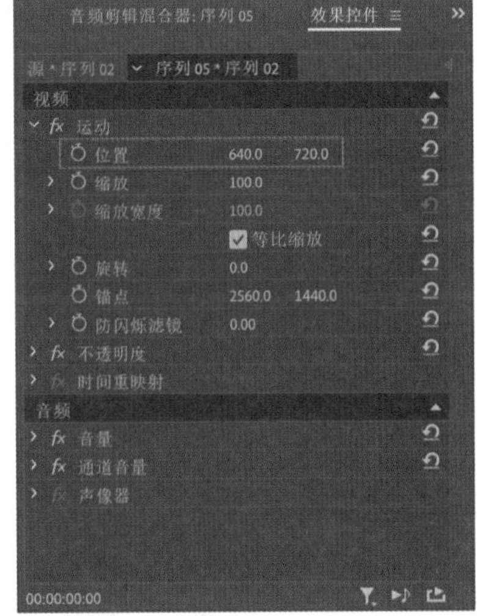

图7-35

图7-36

图7-37

17 在“效果控件”面板中，设置“位置”为（1920，1440），如图7-38所示。

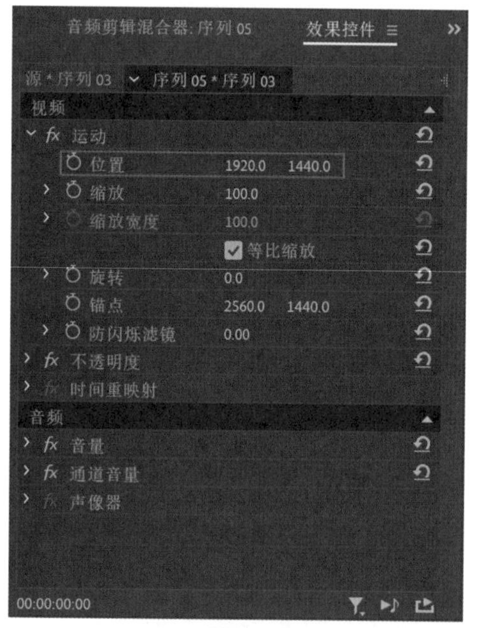

图7-38

18 设置完成后，“节目监视器”面板中的画面显示结果如图7-39所示。

图7-39

19 将序列04添加至序列05中的V3轨道上，如图7-40所示。

20 在“效果控件”面板中，设置“位置”为（3200,720），如图7-41所示。

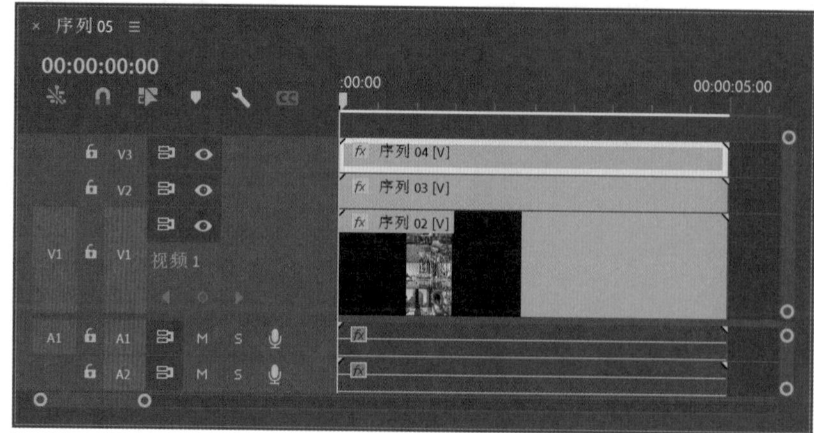

图7-40

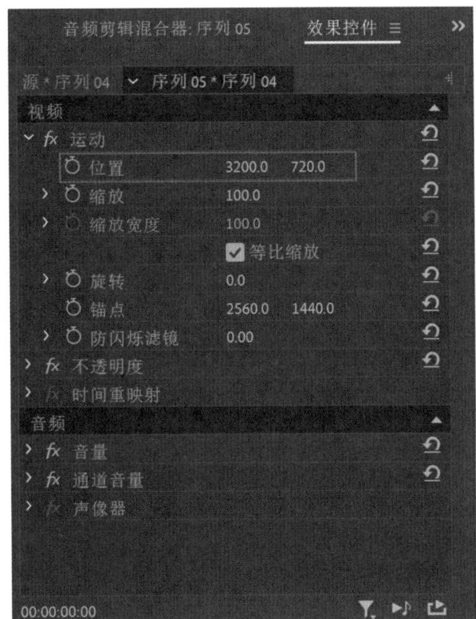

图7-41

21 设置完成后，“节目监视器”面板中的画面显示结果如图7-42所示。

22 在“时间轴”面板中，将光标放置于V1轨道上的剪辑上，右击，并在弹出的快捷菜单中执行“取消链接”命令，如图7-43所示。用同样的操作步骤对V2和V3轨道上的剪辑也分别执行“取消链接”命令。

23 将A1、A2、A3轨道上的音频删除后，“时间轴”面板中的剪辑显示状态如图7-44所示。

图7-42

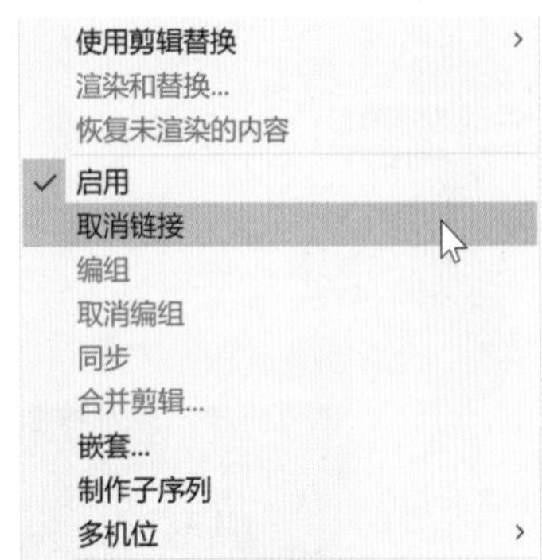

图7-43

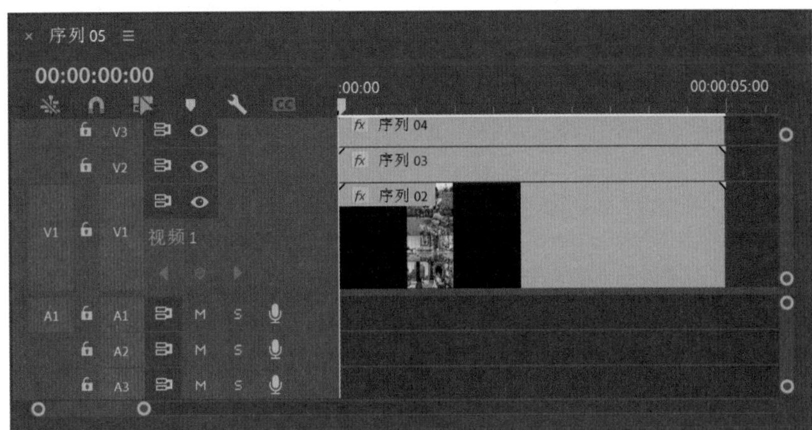

图7-44

7.5　使用嵌套制作照片墙动画效果

01 在“时间轴”面板中选中V1、V2、V3轨道上的剪辑，如图7-45所示。

02 右击，并在弹出的快捷菜单中执行“嵌套”命令，如图7-46所示。

03 在弹出的“嵌套序列名称”对话框中，单击“确定”按钮，如图7-47所示。

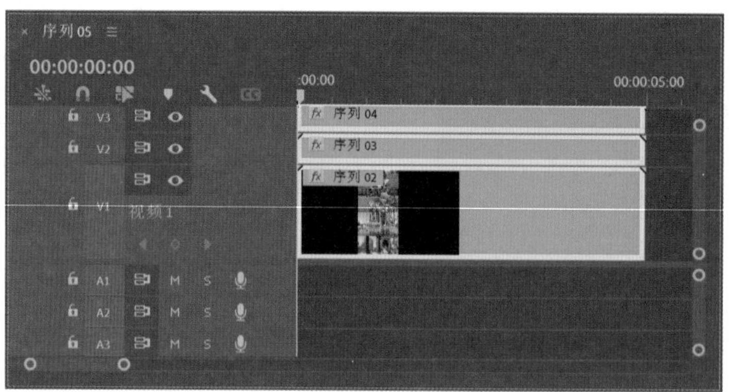

图7-45

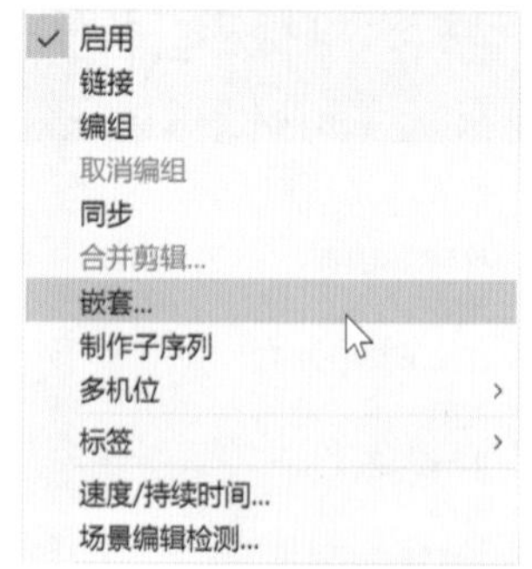

图7-46

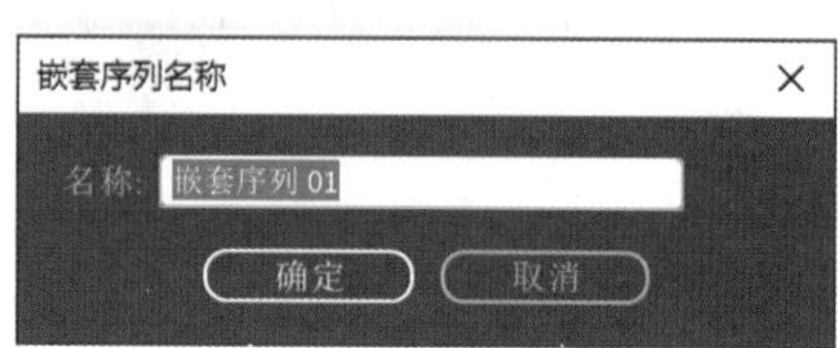

图7-47

04 设置完成后，可以看到“时间轴”面板中现在只有V1轨道上有剪辑了，如图7-48所示。同时，观察“项目”面板，可以看到里面多了一个嵌套序列01，如图7-49所示。

图7-48

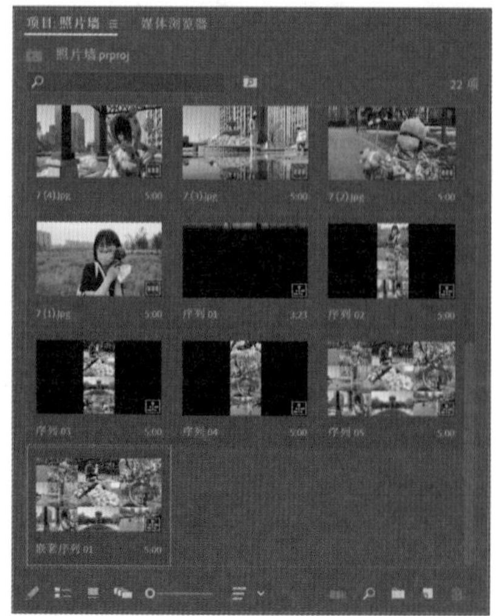

图7-49

05 设置“播放指示器位置”为00:00:00:00，在“效果控件”面板中设置“缩放”为302，并为该值设置关键帧，如图7-50所示。设置完成后，“节目监视器”面板中的画面显示结果如图7-51所示。

06 设置“播放指示器位置”为00:00:00:10，在“效果控件”面板中设置“缩放”为188，如图7-52所示。设置完成后，“节目监视器”面板中的画面显示结果如图7-53所示。

07 设置“播放指示器位置”为00:00:00:20，在“效果控件”面板中为“缩放”设置关键帧，如图7-54所示。

08 设置“播放指示器位置”为00:00:01:05，在“效果控件”面板中，设置“缩放”为100，如图

7-55所示。设置完成后，“节目监视器”面板中的画面显示结果如图7-56所示。

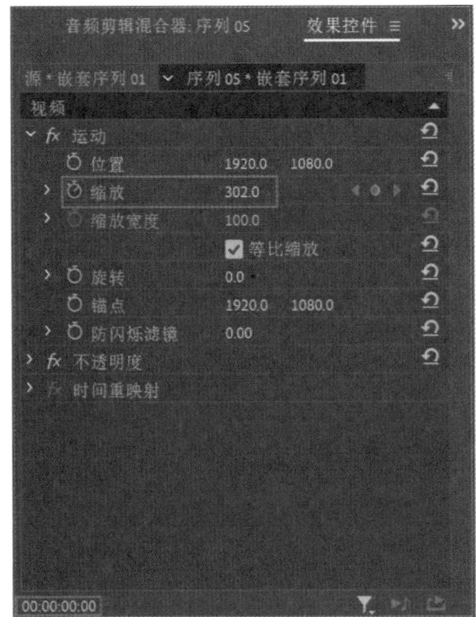

图7-50

图7-51

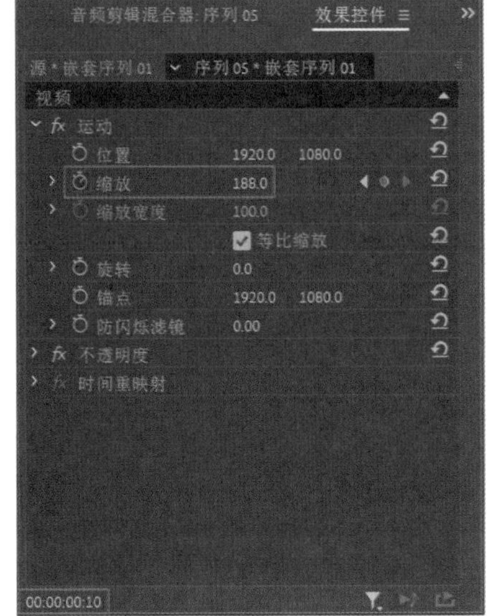

图7-52

图7-53

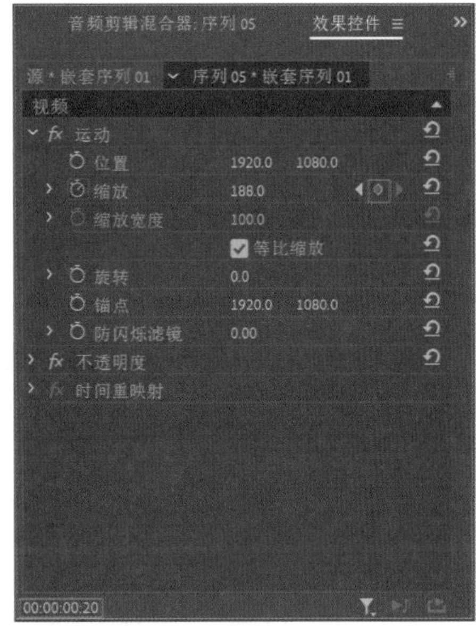

图7-54

图7-55

图7-56

09 在“时间轴”面板中打开嵌套序列01，选中V1轨道上的剪辑，如图7-57所示，为其添加“变换”效果。

10 设置“播放指示器位置”为00:00:01:15，在“效果控件”面板中，为“位置”设置关键帧，如图7-58所示。

11 设置“播放指示器位置”为00:00:02:15，在“效果控件”面板中，设置“位置”为（2560，2160），“快门角度”为300，如图7-59所示。

12 设置完成后，在“节目监视器”面板中查看照片墙动画效果，如图7-60所示。

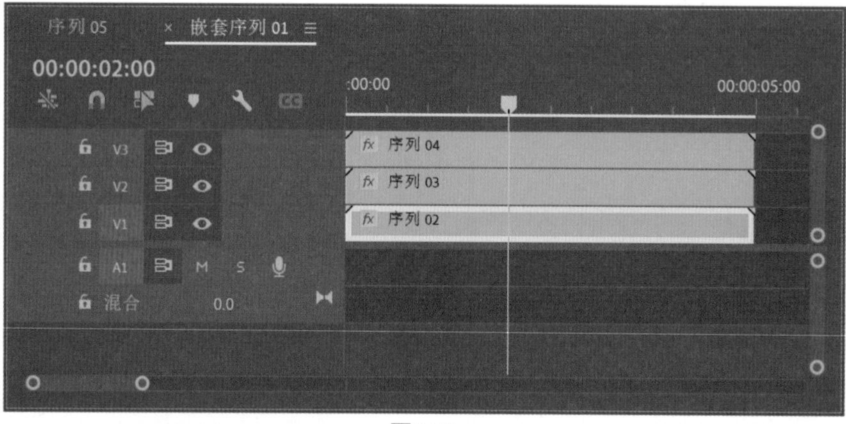

图7-57

图7-58

图7-59

图7-60

图7-60（续）

13 在“效果控件”面板中，对设置完成的“变换”效果右击，并在弹出的快捷菜单中执行“复制”命令，如图7-61所示。将其粘贴至V3轨道上的序列04上，如图7-62所示。

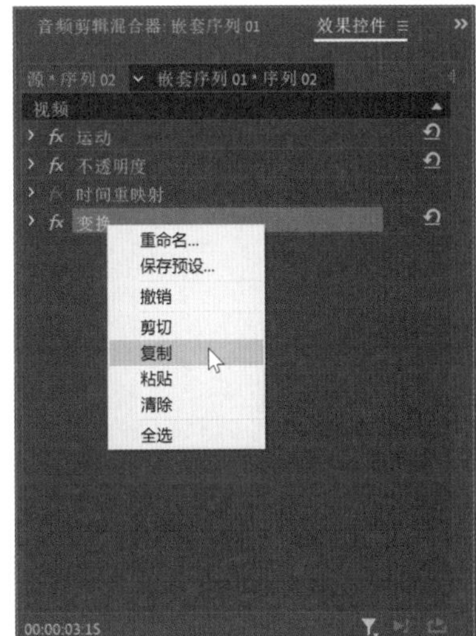

图7-61

14 在“时间轴”面板中选中V2轨道上的剪辑，如图7-63所示，为其添加“变换”效果。

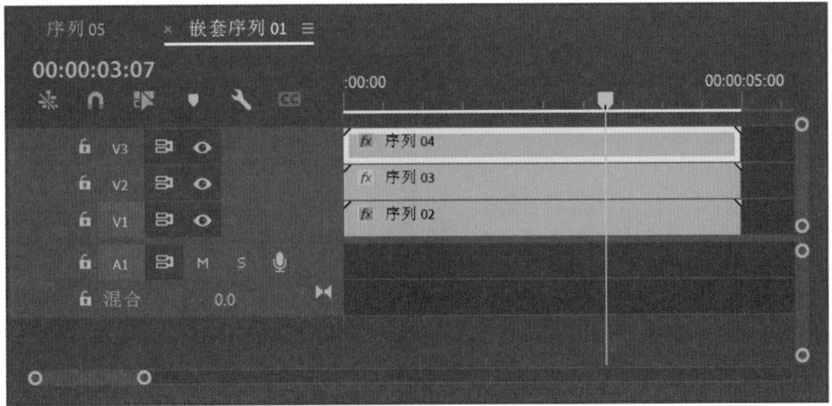

图7-62

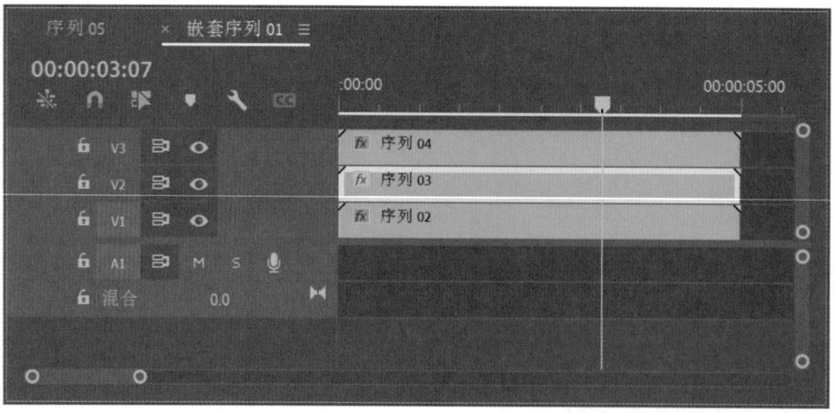

图7-63

15 设置“播放指示器位置”为00:00:01:15，在“效果控件”面板中，为“位置”设置关键帧，如图7-64所示。

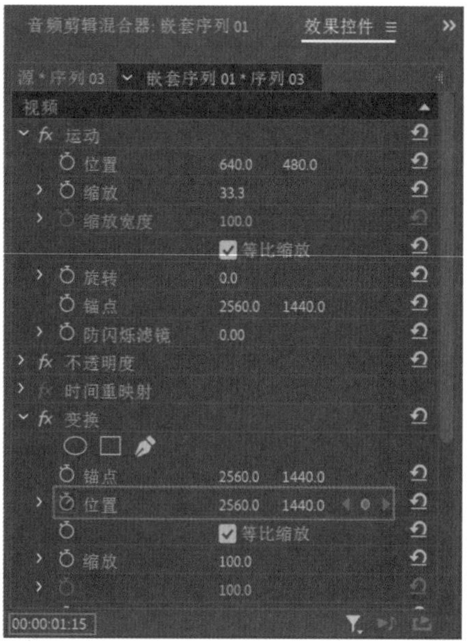

图7-64

16 设置“播放指示器位置”为00:00:02:15，在“效果控件”面板中，设置“位置”为（2560，720），“快门角度”为300，如图7-65所示。

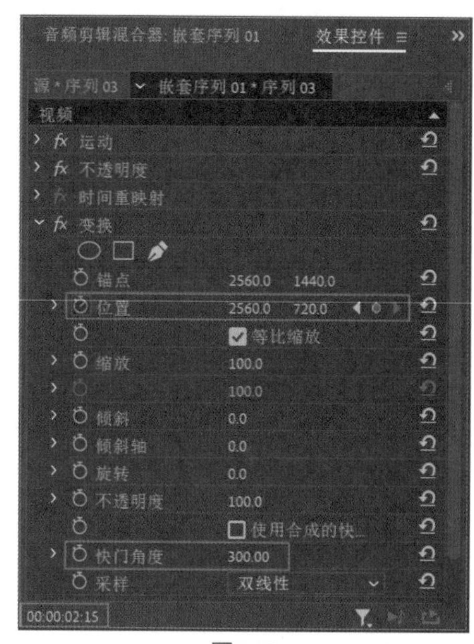

图7-65

17 设置完成后，在“节目监视器”面板中查看照片墙动画效果，如图7-66所示。

图7-66

图7-66（续）

18 在“时间轴”面板中，选择序列05中V1轨道上的剪辑，如图7-67所示。

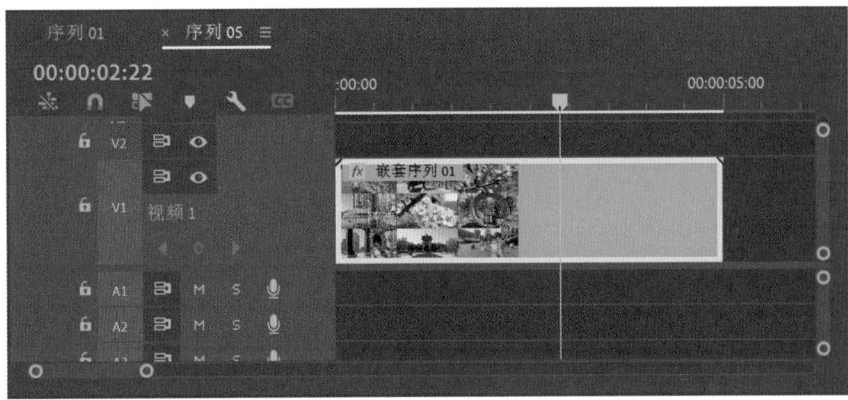

图7-67

19 设置“播放指示器位置”为00:00:03:00，在“效果控件”面板中，单击“添加关键帧”按钮，为“缩放”添加关键帧，如图7-68所示。

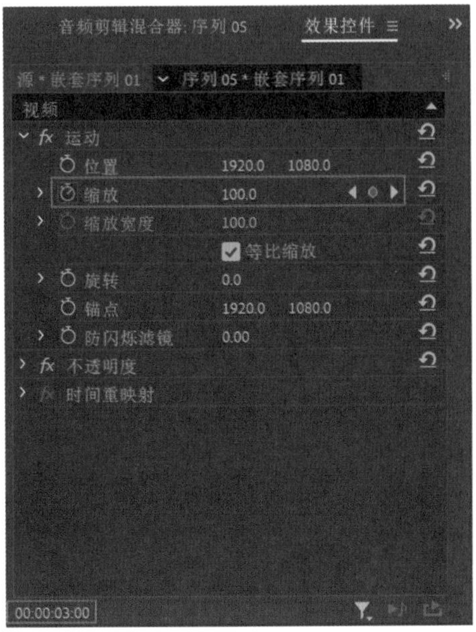

图7-68

20 设置“播放指示器位置”为00:00:03:20，在“效果控件”面板中，设置“缩放”为302，如图7-69所示。

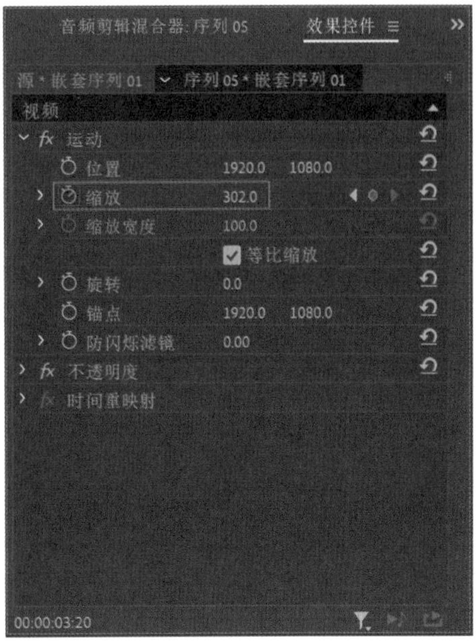

图7-69

21 设置完成后，“节目监视器”面板中的画面显示结果如图7-70所示。

图7-70

> **技巧与提示**
>
> 以同样的制作步骤制作出照片横移的动画效果，可以使照片墙动画的变化更丰富。

7.6 合并剪辑

01 在“时间轴”面板中打开序列01，如图7-71所示。

02 将“项目”面板中的序列05添加至V1轨道上，如图7-72所示。

03 在“效果控件”面板中，设置序列05的“缩放”为33.3，如图7-73所示。

图7-71

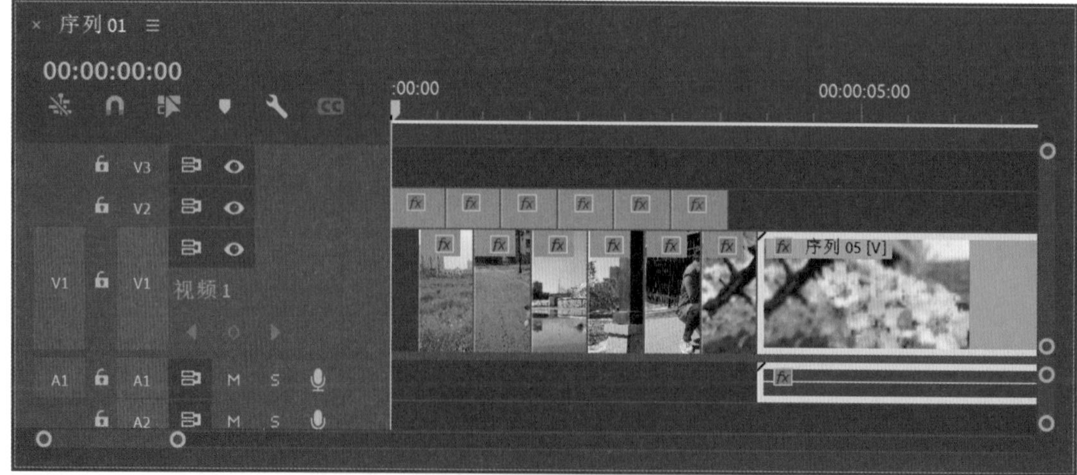

图7-72

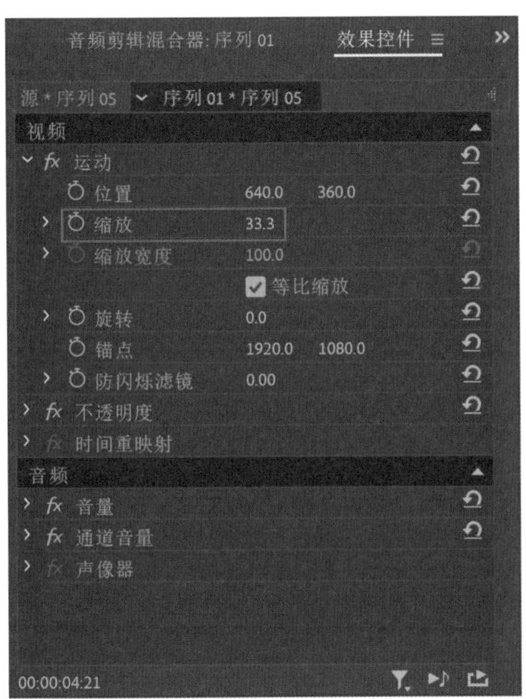

图7-73

04 在“项目”面板中导入任意一段音频素材当做视频的背景音乐，如图7-74所示。

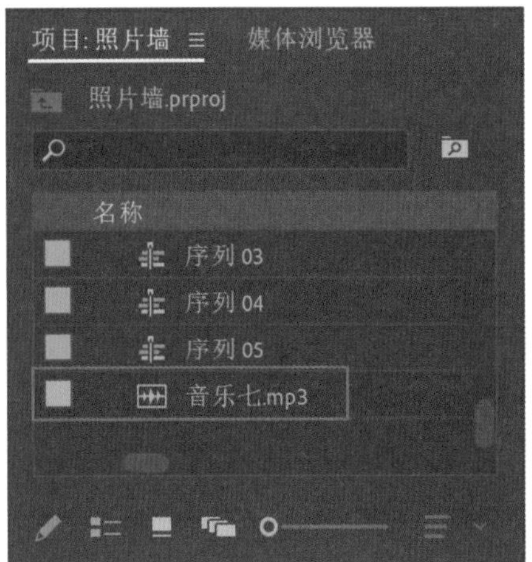

图7-74

05 将其添加至“时间轴”面板中序列01的A1音频轨道上，调整音乐的播放时长如图7-75所示。

图7-75

06 在“效果”面板中找到“恒定功率”效果，如图7-76所示。

07 将其添加至A1音频轨道中背景音乐的结尾处，如图7-77所示。

08 在“效果控件”面板中，调整“恒定功率”效果的“持续时间”为00:00:03:00，也就是3秒，如图7-78所示。

09 设置完成后，再次播放视频，这一次可以听到当视频快要结束时，背景音乐的声音会缓缓变小直至结束。

图7-76

图7-77

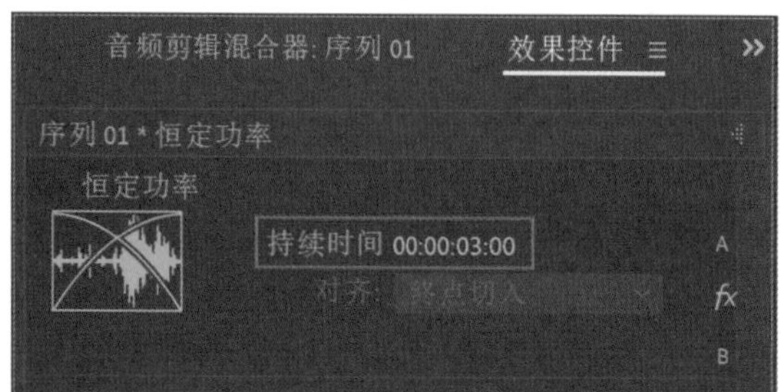

图7-78

7.7 视频输出

01 执行菜单栏中的“文件”|“导出”|“媒体”命令，弹出“导出设置”对话框，如图7-79所示。

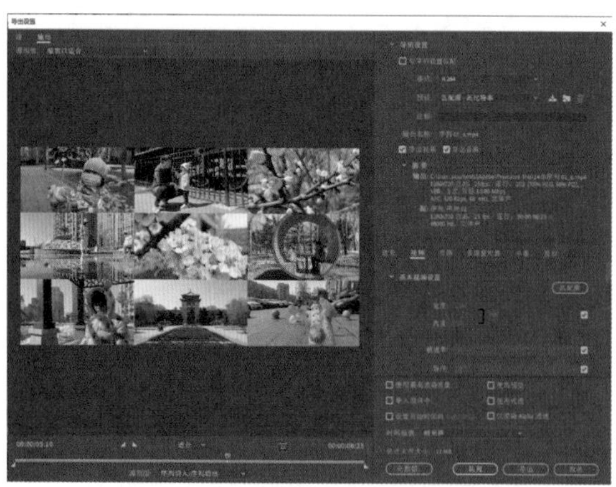
图7-79

02 在“导出设置”对话框中，设置视频导出的“格式”为“H.264”，如图7-80所示。

03 单击“导出设置”对话框下方右侧的“导出”按钮，即可导出视频文件，视频导出结束后，就可以使用视频播放器来查看制作的视频效果，如图7-81所示。

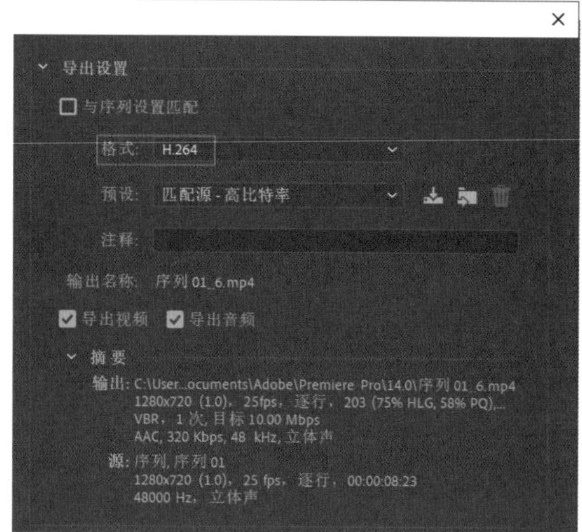

图7-80

图7-81

第 8 章

视频合成效果——在草莓园

8.1 效果展示

制作一小段精致的片头动画时，常常需要在几秒钟的动画内对多个图片或视频进行合成处理。中文版Premiere Pro 2022软件为用户提供了多种不同视频合成方式，本实例以一个较短的镜头来详细讲解多个视频的常用合成技巧。图8-1所示分别为添加了这些合成效果前后的画面结果对比。

图8-1

8.2 制作图片放大动画

01 启动中文版Premiere Pro 2022软件，执行菜单栏中的“文件”|“新建”|“项目”命令，在“新建项目”对话框中，输入项目的“名称”为“在草莓园”，如图8-2所示。

图8-2

02 单击“新建项”按钮■，在弹出的菜单中执行“序列”命令，如图8-3所示。

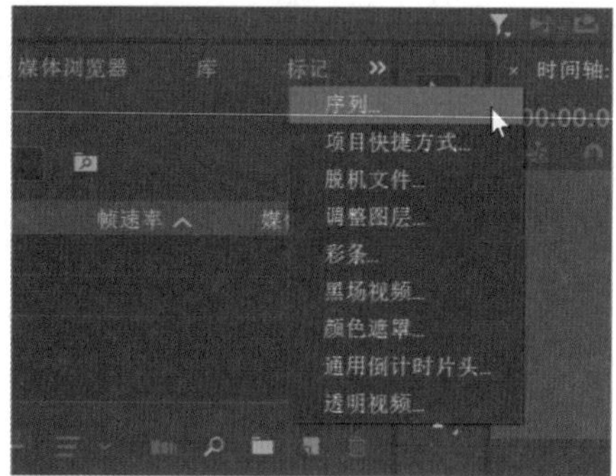

图8-3

03 在弹出的“新建序列”对话框中，选择“AVCHD 720p25”预设，创建一个序列，如图8-4所示。创建完成后，可以在“时间轴”面板中查看新创建出来的序列01，如图8-5所示。

04 在“项目”面板中，双击空白区域，导入“8（1）.JPG”“8（2）.JPG”“8（5）.mp4”素材，如图8-6所示。

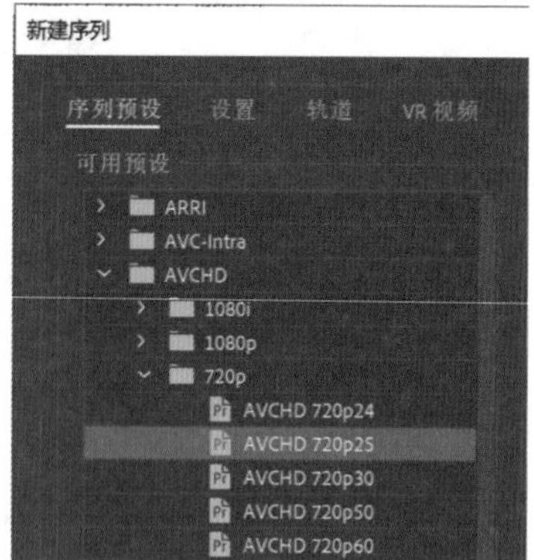

图8-4

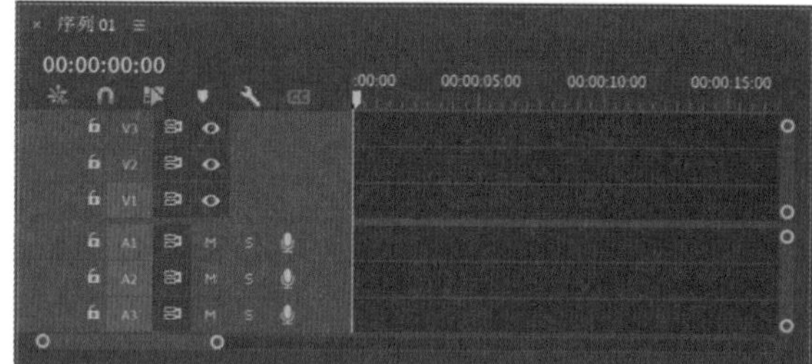

图8-5

图8-6

05 将“项目”面板中的“8（1）.JPG”素材添加到“时间轴”面板中“序列01”上的V1视频轨道上，如图8-7所示。

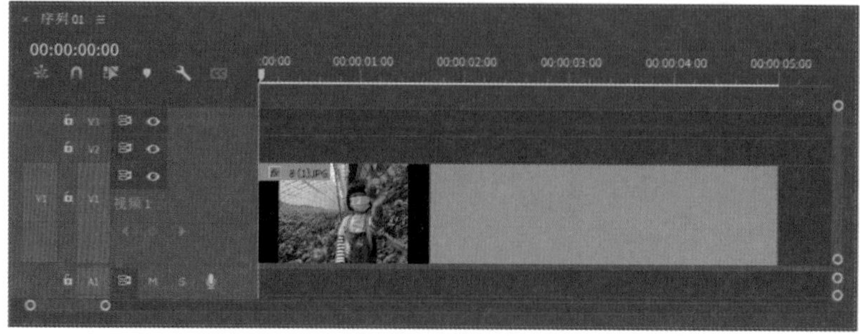

图8-7

06 设置“播放指示器位置”为00:00:00:00，在“效果控件”面板中，设置“缩放”为32，并为其设置关键帧，如图8-8所示。设置完成后，“节目监视器”面板中的画面显示结果如图8-9所示。

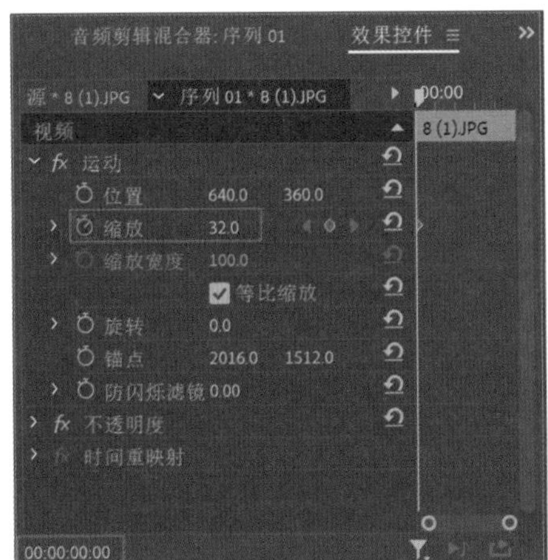

图8-8

图8-9

07 设置“播放指示器位置”为00:00:04:24，在“效果控件”面板中，设置“缩放”为50，如图8-10所示。设置完成后，“节目监视器”面板中的画面显示结果如图8-11所示。

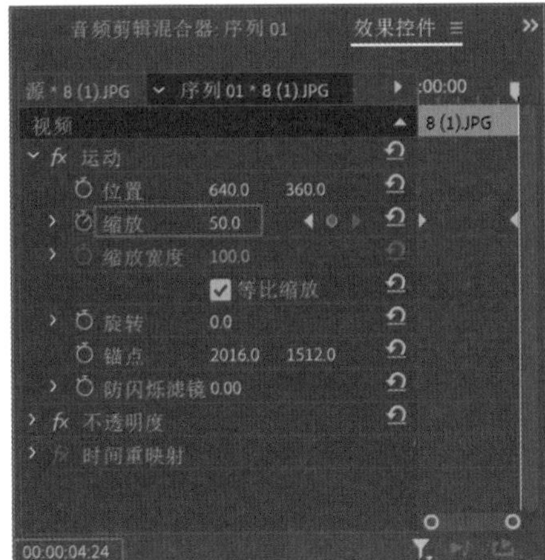

图8-10

图8-11

08 设置完成后，按空格键播放视频动画，一段照片慢慢放大的效果就制作完成了，如图8-12所示。

图8-12

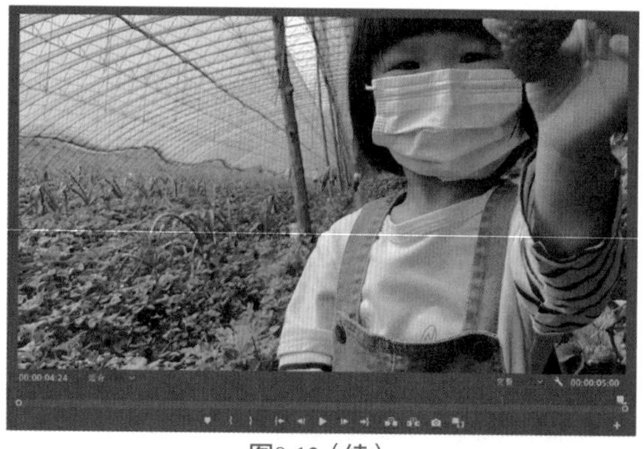

图8-12（续）

8.3 制作照片滑入动画

01 将“项目”面板中的“8（2）.JPG”素材添加到“时间轴”面板中“序列01”上的V2视频轨道上，如图8-13所示。

02 在“效果控件”面板中，设置“缩放”为15，如图8-14所示。设置完成后，“节目监视器”面板中的画面显示效果如图8-15所示。

03 在“效果”面板中找到“裁剪”效果，如8-16所示，并将该效果添加给V2轨道上的图片剪辑上。

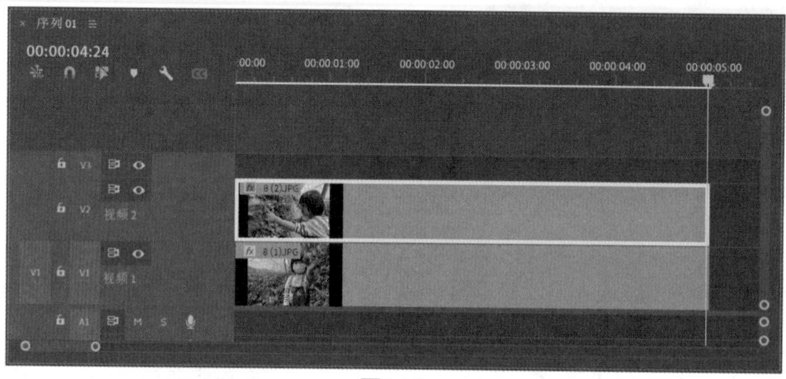

图8-13

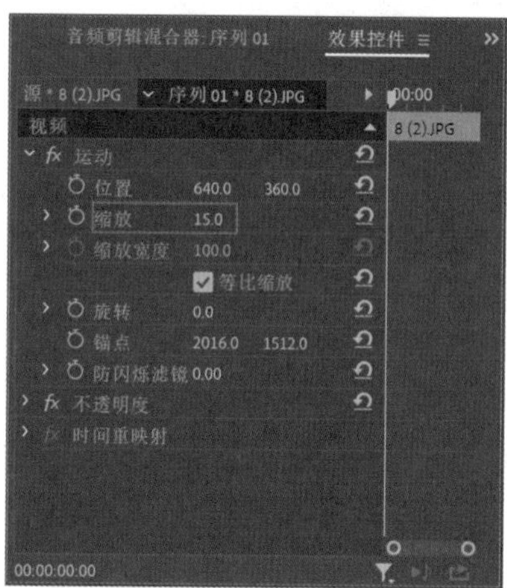

图8-14

图8-15

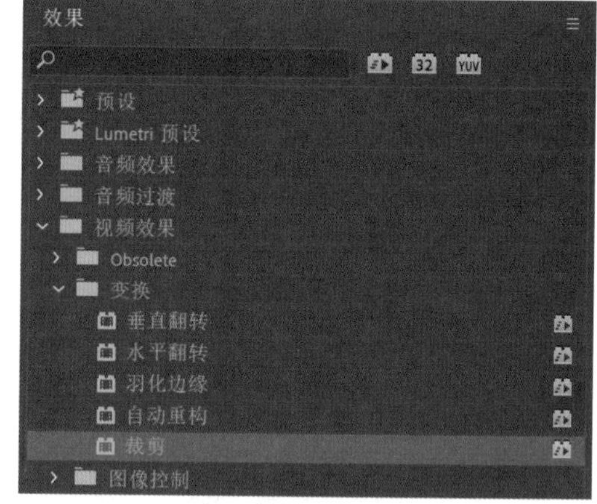

图8-16

04 在“效果控件”面板中，设置“左侧”为17%，“顶部”为15%，如图8-17所示。

05 设置“播放指示器位置”为00:00:00:15，在“效果控件”面板中设置“位置”为（235,150），“不透明度”为0%，并为这2个参数设置关键帧，如图8-18所示。

06 设置“播放指示器位置”为00:00:01:24，在“效果控件”面板中设置“位置”为（235,270），“不透明度”为100%，如图8-19所示。

07 设置完成后，在“节目监视器”面板中观察制作完成的照片滑入动画效果，如图8-20所示。

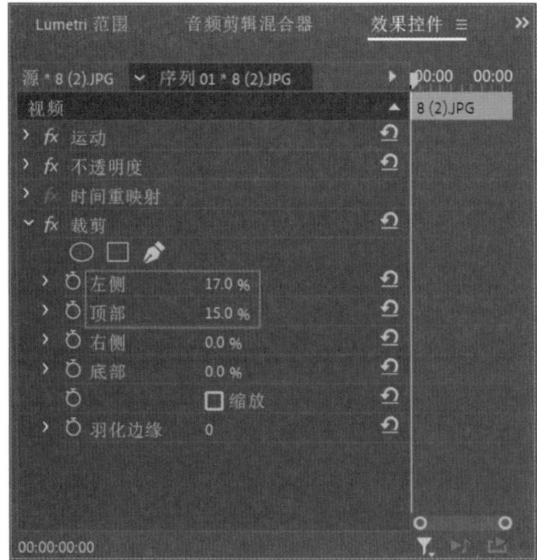

图8-17

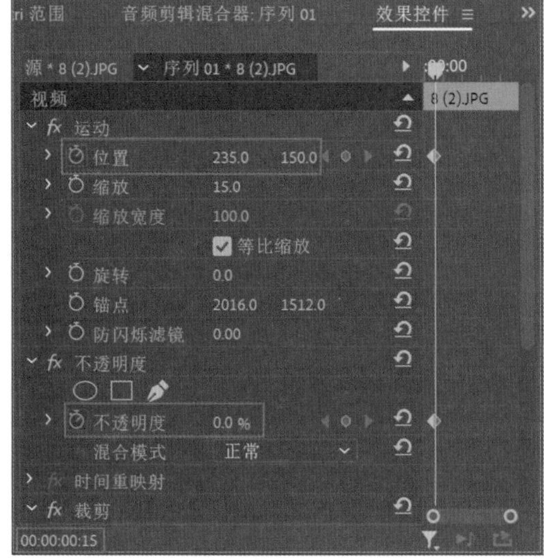

图8-18

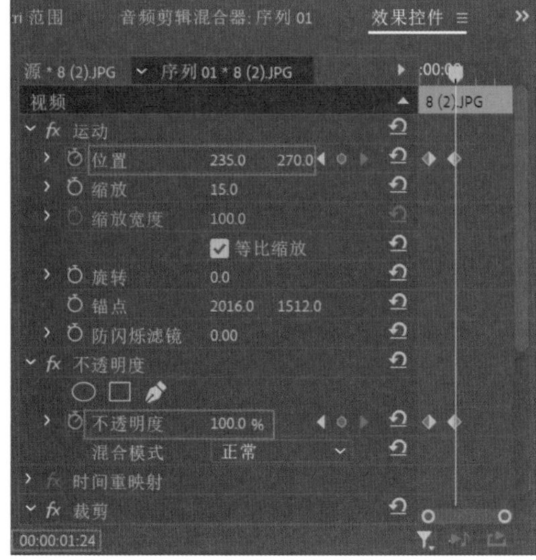

图8-19

图8-20

08 在“效果”面板中找到“投影”效果，如图8-21所示，并将其添加至V2轨道上的照片剪辑上，如图8-21所示。

图8-21

09 在“效果控件”面板中，设置“阴影颜色”为白色，“不透明度”为100%，“方向”为0，“距离”为100，如图8-22所示。设置完成后，“节目监视器”面板中照片的白色边框效果如图8-23所示。

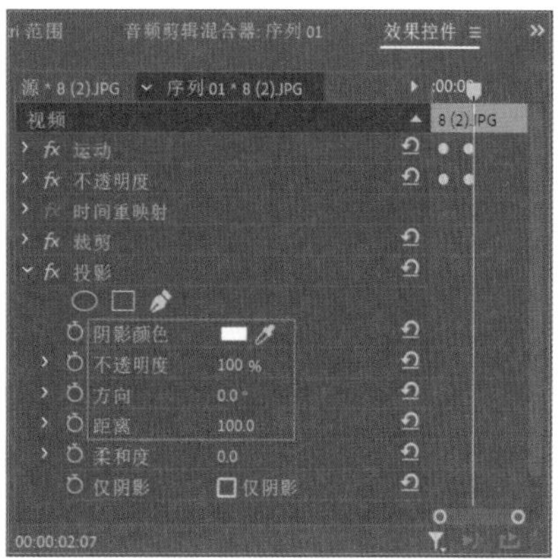

图8-22

图8-23

10 以同样的操作步骤为照片的另外三个方向添加白色边框效果，如图8-24所示。

图8-24

8.4 制作视频滑入动画

01 将“项目”面板中的“8（5）.mp4”素材添加到“时间轴”面板中“序列01”上的V3视频轨道上，如图8-25所示。

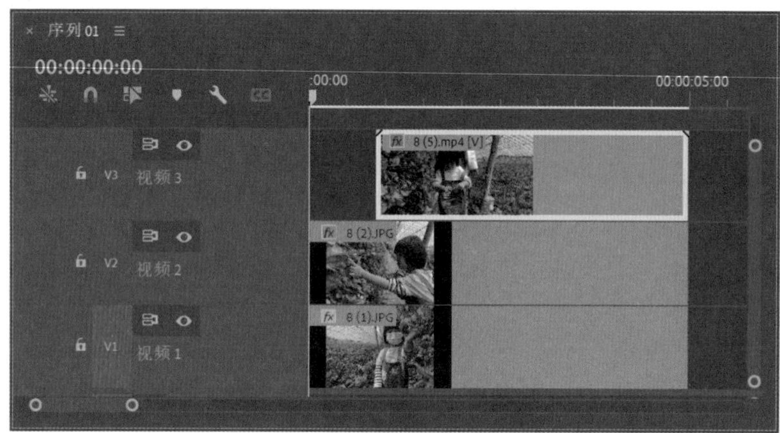

图8-25

02 设置“播放指示器位置”为00:00:00:22，在“效果控件”面板中，设置“缩放”为68，如图8-26所示。设置完成后，“节目监视器”面板中的画面显示效果如图8-27所示。

03 在“效果”面板中找到“裁剪”效果，并将该效果添加给V3轨道上的图片剪辑上。在“效果控件”面板中，设置“左侧”为26%，“右侧”为27%，如图8-28所示。

04 设置“播放指示器位置”为00:00:00:22，在“效果控件”面板中设置“位置”为（1050,690），“不透明度”为0%，并为这2个参数设置关键帧，如图8-29所示。

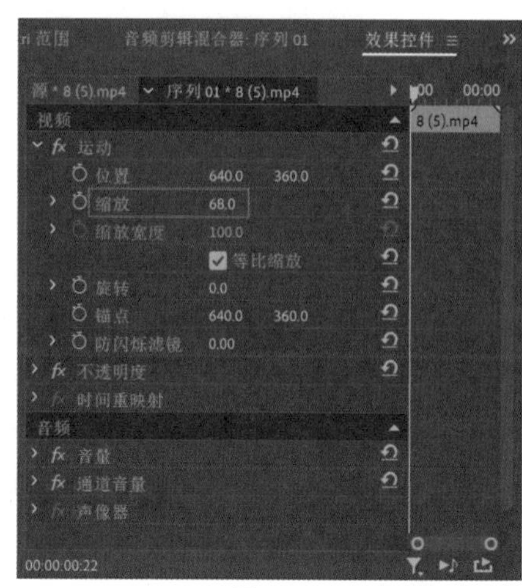

图8-26

图8-27

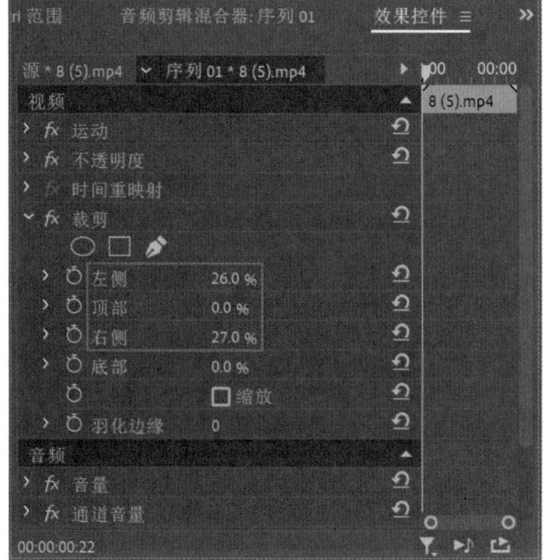

图8-28

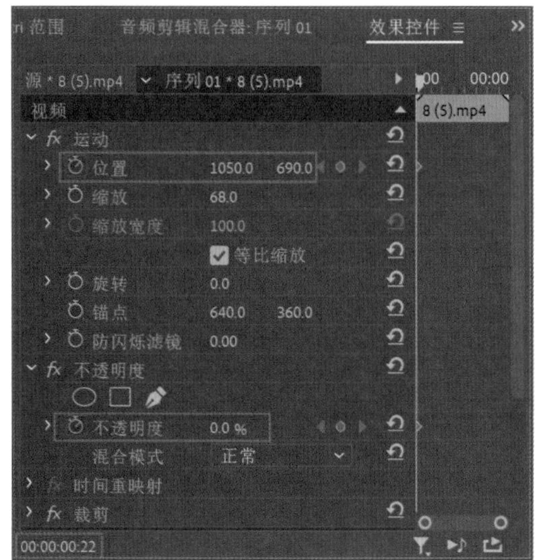

图8-29

05 设置“播放指示器位置”为00:00:03:00，在“效果控件”面板中设置“位置”为（1050,450），“不透明度”为100%，如图8-30所示。

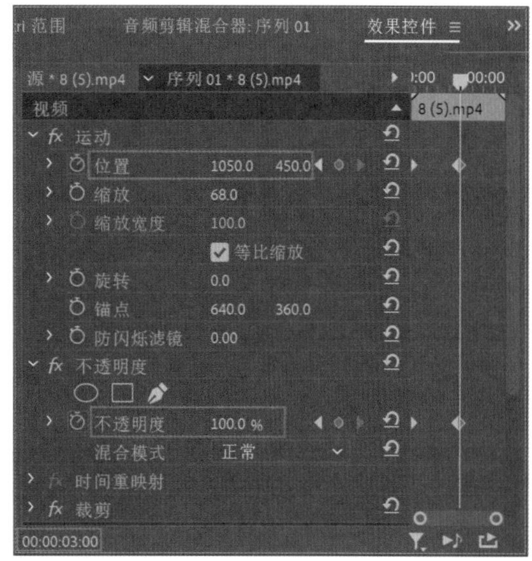

图8-30

06 设置完成后，在“节目监视器”面板中观察制作完成的照片滑入动画效果，如图8-31所示。

图8-31

07 在“效果”面板中找到“投影”效果，并将其添加至V3轨道上的视频剪辑上。在“效果控件”面板中，设置“阴影颜色”为白色，“不透明度”为100%，“方向”为0，“距离”为25，如图8-32所示。设置完成后，“节目监视器”面板中视频的白色边框效果如图8-33所示。

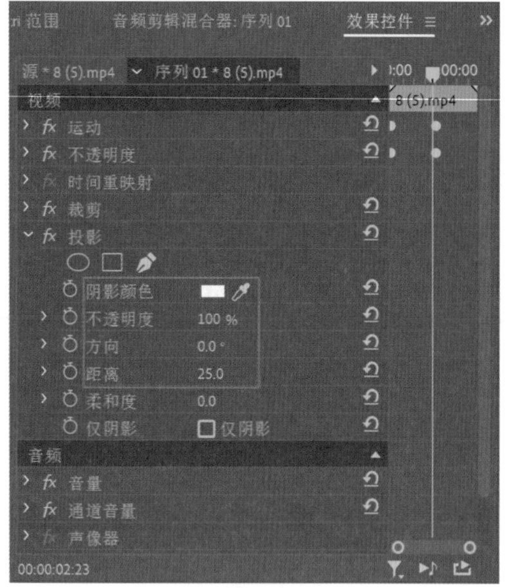

图8-32

图8-33

08 以同样的操作步骤为视频的另外三个方向添加白色边框效果，如图8-34所示。

图8-34

8.5 制作文本打字机效果

01 在“项目”面板中导入“01.png”图片素材，如图8-35所示。这是一个笔刷形状的图像素材。

图8-35

02 将“项目”面板中的“01.png”素材添加到“时间轴”面板中“序列01”上的V4视频轨道上，如图8-36所示。

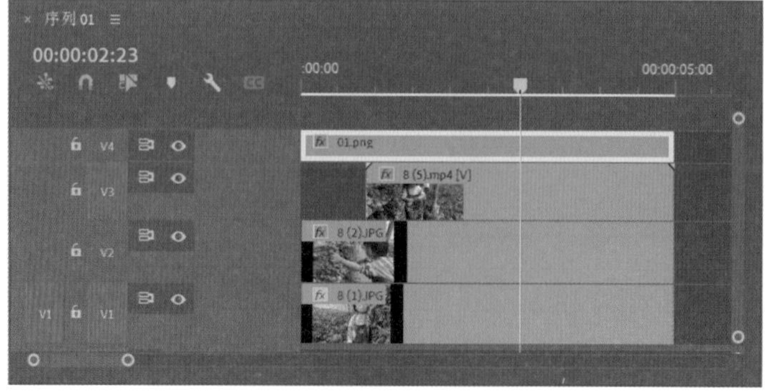

图8-36

03 在“效果控件”面板中，设置“位置”为(380,620)，“缩放”为28，如图8-37所示。设置完成后，“节目监视器”面板中的画面显示结果如图8-38所示。

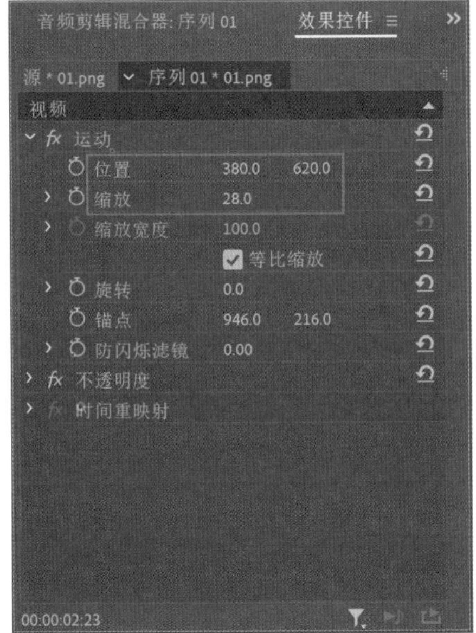

图8-37

图8-38

04 在“效果”面板中找到“反转”效果，如图8-39所示。

图8-39

05 将“反转”效果添加到V4轨道上的图片剪辑上，“节目监视器”面板中的画面显示结果如图8-40所示。

图8-40

06 在“效果”面板中找到“裁剪”效果，如图8-41所示，并将其添加到V4轨道上的图片剪辑上。

图8-41

07 设置“播放指示器位置”为00:00:01:20，在“效果控件”面板中设置“左侧”为100%，并其设置关键帧，如图8-42所示。

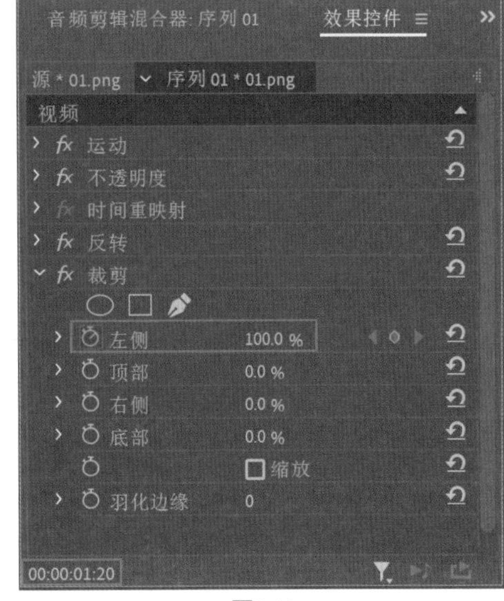

图8-42

08 设置“播放指示器位置”为00:00:02:05，在“效果控件”面板中设置“左侧”为0%，“羽化边缘”为80，如图8-43所示。

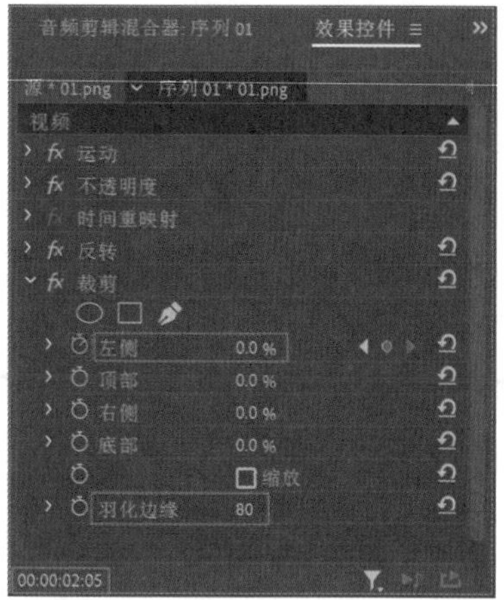

图8-43

09 设置完成后，按空格键播放视频动画，白色笔刷动画效果如图8-44所示。

图8-44

图8-44（续）

10 单击“工具”面板中的“文字工具”按钮，如图8-45所示。

11 设置“播放指示器位置”为00:00:02:08，在“节目监视器”面板中白色笔刷位置处输入文本，如图8-46所示。

图8-45　　图8-46

12 输入完成后，在“时间轴”面板中可以看到文本会自动生成在V5轨道上，如图8-47所示。

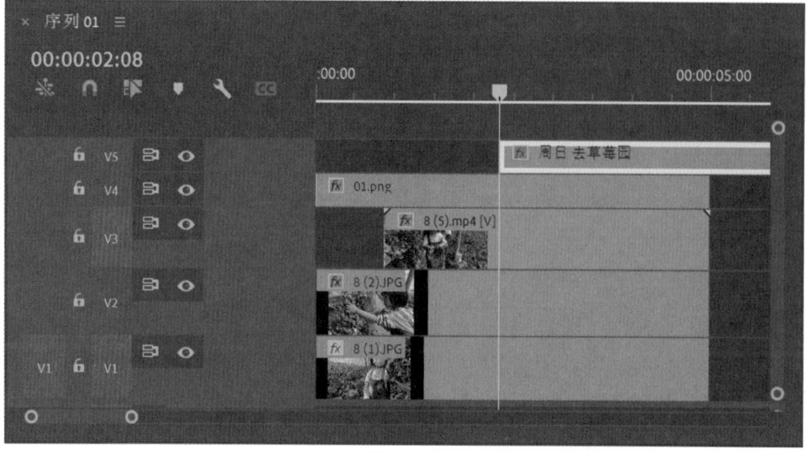

图8-47

13 在“效果控件”面板中，设置文本的“字体”为“微软雅黑”，“字体大小”为60，“填充”颜色为黑色，如图8-48所示，并在“节目监视器”面板中调整文本的位置如图8-49所示。

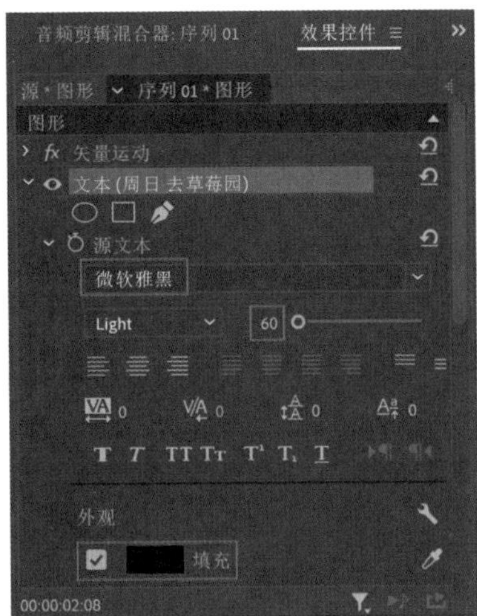

图8-48

图8-49

14 在“效果控件”面板中，单击“源文本”前面的“切换动画”按钮，为其设置关键帧，如图8-50所示。

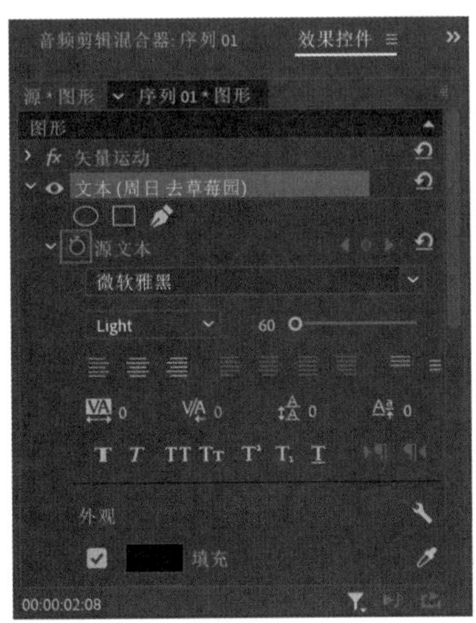

图8-50

15 设置“播放指示器位置”为00:00:02:08，在“节目监视器”面板中，删除文本的部分文字，如图8-51所示。

图8-51

16 设置“播放指示器位置”为00:00:02:13，在“节目监视器”面板中，设置文本的内容如图8-52所示。

图8-52

17 设置“播放指示器位置”为00:00:02:18，在“节目监视器”面板中，设置文本的内容如图8-53所示。

图8-53

18 设置“播放指示器位置”为00:00:02:23，在“节目监视器”面板中，设置文本的内容如图8-54所示。

图8-54

19 设置“播放指示器位置”为00:00:03:04，在“节目监视器”面板中，设置文本的内容如图8-55所示。

图8-55

20 设置“播放指示器位置”为00:00:03:09，在“节目监视器”面板中，设置文本的内容如图8-56所示。

图8-56

21 设置完成后，播放视频动画，可以看到文本打字机的动画效果制作完成了。

8.6 使用嵌套制作画面变形效果

01 在“时间轴”面板中以框选的方式选择V2、V3、V4和V5轨道上的剪辑，如图8-57所示。右击，并在弹出的快捷菜单中执行“嵌套”命令，如图8-58所示。

02 在弹出的“嵌套序列名称”对话框中，单击“确定”按钮，如图8-59所示。设置完成后，可以发现“时间轴”面板中的V2轨道上生成一个嵌套序列，如图8-60所示。

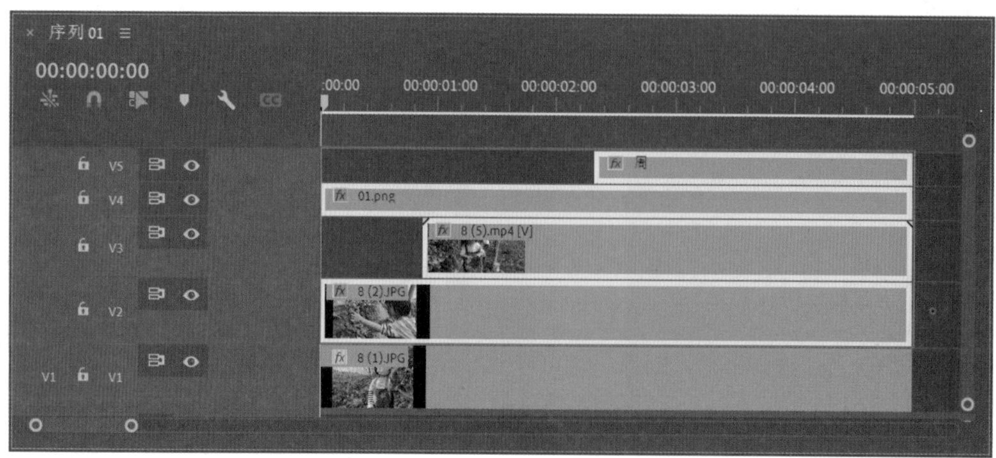

图8-57

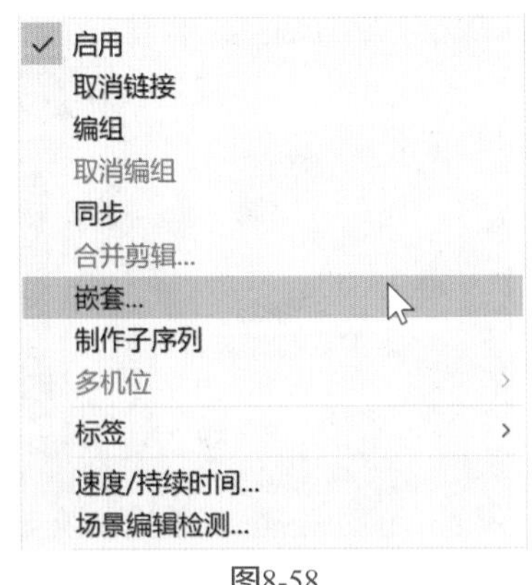

图8-58

图8-59

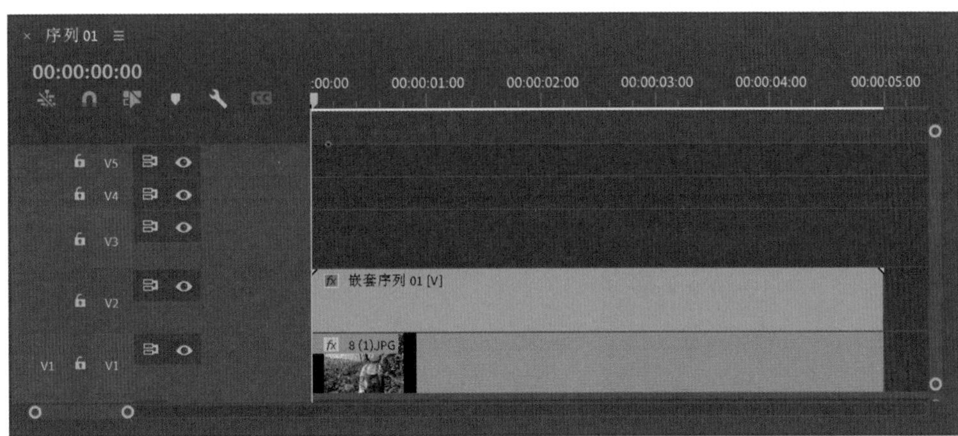

图8-60

◎技巧与提示·○

如果想要更改嵌套序列中的动画效果，在“项目”面板中双击该嵌套序列，则可以在“时间轴”面板中打开该嵌套序列，如图8-61所示。

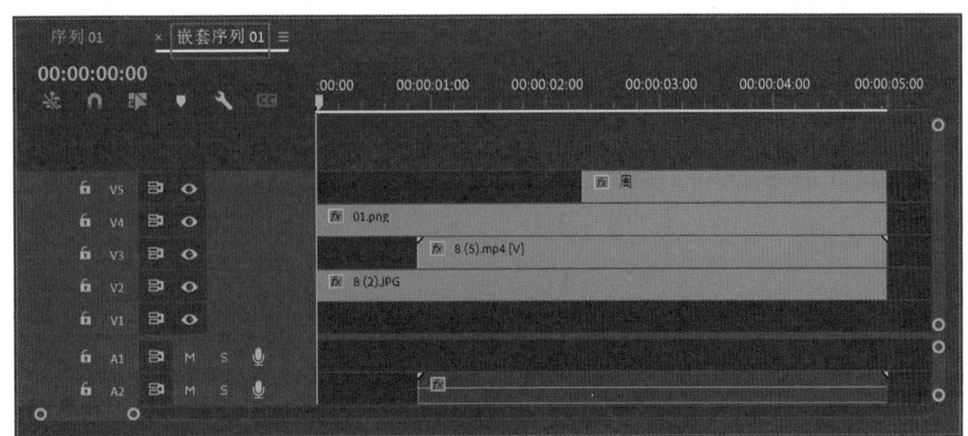

图8-61

03 在“效果”面板中找到“Lens Distortion”（镜头扭曲）效果，如图8-62所示，并将其添加至V2轨道上的嵌套序列上。

图8-62

04 在“效果控件”面板中，设置Curvature（曲率）为12，取消勾选“Fill Alpha”（填充Alpha）复选框，如图8-63所示。

图8-63

05 设置完成后，“节目监视器”面板中的画面显示结果如图8-64所示。可以看到图片及文字产生了一定的变形效果，增加了画面的趣味性。

图8-64

8.7 使用素材制作水墨晕染效果

01 在“项目”面板中导入“墨水效果.mp4”图片素材，如图8-65所示。

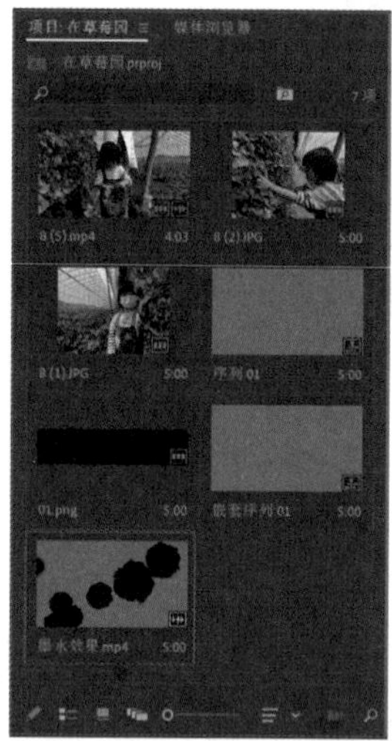
图8-65

02 在“时间轴”面板中调整嵌套序列的位置至V3轨道上，并将“墨水效果.mp4”放置在V2轨道上，如图8-66所示。

图8-66

03 设置完成后，“节目监视器”面板中的画面显示结果如图8-67所示。

图8-67

04 在“效果”面板中找到“轨道遮罩键”效果，如图8-68所示，并将其添加至V1轨道中的剪辑上。

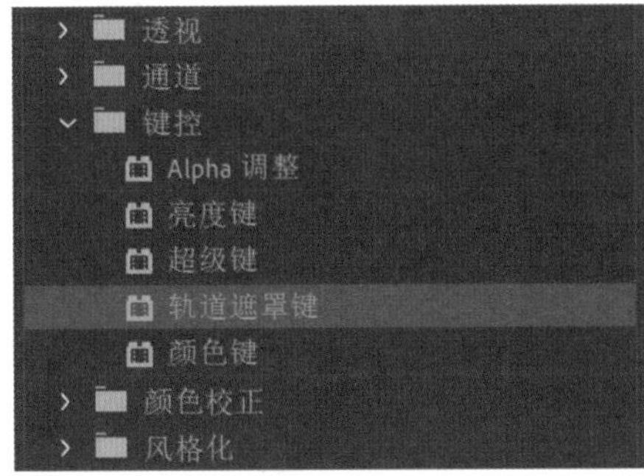

图8-68

05 在“效果控件”面板中，设置“遮罩”为视频2，“合成方式”为“亮度遮罩”，勾选“反向”复选框，如图8-69所示。

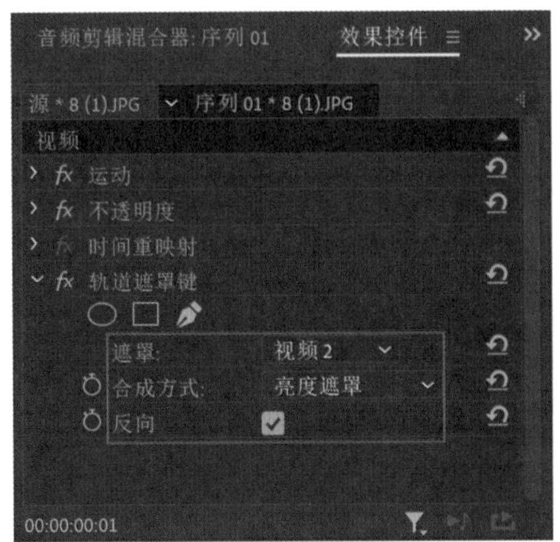

图8-69

06 设置完成后，“节目监视器”面板中的动画显示结果如图8-70所示。

图8-70

8.8 使用素材添加光斑动画效果

01 在“项目”面板中导入“光斑.mp4”图片素材，如图8-71所示。

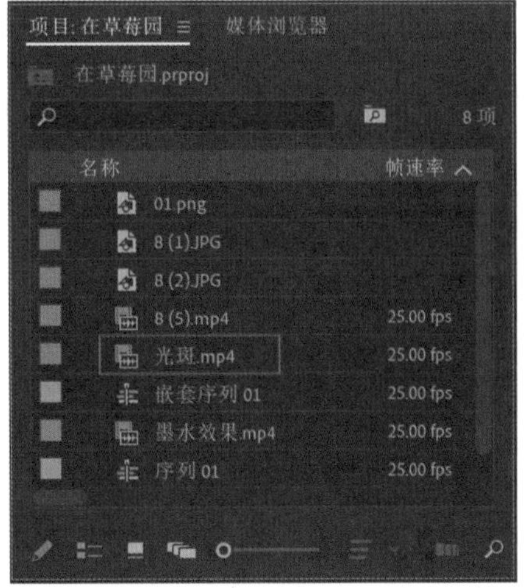

图8-71

02 在“时间轴”面板中，将“光斑.mp4”放置在V4轨道上，并调整其播放时长如图8-72所示。

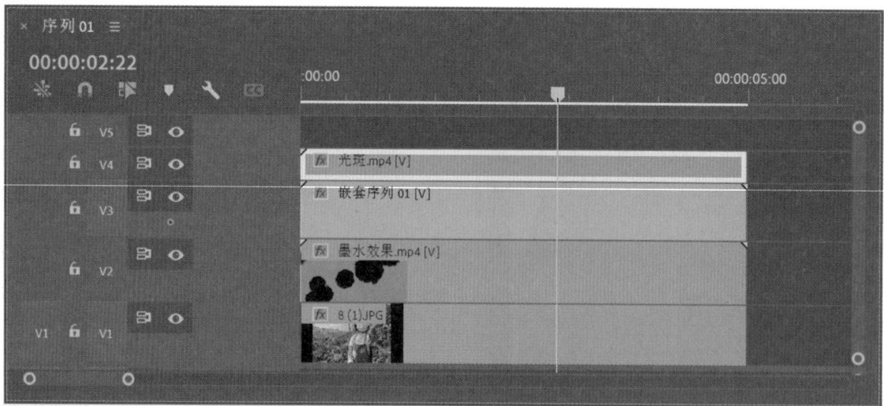

图8-72

03 设置完成后，“节目监视器”面板中的画面显示结果如图8-73所示。

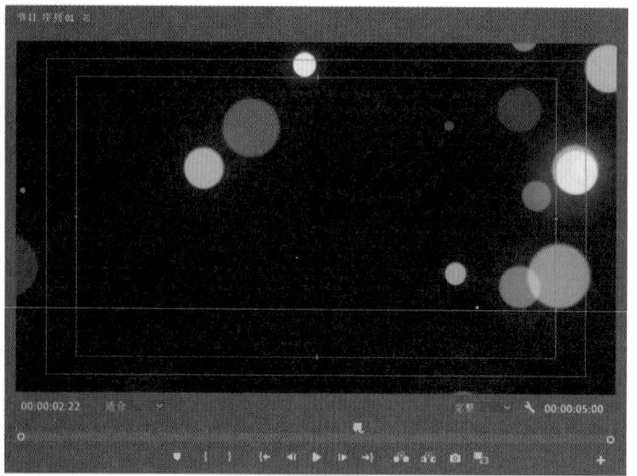

图8-73

04 在“效果控件”面板中，设置“混合模式”为“滤色”，如图8-74所示。

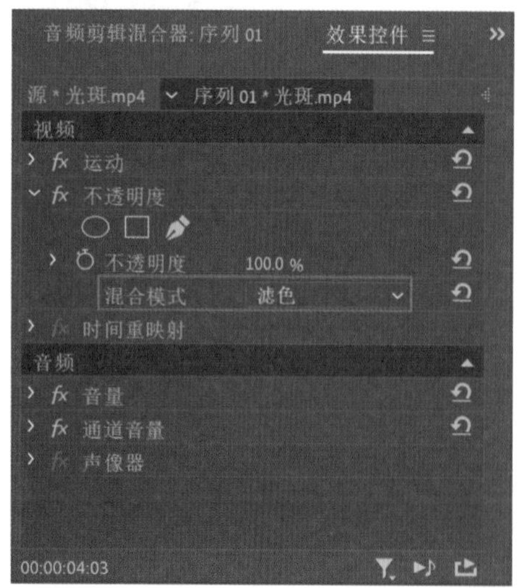

图8-74

05 设置完成后，“节目监视器”面板中的动画显示结果如图8-75所示。

图8-75

8.9 使用调整图层调整视频颜色

01 单击“创建”面板中的“新建项”按钮，在弹出的菜单中执行“调整图层”命令，如图8-76所示。

02 在弹出的“调整图层”对话框中，单击“确定”按钮，如图8-77所示，即可在“项目”面板中创建一个调整图层。

03 将调整图层放置到“时间轴”面板中的V5轨道上，如图8-78所示。

图8-76

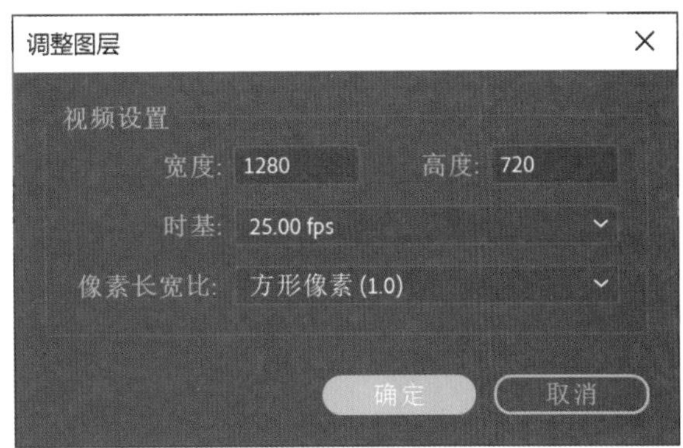

图8-77

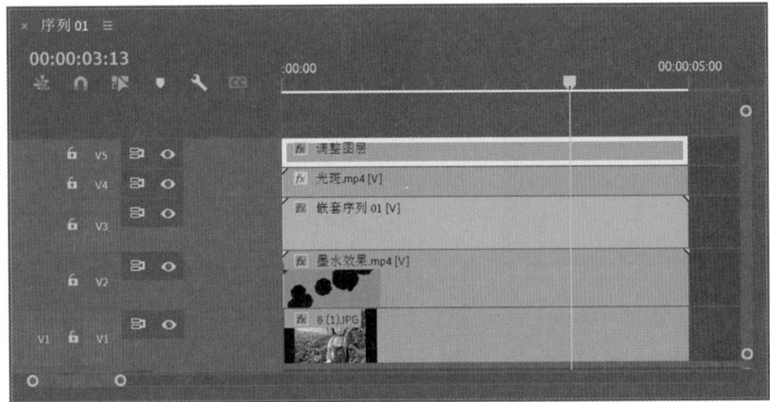

图8-78

04 在“Lumetri颜色”面板中，展开“曲线”卷展栏，调整“RGB曲线”的形态如图8-79所示，提高画面的整体亮度。

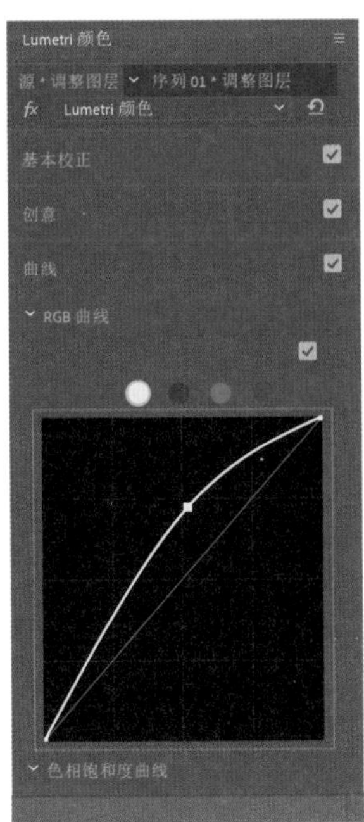

图8-79

05 图8-80所示为调整了“RGB曲线”形态的前后对比效果。

图8-80

06 在“色轮和匹配”卷展栏中，调整“中间调”和“阴影”色轮的位置如图8-81所示。

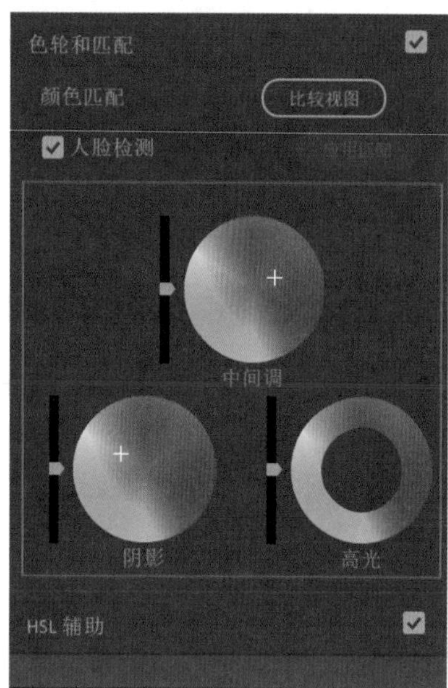

图8-81

07 设置完成后，“节目监视器”面板中的画面显示结果如图8-82所示。

图8-82

08 在“Lumetri颜色”面板中，调整“色相与饱和度”曲线的形态如图8-83所示，这样可以稍微提高一点画面中红色区域的饱和度。

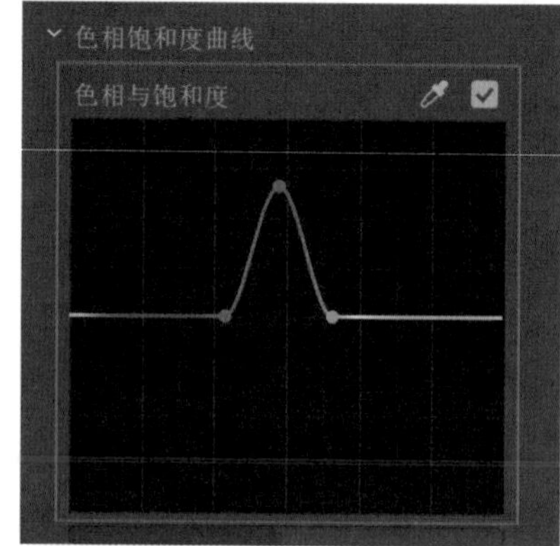

图8-83

09 本实例调整完成后的最终画面显示效果如图8-84所示。

图8-84

技巧与提示

用户可以举一反三，使用相同的步骤将该镜头制作5或6个，拼接到一起，即可完成一段生活记录短视频的片头效果。